방사선, 신비한 힘의 광선

방사선, 신비한 힘의 광선

발행일	2023년 12월 18일		
지은이	류성열		
펴낸이	손형국		
펴낸곳	(주)북랩		
편집인	선일영	편집	김준균, 윤용민, 배진용, 김부경, 김다빈
디자인	이현수, 김민하, 임진형, 안유경	제작	박기성, 구성우, 이창영, 배상진
마케팅	김회란, 박진관		
출판등록	2004. 12. 1(제2012-000051호)		
주소	서울특별시 금천구 가산디지털 1로 168, 우림라이온스밸리 B동 B113~114호, C동 B101호		
홈페이지	www.book.co.kr		
전화번호	(02)2026-5777	팩스	(02)3159-9637

ISBN   979-11-93499-02-3 03400 (종이책)   979-11-93499-03-0 05400 (전자책)

(주)북랩 성공출판의 파트너

북랩 홈페이지와 패밀리 사이트에서 다양한 출판 솔루션을 만나 보세요!

홈페이지 book.co.kr   •   **블로그** blog.naver.com/essaybook   •   **출판문의** book@book.co.kr

---

작가 연락처 문의 ▶ ask.book.co.kr

작가 연락처는 개인정보이므로 북랩에서 알려드릴 수 없습니다.

방사선,
신비한 힘의 광선

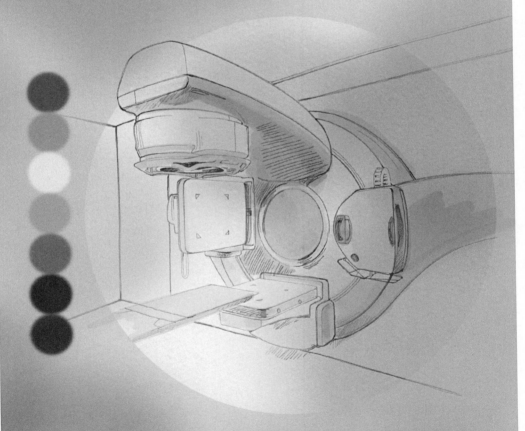

방사선 안전에서 암 치료까지

류 성 열

북랩

진료실에서의 일입니다. 암 환자인데 수술과 방사선치료를 한 후, 정기 면담차 와서 "선생님은 내가 올 때마다 볼 수 있게 오래 살아 계셔야 해요"라 하는 환자가 있었습니다. 내가 나이 많은 늙은이이 기 때문에 언제 돌아가실지 모른다는 뜻이었을까요. 그래도 암 환자 가 그렇게 말해 주니 기분이 좋았습니다. 내가 치료에 관여하였던 환자가 지금 77세인 나와 삶의 여생을 경쟁 해 보자는 것입니다.

나는 어릴 때부터 의사가 되고 싶었고 의과대학에 간 후의 전공 목표를 암 전문의사로 하여 공부를 시작하였습니다. 그때나 지금 이나 암은 어렵고 복잡하고 많은 공부도 필요하지만 한편 의사로 서 보람도 있습니다. 그 과정에서 대단한 것은 내가 처음 암 전문의 를 시작하던 1980년, 35세, 그때는, 내가 본 환자의 2/3 정도가 치 료 후 1년 이내에 사망하였는데, 그 후 35년, 70세인 2015년에는 우 리나라 암 생존율이 70%를 돌파하였고 내가 진료한 환자의 80%가 치료 후 최소한 몇 년을 살고, 50% 이상이 완치되어 나와 생존 기간 경쟁을 하자며 찾아온다는 것입니다. 우리나라의 암 치료 성적이 세계에서 톱이 되는 데 나도 일조한 보람이 느껴집니다.

인턴이 끝나고 전공의 과정으로 들어가면서 전문과목이 나누어질 때 나는 방사선과를 선택함으로써 암 전문의사로서의 전공은 방사선치료가 되었고, 지금은 방사선종양학과 전문의로 불리게 되었습니다. 방사선종양학과의 공부는 의학과 진료 행위를 배우는 것뿐 아니라 방사선의 근본적인 본질을 파악하여야 하므로 방사선의 물리적 특성과 인체에 미치는 영향에까지 광범위한 스펙트럼의 지식이 필요합니다. 나아가서 세포와 분자생물학적 구조들에 대한 방사선의 효과를 방사선생물학적 특성으로 파악해야 합니다.

이와 관련하여 원자력의학원에서 방사선의학과 생물학을 주제로 하는 연구에 참여하여 논문도 발표하였고, 또한 내가 기관 내 연구 부서를 직접 관리하고 지휘하였는데 그것이 현재 방사선의학연구소의 모태가 되었습니다. 나는 방사선의학을 중심으로 연구, 진료하고 있었지만, 방사선에 관련된 비의료 학술연구를 하는 과학자들과의 밀도 높은 교류를 할 수 있었고 방사선에 대한 지식도 풍부해지는 계기가 되었습니다. 이 책을 감히 만들어 보겠다는 의지도 부산의 자연과학 계통 대학교수들 모임에서 중입자선 방사선치료에 대한 프레젠테이션을 한 후에 지식 공유 차원에서의 집필을 그분들이 권유했기에 시작할 수 있었습니다.

책의 내용이 일반인들에게 다소 생소한 분야이지만, 저자의 입장에서는 방사선에 대해 조금이라도 더 많은 이야기를 들려주고 싶어, 방사선의 물리적, 생물학적 지식과 임상 의료적 활용, 그리고 더 나아가서 사회적 이슈가 되어가는 방사선 안전에 관한 분야까지 취급 범위를 넓히다 보니 상당히 전문적인 부분까지 다루게 되었습니다.

그러나 교과서가 아니므로 가능하면 하나의 주제에 포함되는 내용을 에세이 형식으로 풀었으니, 과학 서적이 아닌, 수필집을 읽듯이 줄거리의 맥락을 잘 따라가면, 지식이 전달되는 보편적인 방식으로 머릿속에 정리가 되리라 여겨집니다. 또한 인용 문헌을 문장에 일일이 기록하는 데에 어려움이 있어, 과학 논문이 아니므로, 독자께서 필요하면 찾아볼 수 있는 중요 참고서적을 말미에 나열하는 것으로 대신 하였습니다.

방사선뿐 아니라 암에 관한 거의 모든 의료 행위는 한국의 오리지널이 아니고, 구미를 중심으로 국제적으로 권위를 가진 학술 대회와 학술지 등을 통해 수십 년간 연구 발표된 내용과 이를 집대성한 교과서를 읽어서 얻은 지식이기 때문에, 대부분의 용어가 서양의 사고 체계와 지식을 바탕으로 사용된다는 면에서, 용어를 이해하고 습득하는 것이 낯설게 느껴질 수 있습니다.

하지만 이 책에 사용한 전문 용어는 우리말 표현과 더불어 영어, 한자까지 정확하게 인용하였으므로 비의료인이라도 외국어 표현을 눈여겨본다면 보다 흥미로울 것입니다. 그리고 독자분들께서 이 책을 읽을 때와 다른 문서를 참고할 때 용어를 이해하기 쉽게 양이 많지는 않으나 용어집을 따로 만들어 간단한 설명도 달았습니다.

책 속의 그림이나 표 중에서 어쩔 수 없이 원본 그대로 인용한 데이터 외에 삽화는 대부분 저자가 직접 그린 것인데, 독자 곁에서 그림을 그리면서 설명하듯이 자유롭고 재미있게 캐리커처 식으로 그렸습니다. 평소 진료 시간에 쫓겨 환자들에게 방사선 치료의 원리를 자세히 설명하지 못했던 부분을 보완하려는 의도가 있어, 이 그림들은 사실 이 책의 핵심 요소라고도 할 수 있습니다.

요즈음 인문학 열풍이 불고 있습니다. 인문학의 정의는 무얼까요. 비전문인의 관심으로 생긴 수요에 대한 전문적 지식의 적절한 공급이 아닌가 합니다. 그에 대한 이점이 일반인들에게 전파되도록 알기 쉽게 잘 설명하는 수많은 책과 강좌, 토론회, 방송 프로그램 등이 만들어지고 확산되고 있습니다. 나도 그런 책들을 접하면서 내 전문 분야를 누구나 이해할 수 있는 교양서로 풀어내고자 하면서, 이미 알고 있는 분야의 심층화가 아닌, 잘 알지 못하던 부분에 대한 지식을 제공함으로써 이 책의 가치를 얻고자 하였습니다.

이 책을 만들면서 인문학에 관심이 많은 내 딸 류송이와 나누었던 많은 대화는, 일반인의 관점에서 방사선을 이해할 수 있도록 설명하는 데 큰 도움이 되었습니다. 전문 용어를 일반 명사로 풀이하고, 일상생활에서 예를 들어 비유하고, 다시 쉽게 설명하기를 수없이 반복하여 이 책이 완성되었습니다. 이 책의 첫 번째 교정자이자 방사선 의학물리에 대한 저자의 부족한 부분을 채워 주었던 전 대한의학물리학회장 강위생 박사, 이 책을 써보도록 아이디어를 제공해 주신 핵의학과 전문의이고 동남권 원자력의학원 전 핵의학과장 양승오 박사, 그리고 일반 독자들에게 전문적인 지식을 쉽게 전달하는 방법을 함께 고민해주고 교정을 맡아준 동생 류광렬 부산대학교 정보컴퓨터공학부 명예 교수와, 추천의 글을 보내주신 현 대한방사선종양학회 회장 서울대학교 의과대학 방사선종양학과 우홍균 주임 교수에게 감사의 말을 전합니다.

무엇보다도 한 달 이상 매일매일 방사선치료를 받고 계시는 암 환자들에게 무한한 위로와 함께, 힘든 치료과정에서 용기를 얻고 투병의 의지를 갖는 데에 방사선치료에 관한 이해가 도움이 되기를 희망하면서 이 책을 드립니다. 그리고 평생을 함께해 온 나의 근무지의 방사선종양학과 의료인들, 많은 이야기를 나누고 서로 참고가 되었던 암 전문 내과, 외과 의사들, 학회 회원들, 여러 선 후배 의료인들에게 고마움을 전합니다.

2023년 10월
청암 류성열(碃巖 柳星烈)

방사선종양학계의 원로이신 류성열 선생님께서 "방사선, 신비한 힘의 광선"을 집필하셨습니다. 선생님의 출간을 축하드리고 또한 일반인들에게 방사선의 진실을 소개하여 주셔서 감사드립니다. 이 책은 방사선에 대한 지식과 이해를 새롭게 만들어 주는 소중한 자료입니다. 방사선의 인체 영향부터 암 치료까지 폭넓게 다루고 있는 이 책은 우리에게 많은 가치를 전달합니다.

선생님께서는 방사선에 대한 풍부한 경험과 전문지식을 가지고 계시며, 이 책을 통해 그 지식을 우리와 나누어주셨습니다. 방사선이 우리 주변에 늘 함께하는데도 불구하고, 그 영향에 대한 이해는 많이 부족합니다. 따라서 방사선이 우리의 일상에 미치는 영향과 위험성에 대해 이해하는 것은 매우 중요합니다. 선생님께서는 이러한 내용을 쉽게 이해할 수 있도록 설명하셨고, 독자들은 방사선에 대한 지식을 확장하고 실생활에 적용할 수 있게 되었습니다.

또한 선생님께서는 방사선을 통한 암 치료에 대한 중요한 정보를 제공하고 계십니다. 방사선은 암 치료에서 핵심적인 역할을 담당하며, 이 책은 방사선을 이용한 암 치료의 원리와 최신 기술에 대한 통찰력을 제공합니다. 암에 대한 고통과 불안을 겪는 환자들에게 이 책은 큰 희망과 위로가 될 것입니다.

이 책에서는 방사선 장해와 입자 방사선과 같은 주제들도 다루고 있습니다. 방사선의 다양한 측면과 위험성에 대한 이해를 넓힐 수 있으며, 입자 방사선과 같은 특수한 개념들에 대한 설명을 통해 독자들은 방사선에 대한 깊은 지식을 습득할 수 있습니다.

마지막으로, 이 책은 암을 치료하는 방사선의 정체를 알기 쉽게 설명하고 있습니다. 암을 이기기 위해 방사선이 어떻게 사용되는지, 그 원리와 효과에 대한 내용은 의료 전문가뿐만 아니라 일반 독자들에게도 중요한 정보입니다.

이 책은 방사선에 대한 깊이 있는 지식과 암 치료에 관련된 최신 정보를 제공하며, 독자들에게 방사선에 대한 새로운 시각을 제시합니다. 선생님의 지식과 열정이 담긴 이 책은 방사선에 관심을 가지는 모든 사람에게 강력히 추천드립니다. 방사선에 대한 이해를 넓히고 싶은 분들께 이 책을 꼭 읽어보시기를 권합니다.

2023년 5월
대한방사선종양학회
회장 우홍균

방사선종양학과에 대하여

우리나라 보건복지부에서 법으로 정해 놓은 전문의 과목은 모두 26개입니다. 흉부외과, 피부과, 이비인후과, 신경외과 등은 이해가 쉽습니다. 직업환경의학과, 정신건강의학과, 진단검사의학과 등은 비의료인이 정확한 성격을 이해하기가 쉽지 않습니다. 소화기 내과, 류마티스 내과, 호흡기 내과 등은 내과 속의 세분류 전문과목이며 법정 전문과목이 아닙니다. 신경외과에 비하여 신경내과에 해당하는 신경과는 법정 전문과목입니다. 결핵과처럼 질병의 이름을 과목 이름으로 한 것도 있습니다.

전부 26개 과목 중 방사선을 사용하여 진료하는 과목은 3개가 있습니다. 옛날에는 한 과목으로 방사선과라고 불렀습니다. 그런데 1982년에 치료방사선과가 분리되어 진단방사선과와 두 개의 과목이었다가 몇 년 뒤에 핵의학과가 또 분리되었습니다. 그 후 치료방사선과는 방사선종양학과로, 진단방사선과는 영상의학과로 되었습니다. 그리하여 현재에는 영상의학과(Radiology), 방사선종양학과(Radiation Oncology), 핵의학과(Nuclear Medicine) 세 개의 과로 분리 존재합니다.

영상의학과는 이전에는 진단방사선과(Diagnostic Radiology)였는데 그것은 엑스레이 촬영으로 만든 인체 내부구조의 영상을 관찰하여 질병을 진단하는 전문과목이라는 뜻입니다. 그런데 CT(Computed Tomography; 전산화단층촬영), MRI(Magnetic Resonance Image; 자기공명영상), 초음파 검사 등의 새로운 진단 기술이 추가가 된 후 영상의학과로 바뀌었습니다. MRI와 초음파 검사는 방사선을 쓰는 것이 아니라는 이유입니다. MRI는 강력한 자석의 힘을 이용하여, 몸속 구성 물질 중 수소의 원자핵에 대한 자기장 작용으로 몸속 구조의 영상을 만들어 내는 기술입니다. 초음파 검사는 초음파(음파보다 더 짧은 파장)를 몸속에 투과시켜 그에 대한 반응(음파의 반향)으로 영상을 만들어냅니다. 이들 모두는 각각 영상을 만드는 원리와 영상의 모습이 서로 다르며 질병에 대한 정보와 분석법이 다릅니다. 그중 일반 엑스선 촬영과 CT의 엑스선 촬영만 방사선을 이용한 것입니다. 그래서 방사선과에서 영상의학과로 바뀌었습니다.

방사선종양학과는 처음 분리될 때 방사선으로 암을 치료하는 전문과목이라고 치료방사선과(Therapeutic Radiology)라 불렀습니다. 암 치료가 전문이므로 우리 몸속에 발생하는 각종 암에 대한 생물학적, 병리학적, 임상 의학적 지식의 깊이가 필요함과 동시에, 높은 에너지의 방사선을 대량으로 인체에 직접 쪼이기 때문에 방사선의 성질에 대하여 방사선물리학 및 방사선생물학 등 일반 의사들이 공부하는 것 외에 다른 지식도 필요합니다. 암(종양)의 성질에 대한 지식을 갖기 위해 종양학(Oncology) 공부를 해야 하고, 방사선을 이용하여 진료해야 하므로 방사선종양학과(Radiation Oncology)로 이름을 바꾸었습니다.

방사선종양학과의 방사선치료에는 가속기라는 발생장치에서 나오는 대량의 고에너지 엑스선이나 방사성동위원소 치료기에서 나오는 대량의 고에너지 감마선을 사용합니다. 치료한 후 몸에 남는 방사선은 없습니다. 영상의학과의 방사선은 소량의 낮은 에너지의 엑스선을 사용하며, 핵의학과에서는 낮은 에너지의 감마선이 나오는 미량의 방사성동위원소를 사용해서 촬영을 합니다. 엑스선 촬영은 촬영하는 순간 엑스선이 지나가고 끝납니다. 핵의학과 촬영은 동위원소를 인체 몸속에 투여하여 특정 장기에 가서 쌓이게 하고 그 장기 속에 있는 동안 방출하는 감마선을 체외에서 감지하여 인체 장기의 구조를 영상으로 만듭니다. 그래서 검사 후 방사성동위원소가 몸속에 남아있고, 방사선이 없어지는 기간인 반감기에 따라 몇 시간 또는 며칠이 지난 후에 방사선이 몸에서 사라집니다.

이 책에서 방사선의 임상의학에 관한 부분은 세 가지 전문과목 중 방사선종양학과에서 이루어지는 일들에 관한 이야기가 중심입니다.

차례

상편 다양한 방사선 세계의 이야기

하편 암의 방사선치료 이야기

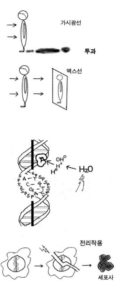

가시광선

투과

엑스선

전리작용

세포사

물 전리의 DNA 손상에 의한 세포사

방사선이 무얼까요?

이 책은 방사선에 대한 궁금증을 가지고 계셨던 분에게, 방사선에 대한 새로운 지식을 얻게 해주는 책입니다. 그래서 쉽게 이해되지 않는 부분도 있을 수 있고, 읽는데 상당한 인내심이 필요할지도 모릅니다. 그러나 방사선에 대해 한번 알아보자는 마음만 먹으면 재미도 있으면서 몰랐던 것을 얻게 될 것입니다.

방사선이란 말은 근래에 많이 접하고 있어 낯설지는 않은데 그럼 방사선이 어떤 성질을 가지고 어떻게 이용이 되며 또 왜 위험한지 물어보면 전공자가 아닌 사람은 대답을 잘하지 못합니다. 더군다나 체르노빌, 후쿠시마 같은 사건들이 방사선이 위험하다는 것을 알려주었고, 그런데 병원에서는 엑스레이를 촬영하고 암 치료를 한다고 사람에게 직접 노출하기도 합니다. CT를 촬영하면 방사선 피폭의 위험이 있다는 말도 있고, 원자력 발전소는 국가적인 논란도 되고 있습니다. 의료적이든 비의료적이든 이런 모든 일에 대한 정보를 연관성 있게 한데 모아서 그 특징과 관계들에 대하여 적절한 설명을 해

주는 책은 잘 찾아보기 힘듭니다. 방사선 관련 책들은 전공자들의 언어로만 되어 있고 대학 교재들만 보입니다. 저자는 평생을 방사선 전문의사이면서 한편으로 비의료 방사선 분야에도 관여해 왔기 때문에 의료와 비의료의 방사선을 통합한 책을 만들었습니다.

방사선은 우선 크게 두 가지가 있습니다. 엑스선 발생장치나 입자가속기 같은, 방사선을 만들어 내는 장비에서 작동할 때만 발생하는 방사선이 있고, 방사성동위원소에서 자연적으로 또 24시간 쉼 없이 방출하는 방사선이 있습니다. 이 방사선들이 크게는 가시광선이나 와이파이 전파나 전기담요의 전자파나 모두 같은 전자(기)파에 속합니다. 그러나 가시광선보다 에너지가 높아서 물질과 부딪쳐 방사선 작용을 일으키는 것이 작은 의미의, 또는 구체적인 의미의 방사선입니다. 이 작용이라는 것이 전리작용이고 그래서 전리방사선이라 합니다. 따라서 방사선이란, 물질을 투과하면서 전리를 일으킬 수 있는 정도 이상의 에너지를 가진 전자파이며, 더 높은 에너지는 세포 살상 효과까지 얻을 수 있습니다.

물질을 투과해야 전리를 일으킬 수 있고 전리작용이라는 일을 한후 그만큼의 에너지를 잃게 되므로 이를 흡수된다고 합니다. 얼마나흡수가 많이 되었느냐에 따라 전리작용도 많이 일어나겠지요. 방사선의 전리작용이란 투과하는 물질을 구성하는 원자와 부딪친 후 방사선 에너지의 힘으로 전자를 튕겨내는 현상을 말합니다. 투과 대상 물질은 전리가 되어 그에 따른 물리적 반응이 나타납니다. 매우낮은 에너지의 전리방사선은 야광도료(페인트)의 경우 전리 현상에의해 가시광선인 야광 빛을 발생시킵니다. 중간 정도의 에너지면 빛에 반응하는 감광 물질을 전리시켜 흑화도(검고 흰 정도)의 차이에 따른 흑백 사진을 만듦으로써 엑스선 촬영 영상을 얻게 합니다. 더 높은 에너지는 세포의 죽음을 일으키므로 암 치료를 할 수 있습니다.

전리방사선은 기계장치에서 만든 엑스선과 동위원소에서 스스로 방출하는 감마선이 대표적입니다. 이들은 전자파 혹은 광자선이라 합니다. 전자파와 달리 전자, 양성자, 중성자 등 입자를 가속하여 높은 에너지를 가하면 전자파 방사선과 같은 작용을 일으킬 수 있어서 이를 입자(방사)선이라 합니다. 단일 입자가 아닌 여러 개의 양성자와 중성자를 합친 큰 덩어리는 중입자선이라 합니다. 원자력 발전소의 핵연료에서는 이런 입자선이 많이 발생하므로 사고가 난다면 강렬한 입자 방사선이 흩어져 나와서 매우 위험하게 됩니다.

방사선은 산업에서도 많이 이용하고 있습니다. 강한 투과력과 사진 감광 기능으로 선박 용접 부위나 댐 또는 물 저장소의 물새는 틈을 조사하는 비파괴 검사를 하든지, 세포의 DNA 파괴 기능으로 세균의 멸균이나 유전 형질변경에 의한 변이 생물체 생산에 사용됩니다. 원자력 발전소는 방사선으로 직접 전기를 만드는 것이 아니고 방사성동위원소 원자에 있는 에너지를 뽑아 어마어마한 열을 발생시키고 그 열을 가지고 물을 끓여 발생시킨 수증기로 터빈을 돌려 전기를 만듭니다. 그 과정에서 동위원소에서 나오는 방사능을 잘 가두어서 새어 나오지 않게 하는 기술이 중요한 것입니다.

방사성동위원소는 원래에 있던 원소가 원자핵에서 양성자나 중성자가 더 많거나 적거나 하여 불안정(不安定) 상태로 변한 원소를 말합니다. 이 동위원소의 불안한 입자나 에너지를 정리하여 안정된 상태로 가면서 밖으로 내보내는 것이 방사선입니다. 안정된 상태로 가는 데 걸리는 시간은 수초에서 수백 년으로 동위원소에 따라 다르며 24

시간 방향성 없이 뿜어내므로 이 물질은 방사능이 새지 않는 차단 용기 속에 보관해야 합니다. 용기에서 빠져나오는 것을 방사능 누출이라 하며, 나온 것이 책상이나 의복 등 주위 환경에 묻어 있는 것을 방사능 오염이라 합니다.

방사선을 잘 이용하기 위하여, 에너지가 얼마나 높으냐, 양이 얼마나 되느냐 하는 것을 정확히 알아야 합니다. 방사선의 단위는 그레이(Gy), 시버트(Sv), 라드(rad), 등의 양의 단위와, 킬로전자볼트(KeV), 메가전자볼트(MeV) 등의 에너지의 단위가 있습니다. 방사선 안전을 생각해 보면 매우 적은 양의 방사선이라도 정확히 측정되고 그에 따라 잘 관리되고 있어 일반적으로는 방사선이 안전합니다.

방사선이 에너지가 높고 양이 많으면, 생체에서는 세포 구성의 가장 기본적인 단위인 DNA를 파괴하여 세포 이상을 초래하여 세포가 죽거나(사멸), 비정상세포로 변성되어 암으로 발전할 수 있습니다. DNA 손상은 그러나 정상으로 환원하여 회복하는 능력이 있어서, 많지 않은 손상의 정도는 정상으로 회복되므로 방사선 피폭의 생물학적 이상을 초래하지 않습니다. 그러나 대량의 방사선, 높은 에너지의 방사선, 또는 강한 전리를 일으키는 방사선이면 DNA 손상이 회복 불능이 되고 그 세포는 죽습니다.

인체가 전신에 방사선 피폭을 대량으로 받으면 사망할 수도 있고 어느 정도 이하의 양이면 약한 손상 증상이 있거나 아무런 이상이 없는 등 여러 가지 결과로 나타납니다. 적은 양의 방사선은 문턱 선량이 있어 그 양에 도달할 때까지는 아무런 이상을 초래하지 않습니다. 더 적은 방사선은 오히려 인체 건강에 유리한 결과를 얻을 수도 있다는 이론도 있습니다. 자연방사능은 지구 땅속, 자연환경 속, 인공적 구조물 속, 우주에서 오는 것 등 여러 가지가 있으며 인간은 누구나 24시간 이 방사선을 피폭 받고 살고 있습니다. 따라서 방사선이 완전히 차단된 곳이면 인체는 건강이 오히려 나빠질 수도 있습니다. 직업적으로 방사선을 취급하는 사람들 또는 엑스선 촬영 등 피치 못할 방사선 피폭의 경우는 허용치가 있고 허용치 이하의 방사선 피폭만 받으면 방사선에 의한 장해가 생기지 않습니다. 그리고 법으로도 불필요한 피폭이 되지 않도록 규제를 하고 있습니다.

암 치료를 할 때는 고에너지의 방사선을 대량으로 쪼이는데, 암 조직에만 집중함으로써 암 환자가 아무런 후유증 없이 치료하여 암만 제거가 됩니다. 방사선을 집중적으로 쪼이는 곳에 정상세포도 섞여 있으므로 정상세포 손상을 최대한 피하는 방법이 중요합니다. 방사선을 쪼이는 것을 방사선 조사라 합니다.

첫째 정상세포는 방사선 조사(照射 쪼임)를 하면 스스로 손상으로부터 회복되려고 하는 기능이 있고 암세포는 그런 능력이 떨어지므로 매일 반복하여 방사선 조사를 하면 암세포만 선별적으로 죽일 수 있습니다.

둘째 물리적으로 암 조직 덩어리에만 방사선이 조사되고 정상세포에는 미치지 않도록 하는 방법을 씁니다. 둘 다 방사선을 조사하는 고도의 기술이 필요하고, 작동 기능이 우수한 개량된 방사선치료 장치를 사용하면 가능합니다.

셋째 암세포 덩어리가 정상세포와 구분되어 있지 않고 서로 섞여 있을 때 그 자리에 방사선을 쪼이면 정상세포도 피해를 입는데 이때 정상세포는 살아나게 하고 암세포는 죽어버리는 현상이 동시에 벌어지는 신기한 기술이 있습니다.

방사선치료에 사용되는 방사선은 엑스선, 감마선과 입자선이 있습니다. 전자를 가속하여 금속판에 충돌시키면 엑스선이 발생합니다. 암 치료에 사용하는 엑스선은 엑스레이 촬영이나 CT 검사 같은 데 사용하는 엑스선과 같으나, 그 에너지가 훨씬 강하고 방사선의 양도 대량인 것만 다릅니다. 감마선은 방사성동위원소가 핵붕괴를 할 때 나오는 것이며, 방사성동위원소 치료기란 만들기에 따라서 고에너지의 대량의 감마선을 방출하도록 할 수 있어서 암 치료에 사용합니다. 전자선은 입자선이지만 매우 작아서 엑스선과 비슷하게 사용됩니다.

　입자선으로 양성자는 전자보다 2,000배나 큰 입자이므로 특수 장치에서 고에너지로 가속하여 암 치료에 사용하며, 방사선 분포가 매우 정교하여 정상 조직에 들어가는 방사선이 매우 적어서 부작용이 적은 치료를 할 수 있습니다. 양성자보다 12배나 큰 탄소 원자핵 같은 매우 큰 입자를 가속하여 방사선치료에 사용하는 것은 무거운 입자를 쓴다고 중입자선이라 합니다. 중입자선 치료는 방사선 선량 분포의 정밀성이 양성자선과 같은 것에 더하여, 생물학적 세포손상 효과가 3배나 큰 점을 이용하여 일반 방사선치료보다 3분의 일의 양으로 같은 치료 효과를 낸다는 이론적인 특징이 있습니다. 중입자선을 만들어 내는 데는 매우 크고 고도의 기술이 필요한 가속기를 사용하므로 장비의 설치비용이 천문학적이라서 아무 병원에서나 설치 사용할 수 없는 것이 문제입니다.

　방사선은 빛이면서 눈에는 안 보이지만 기계적 장치로 서치라이트처럼 그 진행 방향을 만들어 주면 일정한 크기의 범위에만 방사선이 조사됩니다. 이 방사선 조사 범위의 크기가 조사야이고 방사선 발생

장치의 출구에 가로세로 여닫는 장치가 있어 조사야의 크기와 모양을 조절할 수 있으며 이 장치를 콜리메이터라 합니다. 콜리메이터를 열고 닫아서 조사야 크기를 정합니다. 그러나 암 덩어리 표면은 매끈하지 않고 제멋대로 굴곡이 져 있으므로 콜리메이터 앞에 조사야를 종양의 모양에 맞게 변형시켜주는 굴곡진 장치가 필요합니다. 이 것이 방사선을 차단하는 물질로 되어 있고 차폐블록이라 합니다. 지금은 콜리메이터와 차폐블록을 합쳐서 개량한 다엽콜리메이터라는 것을 사용하며, 컴퓨터로 실시간 조정하여 더 정밀하게 암과 모양이 같은 조사야를 만듭니다. 그리고 암 조직을 360도 임의의 여러 방향으로 조사하여 정상 조직을 보호하고 암세포만 제거하는 치료를 합니다. 또 방사선의 세기(강도)도 조절하여 암 조직이 두꺼운 곳, 얇은 곳, 둥근 곳, 각지고 어떠한 모양이라도 종양에만 방사선이 들어가게 하면서 치료하는 것이 가능합니다.

방사선치료를 하는 장소에 정상세포가 같이 방사선을 받아도 손상이 일어나지 않고 암세포만 죽이는 것은, 매일 적은 양을 조금씩 조사하기를 24시간마다 되풀이하여 20회, 30회 나누어 주는 분할치료 방식으로 하여 문제가 해결됩니다. 그 외에 적은 양의 방사선에도 손상을 잘 입는 세포가 있고 상당량이 들어가도 잘 견디는 세포가 있습니다. 이 현상은 암세포와 정상세포 모두 가지고 있습니다. 의사가 암 치료계획을 세울 때 방사선치료 장소의 암과 정상세포의 방사선 예민함의 정도가 어떤지 잘 알고 그에 따라 치료 방사선량, 치료 범위의 크기, 치료 횟수, 방사선 방향 등 수많은 요소들을 고려하여 치료함으로써 암 치료가 성공적으로 이루어집니다.

최근에는 우리나라 암 치료 완치율(5년 생존율)이 70%를 넘어 세계 최고입니다. 암 치료는 수술, 항암화학요법, 방사선치료, 세 가지 치료 기술을 적절히 병합하여 시행함으로써 성공적인 치료가 됩니다. 물론 국가 건강검진 제도를 통해 대한민국 사람들이 자신의 건강을 위한 검진을 게을리 하지 않아서 암 조기 발견이 이루어지므로 우리나라 치료 성적이 좋게 나오는 점도 있습니다. 여기에 더해 수술에 로봇을 사용한다든지, 항암 약제가 부작용이 적어 약제 선택의 폭이 커졌다든지, 정밀 방사선 분포를 얻을 수 있는 방사선치료 장비의 개발이 이루어졌다든지 이러한 의료기술 개발의 시대적 흐름의 도움도 큰 몫을 하였습니다.

이 책의 앞부분에서는 방사선의 원리를 설명하고 뒷부분에서는 각종 암이 어떻게 다루어지고 방사선치료가 어떻게 암을 치료하는지 그리고 요즈음 새롭게 나타난 말인 입자선 방사선은 어떤 역할을 하는지에 대해 세부적으로 소개하였습니다.

방사선치료의 미래는 어떻게 될까요? AI에 지배가 되는 예측으로는, 영상의학과의 몸속 영상 판독이 이미 시험단계를 넘었고 사람 의사보다 판독의 정확도가 오히려 높다는 주장이 있습니다. 방사선치료는, 물론 몸속 영상에서 암을 포착하여 그 범위에 방사선을 얼마 주면 암세포가 사멸된다는 스토리 흐름은 단순합니다마는, 안 보이는 암세포가 어디까지 가 있는지 판단을 확률로 한다든지, 방사선 분포의 경계를 어떻게 잡는가의 문제 등 사람의 주관과 사람이 만든 지능의 객관이 어떤 승부를 낼지 예측이 어렵습니다.

그러나 이 책을 다 쓰고 책 제목을 정할 때는 고심 끝에 챗GPT에 책 내용 개요 편을 보내었더니 답으로 열 개가 넘는 제목 의견을 보내와서 그것을 참고해서 '방사선, 신비한 힘의 광선'을 만들었습니다.

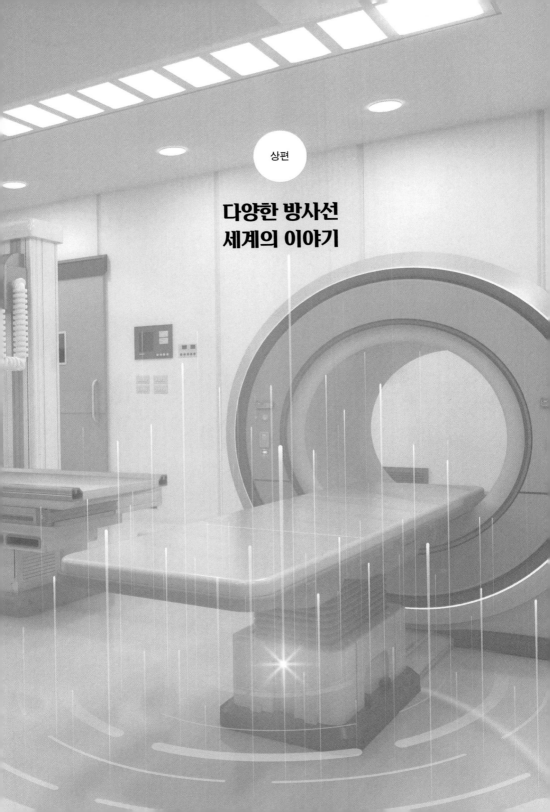

상편

다양한 방사선
세계의 이야기

알파선 : 헬륨 핵

베타선 : 전자

감마선 : 전자파

핵붕괴

동위원소 핵붕괴로 발생하는 방사선의 종류

원자핵과 궤도전자

콩팥 방사선 손상의 부분과 전체 조사의 차이

1/3 부분 조사시 콩팥
손상에 50 Gy 필요

전 콩팥 조사시 손상에
23 Gy 필요

가. 방사선의 정체

1. 안 보이는 빛의 힘

세상에 빛이 있다. 빛은 사물을 보이게 한다. 동물, 식물, 무생물 같은 사물은 빛이 반사되어 우리 눈에 보인다. 대표적인 자연의 빛은 햇빛이고 전깃불처럼 인공의 것도 있다. 빛이 없으면 사물을 볼 수 없다. 눈에 보이는 빛을 가시광선(visible light)이라 한다. 빛이 처음 생성된 곳에서 이동하여 사물을 비추면, 그 빛이 반사되어 우리 눈에 들어와서 그 사물을 보이게 한다. 빛이 이동하기 위해서는 이동하는 힘이 필요하다. 햇빛은 그 먼 태양에서 나와서 지구까지 오는 힘이 필요하고, 달빛은 달에서부터 온다. 전깃불은 전구에서 나와서 사물을 보이게 한다. 이 이동하는 힘이 에너지이다.

빛의 에너지는 빛의 종류에 따라, 또는 발생한 원천(source)에 따라 강도가 다르다. 햇빛은 태양에서 발생 될 때 엄청난 에너지를 가진다. 반면에 달빛은 햇빛보다 강도가 약하다. 전구가 방안을 비출

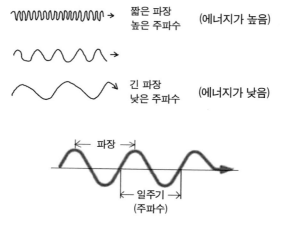

짧은 파장
높은 주파수　(에너지가 높음)

긴 파장
낮은 주파수　(에너지가 낮음)

파장

일주기
(주파수)

때는 밝지만 동구 밖 외등의 밝기로는 우리 집을 희미하게 비춘다. 이 현상이 세기(에너지, 밝기)의 차이이다. 그리고 빛이 이동하는 방식은 파동(wave)에 의한다. 햇빛은 태양에서 지구까지 오는 데에 강한 에너지로 파동을 타고 빠른 속도로 지구에 도달한다. 파동은 파장(波長 wave length)과 주파수(周波數 frequency, 또는 진동수)를 가진다.

　빛의 파동은 흔들림이다. 파동의 가장 높은 곳에서 가장 높은 곳까지의 거리를 파장[1]이라 하고, 일정한 시간(1초) 동안의 진동 횟수를 주파수라 한다. 빛도 알갱이(광자)로 표현한다면 알갱이가 날아가는 에너지는 파장은 짧을수록 주파수는 높을수록 에너지가 높다.
　가시광선[2]도 파장의 길고 짧음이나 진동 횟수의 많고 적음에 따

1　파장의 단위는 미터(m)이다. 주파수의 단위는 무선통신이나 방송에서 쓰는 헤르츠(Hz)이다.
2　빨간 꽃은 붉은색 파장은 반사하고 나머지 색 파장은 모두 흡수하여 우리 눈에 빨간색으로 보이며, 노랑나비는 노랑색 파장만 반사해서 노랗게 보인다.

라 분광을 하면 일곱 가지 무지개색으로 우리 눈에 보인다. 분광이라 함은 파장과 주파수 수치에 따라 일렬로 순서 매김을 한 것인데 한쪽 끝은 빨강이고 반대 끝은 보라색이다. 파장이 길고 주파수가 낮은 것이 붉은색 쪽이며, 파장이 짧고 주파수가 높은 것이 보라색 쪽이다. 붉은색보다 파장이 더 길고 주파수가 더 낮으면 적외선(infrared radiation; 붉음보다 밖이라는 뜻)이고, 보라색보다 파장이 더 짧고 주파수가 높으면 자외선(ultraviolet radiation; 보라보다 밖이라는 뜻)이다. 가시광선의 범위를 넘어서므로 우리 눈으로 볼 수는 없지만, 적외선은 더운 느낌을 느낄 수 있고, 자외선은 피부가 타는 것으로 알 수 있다.

보이지 않는 빛도 있다. 가시광선의 에너지 즉 주파수와 파장의 범위를 벗어난 주파수와 파장을 가진 빛은 우리 눈에 안 보인다. 가시광선보다 더 큰 에너지의 빛도 있고, 더 작은 에너지의 빛도 있다. 에너지를 가지고 있고 파동으로 이동하는 모든 빛을 전자파(電磁波 electromagnetic wave)라 부른다. 가시광선도 전자파이고 방사선도 전자파에 속한다. 전자파는 전기를 띠고(電), 자석처럼 당기고 미는 성질(磁)을 가진 파동이지만, 물질은 아니다. 다시 말해 전자파는 파동만 있는 것이지 물질이 날아다니는 것이 아니다. 잔잔한 호수에 돌을 던지면 동심원을 그리면서 파동이 너울너울 퍼져나간다. 돌은 파동을 일으킨 것뿐이고 만들어진 파동이 멀리까지 퍼져나간다. 물이 이동하는 것은 아니다.

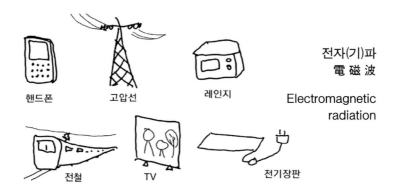

전자(기)파
電磁波
Electromagnetic
radiation

핸드폰　　고압선　　레인지

전철　　TV　　전기장판

　방송국에서 TV 프로그램을 전파로 만들어 송신기로 쏘면 전파의 파동이 가정에 있는 단말기 안테나에 도달하고 단말기 안에 있는 장치가 그 파동을 잡아 음성과 화면을 만든다. 휴대전화 송신을 하면 전자파 파동으로 만들어져서 상대방 휴대전화에 음성의 파동이 수신된다. 통신을 하는 것은 전파가 이동하는 것이고 도착하기까지 시간이 걸린다는 것은 먼 우주에서 증명이 된다. 화성 탐사선과 교신을 할 때 화성에서 지구로 전파가 오는 데에 20분이 걸린다고 한다. 사람이 화성에서 상호 통신한다면 한 마디 보내고 한 마디 답을 받기 위해 20분을 기다려야 한다고 한다.

　TV 방송이나 휴대전화의 전파, 전자레인지의 마이크로웨이브, 라디오 전파, 고주파, 무전기의 전파, 고압전선의 전자파(송전탑 또는 전철의 동력선), 군사 시설의 레이더, 전기장판의 전자파 등 이런 종류의 전자파는 모두 적외선보다 파장이 길고 주파수도 낮다. 이들은 에너지가 낮으면서 보이지 않는 빛이다. 그래서 가시광선이 사람에게 해롭지 않듯이 가시광선보다 에너지가 낮아서 인체에 생물학적 영향을 주지 않는다.

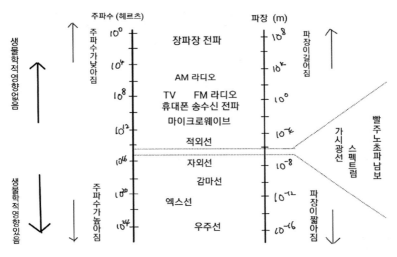

<table>
</table>

주파수 (헤르츠)　　　　　　　　파장 (m)

생물학적 영향없음 ↑

주파수가 낮아짐

10^0

장파장 전파

10^8

파장이 길어짐 ↑

10^4

AM 라디오

10^4

10^8

TV　　FM 라디오
휴대폰 송수신 전파
마이크로웨이브

10^0

10^{12}

적외선

10^{-4}

가시광선

스펙트럼

빨주노초파남보

10^{16}

자외선

10^{-8}

생물학적 영향있음 ↓

주파수가 높아짐

감마선

10^{20}

엑스선

10^{-12}

파장이 짧아짐 ↓

10^{24}

우주선

10^{-16}

각종 전자파의 파장과 주파수 분포 (에너지 스펙트럼)

　자외선보다 파장이 더 짧고 주파수가 높은 것은 엑스선, 감마선 등이 있고 이들은 에너지가 높은 보이지 않는 빛이며, 강한 에너지 때문에 인체에 생물학적 영향을 준다. 자외선도 가시광선보다 에너지가 높아서 세포가 손상을 입는 생물학적 영향을 준다.

　식당에 가면 '자외선 멸균기'라 쓰인, 컵을 보관하는 보랏빛 유리장이 있다. 자외선으로 균(세포, 생명체)을 죽이는 것이다. 여름에 해수욕하러 가서 살갗이 햇빛에 노출되면 피부가 검게 타거나, 심하면 껍질이 벗겨지고 따갑다. 껍질이 벗겨진다는 것은 피부 표피세포가 죽어서 떨어져 나온 것이다. 이렇게 세포가 생물학적 영향을 받는 것은 자외선의 에너지가 강하여 세포에 손상을 주기 때문이다.

　에너지가 강한 전자파가 세포에 손상을 입힐 수 있는 것은 전리작용[3]에 인한 것이다. 가시광선보다 에너지가 더 강하여 세포를 손상할 정도로 전리작용이 일어나는 전자파를 전리방사선(電離放射線 ionizing radiation)이라 하고, 가시광선보다 에너지가 약하여 전리작용이 일어나지 않는 전자파를 비전리방사선(非電離放射線 nonionizing radiation)이라 한다. 자외선은 세포에 손상을 줄 수 있는 에너지의 전리방사선이지만 에너지가 강하지 않아서 인체의 피부 이상 깊은 곳을 뚫고 들어갈 수 없다. 그래서 피부 아래에는 손상을 주지 못한다. 일반적으로 말하는 방사선은 자외선보다 에너지가 훨씬 높은 전리방사선이다. 그래서 몸속 깊은 곳까지 세포에 손상을 줄 수 있다. 우리가 말하는 방사선 즉 엑스선이나 감마선은 자외선보다 주파수가 높고 파장이 짧아서 에너지가 훨씬 강하다.

방사선의 분류 및 종류	
- 전리방사선	- 비전리방사선
• 광자선 (photon)	
엑스선 (X-ray)	장파장 전파
감마선 (gammaray)	AM 라디오 파
• 입자선 (particle beam)	TV, FM 라디오 파
전자선 (electron)	핸드폰 전파
양성자선 (proton beam)	무선통신 전파
중성자선 (neutron beam)	마이크로웨이브
중입자선 (heavy particle beam)	

---

3 물질을 구성하는 원자의 전기적 상태를 강한 힘으로 분열시키면 전기적 음양의 관계의 균형이 깨어진다. 이 현상을 전리라 하고 전리된 입자들은 이온이라 한다. 방사선의 전리 작용은 세포를 구성하는 원자나 분자에 전리 손상을 가한다. 이때 발생한 이온의 상태는 비정상이기 때문에 그 세포는 생물학적으로 손상을 입게 된다.

전자파는 전자파 발생 장치에서 방출된다. 전자파는 물질의 이동이 아닌 에너지 파동의 이동일 뿐이다. 그래서 발생 장치에서 공간으로 방출될 때 방향성이 없다. 다시 말해서 햇빛처럼 공간의 어느 방향으로든 퍼져나간다. 그래서 전자파 흐름을 필요한 쪽으로만 가도록 방향성을 유도하기 위해서는 다른 방향은 차단하고 필요한 방향으로 창을 만들어 그쪽으로만 가도록 해야 한다.

자외선보다 에너지가 높고 안 보이는 빛인 엑스선과 감마선은 투과력이 있다. 가시광선은 그림자만 만들고 투과를 못 한다. 높은 에너지의 전자파인 엑스선과 감마선은 인체를 투과하는데 그러나 투명 인간처럼 뚫고 나오는 것은 아니고, 공기보다 단단한 매질인 인체 조직을 투과하면서 물질과 부딪치는 저항을 받는다. 그래서 깊이 들어갈수록 점점 힘을 잃고 마지막에 일부만 투과해 나온다. 이것을 방사선의 흡수[4]라 한다. 매질의 강도가 단단하여 전자파가 아예 완전히 통과하지 못하게 하는 것을 차폐(遮蔽)라 한다. 차폐 물질로 둘러싸고 앞에 작은 창을 만들어 두면 전자파를 원하는 범위로 원하는 방향으로 보낼 수 있다.

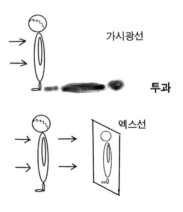

4　방사선의 3대 성질은 투과, 흡수, 전리이다. 투과하는데 일부는 흡수가 되면서 전리작용을 일으킨다.

원자 구조물인 전자는 질량을 가진 입자[5]이며 높은 에너지로 이동시키면 전자파와 비슷한 성질을 가진다. 그래서 높은 에너지의 입자를 입자선(粒子線 particle radiation)으로 부르고 전자일 경우 전자선이라 한다. 엑스선같이 높은 에너지의 전자파는 광자선(光子線 photon, 빛알)이라 부른다. 전자파는 물질이 아닌데 이동하므로 빛의 알갱이(광자)가 날아간다고 표현한다. 두 가지 모두 투과, 흡수 및 전리작용으로 세포를 손상하여 인체에 생물학적 영향을 줄 수 있는 전리방사선이다. 질량을 가진 전자는 매질 속에서 광자에 비해 깊이까지 이동할 수 없다. 양성자 또는 양성자와 중성자가 여러 개 뭉친 핵입자도 큰 입자이므로 투과할 때 더 많은 저항을 받고 더 많이 흡수되어 두꺼운 매질은 두께 전체를 뚫고 나오지 못한다.

2. 물질을 만들고 있는 것들

지구상의 모든 물질의 가장 기본단위를 분자라고 한다. 분자는 한 개 이상의 원자로 구성되어 있다. 원자는 원자핵과 핵 주위에 있는 전자로 구성되어 있으며, 핵은 양성자와 중성자가 기본 구성 물질이다. 분자를 구성하는 원소가 양성과 음성의 전기적 힘을 가지고 있는 것을 전하를 가지고 있다고 말한다. 전하의 하(荷 electric charge)

---

5 물질의 가장 작은 것은 원자이며 원자핵을 구성하는 양성자와 중성자가 있고 핵 주위를 전자가 돌고 있다. 이들은 모두 입자이므로 질량 즉 무게가 있다.

는 전기의 성질을 띠고 있다는 뜻이며 그 양을 전하량이라 한다. 양성자는 전기적으로 양성(+)의 전하를 가지며 중성자는 전하가 없다. 핵이 양성자 몇 개를 가지고 있느냐에 따라 그 원소[6] 고유의 화학적 성질을 나타낸다.

원자의 핵 주위를 돌고 있는 전자는 전기적으로 음성 (-)이며 양성자의 양전기와 전기의 전하량에서 양적 평형[7]을 이룬다. 이들은 모두 각각의 위치를 유지하며 기능을 하고 있다. 전자는 핵과 적절한 거리를 유지하며 핵 주위를 선회하고 있다. 그 회전하는 위치를 궤도(Orbit 또는 각, 殼)라 하고 핵에서 가까운 순서로 K, L, M, N의 이름을 붙였다. K각은 2개의 전자가, L은 8개, M은 18개, N은 32개의 전자가 존재할 수 있다. 그래서 이들을 외각 전자(外殼 電子)라 부른다.

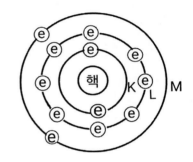

원자핵과 궤도전자

6　원소(元素 element)는 고유의 성질을 가진 물질로서의 가장 작은 단위라는 뜻이며 원자(元子 atom)는 양성자, 중성자 등으로 된 입자라는 뜻이다. 원소는 철(Fe), 구리(Cu), 납(Pb), 텅스텐(W) 같은 금속류, 산소(O), 수소(H), 질소(N), 제논(Zn) 같은 기체류, 수은(Hg) 같은 액체류 등 여러 형태로 존재한다. 한 개 또는 여러 개의 원자가 합쳐진 것은 분자, 여러 분자가 합쳐진 것은 화합물(化合物 compound)이라 부른다. 물 분자는 수소와 산소의 결합이고, 공기 분자는 산소, 수소 질소 등 여러 가지 원소의 혼합체이며, 알코올 분자는 탄소, 수소, 산소의 결합이다. 공기 중의 산소는 두 개의 산소 원자가 합쳐서 산소 화합물로 존재하며(O_2), 물은 수소와 산소 원자(H_2O)의 복합체이다.

7　전기적 평형이란 양성자의 양전기와 전자의 음전기가 서로 같은 중성이거나, 음성이든 양성이든 원자가 안정적으로 존재할 수 있는 전기적 상태가 되어 있는 상태를 말한다. 양전기와 음전기는 같은 전하이면 서로 밀어내고 다른 전하끼리는 당긴다.

덴마크 물리학자 보어(Bohr)는 원자의 구조를, 태양계에서 태양과 그 주위를 돌고 있는 지구를 비롯한 행성과의 상호 관계를 이용하여 원자핵과 전자의 구조를 알기 쉽게 설명하였다. 태양과 행성들이 서로 에너지(원심력)와 중력(구심력)의 힘으로 자체 궤도(orbit)를 가지고 태양 주위를 돌고 있는 것과, 전자가 에너지에 따라 궤도를 가지고 핵 주위를 도는 것이 비슷하기 때문이다. 그러나 실제로는 전자들이 핵 주위에 일정한 거리를 두고 구름처럼 싸고 있다고 표현한다.

전자구름

원자는 핵과 전자로 한 덩어리를 이루고 있는데 그 덩어리가 차지하는 공간은 풍선처럼 비어 있다. 원자의 모양은 이렇다. 달걀을 빈 껍질만 있다고 생각하자. 그 한 가운데에 좁쌀 한 알이 있다고 가정하면 이 달걀껍질이 전자궤도에 해당되고 좁쌀이 원자의 핵에 해당된다. 그러면 달걀껍질 속의 비어 있는 원소의 공간 또는 원소가 모여 이루는 분자의 공간에 압박을 가하면 공간이 좁아지거나 껍질이 깨져 흩어지지 않을까. 전자구름은 음전하를 띠며, 양전하를 띤 핵과 일정한 크기의 달걀껍질 공간을 형성한다. 그러나 옆의 원자도 같은 모양이기 때문에 바깥을 도는 전자끼리는 서로 밀친다. 이 달걀껍질 전자구름끼리 서로 밀치는 힘 때문에 절대 부서지지 않는다.

이처럼 풍선 같은 공간인데도 부서지지 않는 단단한 공간을 지키고 있으므로 그 결합 에너지는 대단한 것이라 할 수 있는데, 우리가 이 에너지를 조금만 얻어 쓸 수 있다. 이 에너지를 일부러 꺼내거나 잘못해서 빠져나온 것이 방사선이다. 그러한 현상을 발견 한 120년 전부터 지금까지 방사선은 인류에 지대한 공헌을 해 왔고 또한 핵무기로 무서운 파괴력을 보이기도 했다.

이 세상의 생물, 무생물, 등 모든 물질은 형태가 있고 각각의 성질과 특성이 있다. 사람과 호랑이와 물과 소나무와 조약돌이 다른 이유는 각각을 구성하는 분자가 무엇으로 채워져 있느냐에 달려 있다. 분자는 원자 한 개 또는 원자들의 조합으로 구성되는데, 이 세상의 자연 속에는 119종의 원소가 존재한다고 알려져 있다. 원소는 개개의 성질을 가지고 있는데 원소들이 여러 가지 조합을 이루어 각종 물질을 만든다. 119종이 만드는 조합은 무한대이다. 또한, 기체냐 고체냐 액체냐, 단단하냐 푸석푸석하냐, 다른 물질과 강하게 붙느냐 밀치고 독립적으로 존재하느냐 등 수많은 다른 성질이 원자의 외각 전자, 특히 가장 바깥의 전자에 의해 결정된다

그리고 원자핵의 양성자와 주위 전자의 숫자에 따라 물질의 성질이 결정된다. 양성자와 외각 전자가 각각 한 개면 수소(H)이다. 산소 (酸素 oxygen)는 핵의 양성자가 8개, 전기를 띠지 않는 중성자가 8개, 그리고 전자가 8개이다. 산소는 자연에 존재할 때는 산소 원자가 둘

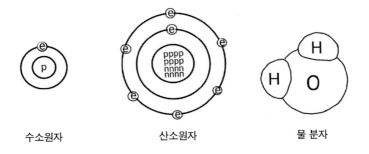

수소원자   산소원자   물 분자

이 합쳐서 기체인 산소 분자 O_2로 존재한다. 물은 두 개의 수소와 한 개의 산소로 구성되어 있다. 이렇게 각 물질의 특성을 나타내는 가장 작은 단위를 분자라 한다. 즉 수소 가스의 분자는 H_2, 산소 가스의 분자는 O_2, 물의 분자는 H_2O이다.

3. 작지만 큰 역할을 하는 전자

전자(電子 electron)는 매우 작지만 물질이다. 매우 작은 알갱이인데 음극 전기(음전하)를 띠고 있어서 전자라고 부른다. 음전기(-)를 띤 전자는 양(+)극의 전극이 있으면 딸려 간다. 즉 전자를 양극 전극을 이용하여 한 방향으로 흐르게 할 수가 있다. 전자의 흐름이 전기이고 전기의 흐름을 전류라 하며 전선을 따라서 흐른다. 단지 전자가 흐르는 방향과 전류의 흐르는 방향이 반대이다. 그러니까 전기는 전자[8]의 이동이다. 이동하는 매체 즉 전선은 물을 흐르게 하는 파이프와 같아서 압력(전압)이 속도 즉 흐름에 영향을 준다.

---

8   전자가 백열등 필라멘트를 지나갈 때는 필라멘트 금속의 전기저항 때문에 열과 빛을 낸다. 전기의 흐름에 저항하는 것 즉 흐름을 방해하는 힘이 압력이고 전기에서는 전압이라 하며 볼트 (V)가 단위이다. 전기가 전선을 통해 흐를 때 같은 전선에서 훨씬 더 많은 전기가 흐르려면 전선 내의 전기의 압력이 높아진다. 수도관에 물을 많이 흘려보낼 때와 적게 보낼 때와 같은 현상이다. 다시 말하면 전기가 원활하게 흐르는, 전압이 낮은 전선은 빛과 열을 내지 않는다. 같은 전선 내에서 흐르는 전기가 많을수록 압력이 높아지고 많은 힘을 들여 전기가 흐르는 것이 전압이 높은 것이고 이 힘을 에너지로 표현한다. 에너지가 높으면 킬로볼트(KV), 더 높으면 메가볼트(MV)로 표시한다. 220 V 가정용 전기에 비해 방사선을 만드는 전기는 훨씬 높은 에너지가 필요하고 훨씬 높은 전압의 전기를 쓴다.

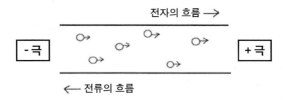

전자는 핵의 주변부에서 전자구름을 형성하고 있는데 제일 바깥에 있는 전자는 결합력이 느슨해서 잘 떨어져 나온다. 떨어져 나와 있는 전자를 자유전자(free electron) 또는 유리(遊離)전자라 한다. 옷의 섬유끼리 엉겨 붙다가 물건을 만질 때 파지직 하고 튀는 정전기의 원인이 자유전자로 인한 것이다. 옷의 섬유를 구성하는 물질의 원자에서 자유전자가 많이 나와서 붙어 있다가 손이 닿으면 그 전자들이 쏟아져 들어간다. 이것이 전자의 이동이기 때문에 그 순간 전기의 흐름이 발생한 것이다. 물체 위에 정지하고 있는 전기라고 정전기라 부른다.

자고 일어나면 머리카락이 귀신처럼 산발이 되는데 머리카락에 쌓여 있던 전자가 음전기로 서로 미는 성질 때문에 머리카락을 서로 밀어내어 산발이 된다. 이때 물을 묻힌 손가락으로 몇 번 쓰다듬으면 머리카락이 착 가라앉으면서 서로 붙는다. 물이 자유전자를 모조리 잡아 먹어버린 것이다. 자유전자의 레벨에서는 에너지가 매우 낮으므로 정전기와 접촉을 해도 전기이지만 인체에 이상을 초래하지 않는다.

전자는 질량(물질의 크기)이 양성자의 거의 2,000분의 1이지만 전하량(electric charge, 전기의 양)은 같으며 핵 주위를 선회하면서 전자는 음의 전하, 양성자를 가진 핵은 양의 전하(negative and positive charge)를 가져서 서로 당긴다. 그러나 전자는 궤도를 돌고 있어서 회전에 의한 원심력이 있다. 이 원심력과 전기적 당김이 힘의 평형을 유지하여 궤도를 일정하게 유지하게 된다고 한다. 그러나 이 현상은 그렇게 단순하게 설명할 수 있는 상황은 아니고 양자역학적으로 복잡한 원리가 있지만 다 설명할 수는 없다.

자연 상태의 원자나 분자들은 독자적으로 있든, 서로 결합하든, 안정된 구조로 되어 있다. 이때 어떤 외부의 힘에 의해 외각 전자가 떨어져 나가거나 밖에서 새로 들어와 붙으면 전하의 변동이 생긴다. 이것을 전리화(電離化 ionization) 또는 이온화라 한다. 전자가 하나 떨어져 나가면 양(+)이온, 하나가 붙으면 음(-)이온이 된다. 일반적으로 제일 바깥의 전자수가 짝수이면 안정된 상태이고, 홀수이면 불안정한 상태로 전자가 홀수인 다른 입자와의 결합력이 강하게 작용한다고 한다.

4. 물질이 깨어지게 하는 전리방사선

보이지 않는 빛인 전자파는, 에너지가 높아 세포에 충돌하면 세포 손상을 일으킬 수 있는 전리방사선과 에너지가 낮아 아무런 영향을 주지 않는 비전리방사선[9]으로 나누어진다. 야구 선수가 주먹만 한 돌멩이를 자동차 유리창에 강하게 던지면 유리창이 깨어질 것이다.

---

9   비전리방사선인 전자파도 인체에 영향을 줄 수 있다는 연구 보고가 있지만, 출력을 극도로 높여서 실험적으로 얻어진 연구실의 결과일 뿐이다.

그러나 어린이가 모래를 한 줌 쥐고 집 유리창에 던져도 그 유리는 깨어지지 않는다. 돌멩이나 모래는 같은 물질인데 단지 주어진 에너지(던지는 힘)와 양(돌멩이의 크기)이 다르기 때문이다. 같은 전자파인데 힘, 즉 에너지가 높은 전리방사선일 때에는 인체에 영향을 끼친다.

전리방사선이 인체에 영향을 끼치는 기전은 물질의 분자를 전리(이온화)시키는 작용이 있기 때문이다. 이온화 또는 전리(ionization)란, 물질의 구성 성분들이 전기적 힘으로 서로 결합이 되어 자연 상태에서 전기적 평형을 이루고 있는데 이것이 외부의 힘으로 전기적 비정상상태가 되는 것을 말한다. 어떤 물질이 있을 때, 그 물질 분자가 음전하와 양전하의 당기는 힘으로 서로 결합 되어 있으면서 전기적으로는 중성 또는 양이나 음의 전하를 띠면서 안정된 상태를 가진다. 그러한 전기적 평형이 깨어져서[10] 비정상적으로 양이나 음의 전하를 띠게 되는 현상을 전리라 한다. 전리 현상이 일어난 후의 분자는 이온(ion)이라 하고 이온화된 분자들을 포함한 액을 전해질(electrolyte)이라 한다.

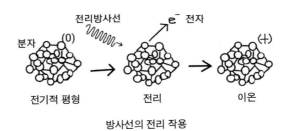

방사선의 전리 작용

---

10 분자나 원자의 전기적 평형이 깨어져서 비정상 이온이 된다. 하지만 원자핵이 깨어져서 동위원소가 되는 핵붕괴와는 다르다.

우리가 먹는 물은 자연 상태에서 전리가 되지 않은 중성인 물 분자와 전리가 된 수소이온 및 수산이온 등이 섞여 있다. 물 분자는 두 개의 수소 원자와 한 개의 산소 원자의 결합이다. 전기적 중성인 물 분자가 전리되면 수소기 한 개와 수산기(水酸基) 한 개로 나뉜다. 물 분자의 수소 두 개 중 하나는 전자가 떨어져 나가 양전하를 띠게 되고(H+), 떨어져 나온 전자는 나머지의 수소와 산소 원자 각각 한 개의 결합에 가서 붙으면서 (전자가 하나 더 많아져서) 음전하를 띤 수산기(OH-)가 된다.

물 분자의 정상 전리

$$H_2O \rightarrow H^+ + OH^-$$

전리방사선에 의한 비정상 전리

$$H_2O \rightarrow H_2O^+ + e^-$$

$$H_2O^+ + H_2O \rightarrow H_3O^+ + \boxed{OH^\circ}$$

이 이온들은 전기적으로 불안정 상태이므로 다른 분자와 쉽게 결합한다. 물 이온의 수산기는 수산화나트륨[11](가성소다 NaOH), 알코올(에탄올 C2H5OH) 등 여러 물질의 구성 성분이 된다. 그런데 방사선은 이러한 자연적 전리가 아닌 비정상적인 전리를 일으킨다. 방사선의 에너지가 전자를 무작위로 쫓아내기 때문이다. 방사선이 강제로 전리를 일으키므로 전리방사선이라 한다.

---

11   수산화 나토륨은 가성소다이며 흔히 양잿물이라 한다. 에틸알코올은 술이다.

5. 방사선이 물질과 충돌하면 벌어지는 일

전자파(광자선)이든 입자선이든 방사선은 높은 에너지를 가지고 날아가서 물질을 투과(penetration)해 나간다. 물질의 원소들은 흰자와 노른자가 없는 달걀 껍질과 같은 커다란 공간으로 되어 있으므로 그 사이로 방사선이 쉽게 통과할 수 있다. 이것이 방사선의 투과 특성이다. 투과하면서 어떤 것은 원자를 구성하는 양성자나 전자와 같은 입자들과 충돌하기도 할 것이다. 엑스선이나 감마선 같은 광자가 물질을 투과할 때 입자들과 충돌한 후 가지고 있던 에너지 전부를 잃고 없어지는 현상은 흡수(absorption)라 한다. 물질 속으로 들어갔는데 나오는 것이 없으므로 흡수가 된다. 투과와 흡수의 특성으로 엑스선 영상 촬영이 된다.

투과하면서 입자와 부딪칠 때 에너지를 잃고 방향이 바뀌는 현상을 산란(scattering)이라 한다. 입사(入射)된 방사선이 충돌한 입자를 당구공처럼 튕겨 낸 후 에너지를 부분적으로 잃고 방향이 바뀌는 것이 산란이다. 불빛이 젖빛 유리를 통과하면서 빛이 직진하지 못하고 흩어지는 광학적 산란과 큰 의미에서는 같은 원리이다. 투명한 유리는 빛이 그냥 통과하므로 통과한 후 변화가 없다. 유백유리라 불리는 젖빛 유리는 빛의 통과를 방해하도록 방해물질을 유리 속에 섞어 둔 우유빛 유리를 말한다.

에너지 일부만 잃고 산란 된 것은 산란선(散亂線)이라 하는데 산란선은 에너지가 낮아 결국 흡수된다. 처음부터 흡수되거나 산란 된 후 흡수된 에너지가 주위 물질에 전리를 일으킨다. 다시 말하면 강한 힘으로 세포를 뚫고 들어 온 방사선이 세포를 구성하는 물질의 원소와 부딪친 후 없어지든지 방향을 바꾸게 되며 이 과정에 의해 물질의 전리가 일어난다. 방사선 쪽에서 보면 산란과 흡수가 일어난 것이고, 입사된 물질 쪽에서 보면 전리가 일어난 것이다. 전리가 일어난 물질이 세포와 같은 생명체일 때 세포 손상이라는 생물학적 효과가 된다.

방사선이 물질에 입사될 때의 충돌방식[1]*은 광전효과(photoelectric effect), 콤프턴 산란(compton scattering), 쌍생성(pair production) 등 세 가지 방식이 있다. 입사된 광자선의 에너지가 낮을 때는 광전효과, 에너지가 1-10 MeV 부근에서는 콤프턴효과, 더 높은 에너지는 쌍생성이 주로 일어난다.

6. 세포 단위에서의 방사선의 전리작용

물질을 구성하는 분자가 화학적 구조를 가지고 자연 상태에서 물, 알코올, 산소 기체(O_2) 등의 형태로 존재하는 것은 그 상태로 안정적이기 때문이다. 그 물질 자체는 자연적 전리가 일어나 있기도 하고 단단한 고체면 전리가 되지 않기도 한다. 방사선은 원자를 관통해 지나가면서 어떤 전자든지 억지로 내쫓을 수 있으므로 자연 속에서 존재할 수 없는 이온을 만들 수 있다. 이렇게 생성된 이온은 불안정한 상태이다.

인체 세포에 방사선이 가해지면 세포 구성 물질 중 가장 많은 물 분자를 주로 전리시킨다. 자연적 전리 상태에 있던 물 분자는 방사선에 의한 강제 전리가 일어나면 자연에 존재하지 않는 비정상 이온들이 발생한다.

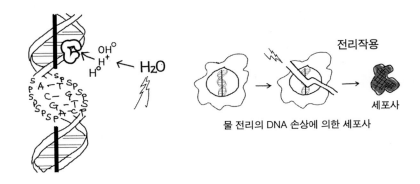

물 전리의 DNA 손상에 의한 세포사

　이 이온들은 정상상태가 아니므로 일억분의 일 초 동안 존재하다가 없어진다. 그러나 발생하는 순간에 이 이온들은 독성물질(toxic radical)이 되어 생체에 손상을 일으키며 주로 DNA에 손상을 준다. DNA는 인체 세포 내에서 세포의 생존에 가장 중요한 물질이므로 DNA 손상을 받은 세포는 결국 죽게 된다. 이를 세포사(cell death)라 한다. 전리방사선에 의한 생물학적 영향[12]은 주로

12　생체 내에서 전리방사선에 의한 전리가 얼마나 일어나느냐는 방사선치료에서는 매우 중요하다. 암 세포 손상은 방사선의 전리작용에 의한 것이기 때문이다. 하나의 전리가 일어남을 일어남(event)이라 한다. 전리가 일어나는 정도는 에너지에도 관계하지만, 방사선 종류에 따라 통과하는 길에 얼마나 많은 전리의 일어남이 발생하는지도 관련이 있다. 입사된 전리방사선의 에너지의 양이 많으면 전리가 많이 일어나므로 방사선이 지나가는 길에서 일정한 거리(단위 거리)에서 전리가 얼마나 일어났느냐 하는 것을 측정할 수 있다. 단위 거리당 전리가 얼마나 일어나는가로 방사선의 세포 손상 정도를 예측할 수 있다. 전리가 일어난 것을 에너지가 전달되었다고 하고, 일정한 직선거리 당 얼마나 에너지가 전달되었는지를 LET(직선에너지전달 Linear Energy transfer)로 표시한다. 단위는 마이크론 당 킬로전자볼트(KeV/μ) 이다.

세포사에 의한 것이다.

7. 전리방사선의 종류

원자를 구성하는 물질인 전자, 양성자, 중성자들은 물질이므로 입자라고 하며, 이 입자들을 빛에 가까운 속도로 가속하면 전자파(광자선)와 꼭 같은 전리방사선의 성질을 가진다. 빛에 속하는 광자선에 대신하여 입자의 흐름은 입자선(粒子線 particle radiation)이라 한다. 입자는 상대적으로 무게가 있는 물질이므로 발생 장치에서 방출될 때 높은 에너지를 주어야 힘을 가지고 날아간다.

일반적으로 방사선이라 할 때는 전자파 중에서 고에너지이며 전리작용이 있는 파동(wave)을 말하는데, 입자를 가속하면 전리방사선의 역할을 하므로 광자선(전자파)과 입자선 모두를 통칭한다. 방사성 동위원소(radioactive isotope)는 핵분열로 방사선을 방출하는데, 광자와 입자 여러 가지를 방출하며, 그중 광자는 감마선이고, 입자선으로는 전자인 베타선과 더 큰 입자인 알파선이 있다. 동위원소가 아닌 음극관 발생 장치에서 나오는 광자는 엑스선이다. 다시 분류하면 방사선[2*]은 광자선으로서 엑스선(X-ray), 감마선(gammaray)이 있고, 입자선으로서 전자선(electron radiation), 양성자선(proton radiation), 중입자선(heavy particle radiation)이 있다. 비전리방사선은 논의에서 제외된다.

지금까지 방사선이 무엇인가를 소개하였는데 여기에 사용되는 용어를 정리해 보면 다음과 같다.

빛을 낸다는 의미로 방사선을 반딧불이에 빗대어서 표현해 보면 방사선은 반딧불이의 푸른 빛이고, 방사성 물질 또는 동위원소는 반딧불이 자체, 방사능은 반딧불이가 빛을 내는 능력, 반딧불이가 곤충 채집함에서 빠져나가는 것이 방사능 누출이다.(고다마 가즈아) 방사선(radiation)은 엑스선 또는 감마선 같이 전자파인 빛 자체이며, 방사능(radioactivity)은 방사선이 방출되는 동적인 상태를 말한다. 오염(contamination)은 방사성 물질이 용기 밖으로 나와 주위 환경 물질에 묻거나 섞인 상태이다. 오염된 방사성 물질을 제거하는 것이 제염(de-contamination)이다. 방사성 폐기물(radioactive waste)은 방사성동위원소 작업 후 버려진 방사성 물질을 말한다. 방사선은 명사이고 방사성은 '방사선이 나오는'이라는 형용사이다.

8. 방사성동위원소와 감마선

물질의 특성을 나타내는 가장 작은 단위를 원자라 한다. 원자는 원소를 이루는 입자이다. 모든 원소에 이름을 붙여주고(수소, 산소, 탄소 등) 그 이름의 약자를 따서 원소기호로 표시한다(H, O, C 등). 원자핵의 양성자 수는 원자번호이다. 핵 속에 함께 있는 중성자까지 합한 것을 원자량이라 하고 원자의 실제 질량(무게)이 된다. 전자는 질량이 양성자의 약 2000분의 1이므로 원자의 무게를 결정하는 데 큰 영향을 끼치지 않는다.

자연계에는 수많은 다양한 물질이 있지만, 원소의 수는 119개 밖에 없다. 수소는 중성자가 없고 양성자 하나뿐이므로 원자번호[13]는 1이고 원자량도 1이다(^{1}H 또는 H-1). 산소는 양성자 8개로 원자번호는 8이고 중성자도 8개라서 원자량은 16이다(^{16}O. 또는 O-16). 탄소는 양성자 6개로 원자번호 6이고 원자량은 12이다(^{12}C, C-12).

한편 양성자 수는 같은데 중성자 수가 다른 원소가 있는데 이를 동위원소(同位元素 isotope)라 한다. 양성자 수가 같으므로 이름과 원자번호는 같지만, 원자량만 다르다. 수소의 경우 원자번호가 1인데, 없었던 중성자가 하나 붙으면 중수소(^{2}H), 둘이 붙으면 삼중수소(^{3}H, tritium)가 된다. 이 삼중수소가 원자로에서 많이 발생한다. 주기율표에서 원자번호가 같아서 같은 위치에 있고 따라서 화학적 성질이 비슷하여 동위원소라 한다. C-12는 안정된 탄소이고, 연대측정에 사용하는 C-14는 탄소 동위원소이다.

동위원소에는 안정된 것도 있고, 원자량이 달라진 것을 견디지 못하고 원래의 안정적인 원소로 돌아가려고 하는 동위원소도 있다. 이 불안정한 동위원소는 핵 속에 있는 입자나 에너지를 내보내고 중성자 및 양성자 개수를 조정하여 안정된 상태로 갈려고 한다.[14] 이때 내보내는 에너지가 방사선이 되며 알파선, 베타선, 감마선 등으로 방출한다.[3*]

---

13   표기 방법은 원소기호 왼쪽에 위첨자로 원자량을, 아래첨자로 원자번호를 쓰기도 했으나 원소기호가 원자번호를 나타내므로 생략하기도 한다. 첨자가 불편하므로 원소기호 다음에 하이픈을 써서 질량을 표기하는 일이 더 많다.

14   내보내는 에너지가 전자선이면 베타붕괴(beta decay), 알파선이면 알파붕괴(alpha decay), 광자인 감마선이면 감마붕괴(gamma decay)라고 한다.

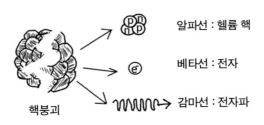

알파선 : 헬륨 핵

베타선 : 전자

감마선 : 전자파

핵붕괴

동위원소 핵붕괴로 발생하는 방사선의 종류

알파선은 입자가 크므로 종이 한 장도 뚫지 못한다. 전자로 된 베타선도 입자이므로 나무판자를 뚫지 못한다. 그래서 방사성동위원소에서 나오는 입자선들은 일반적인 방사선치료에서는 사용할 수 없다. 감마선은 전자파이므로 얇은 철판 정도는 에너지가 약간 흡수되지만 많은 양이 투과해 나온다. 즉 투과하는 물질의 종류에 따라 또는 자신의 에너지 크기에 따라 투과해 들어가는 깊이가 정해진다. 그래서 방사성동위원소 종류에 따라 높은 에너지의 감마선을 방출하는 것을 암 치료에 사용한다.

나. 물리학으로 풀어보는 방사선

1. 발견의 시대

　독일 물리학자 뢴트겐(Roentgen, Wilhelm Conrad) 박사가 음극선으로 물리 실험을 하던 중 빛의 성질을 가진 무엇이 나오는 것을 발견한 후 이름을 엑스선(X-ray)으로 하였다. 이것이 다른 일반적인 빛과 달리 투과력이 있다는 것을 알고 부인의 손에 비추어 사상 최초로

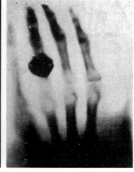

엑스선을 발견한 뢴트겐 박사와 최초의 손 엑스선 사진

- Wikipedia 에서

손 엑스레이 사진을 만들었다. 그와 동시대에 프랑스 물리학자 베크렐(Becquerel, Antoine Henri)은 우라늄에서 엑스선과 같은 성질의 감마선이 나오는 것을 발견하였고, 퀴리 부인은 라듐을 위시한 방사성 동위원소가 자연계에 존재하며 방사선을 방출하는 물질임을 발견하였다.

그 후 방사선은 그 시대 가장 첨단과학으로 이용되었으며 물리학 발전에 큰 역할을 하였다. 의료적으로는 인체 내부의 영상을 만들어 내는 것뿐 아니라 암 치료도 거의 동시에 시작되었고, 생활에 도움을 주는 여러 기술에도 많이 적용되었다. 그러나 제2차 세계대전 말 일본에 투하된 원자폭탄에서 인체에 대한 방사능의 위험성을 깨닫고 방사선의 생물학적 효과에 관한 연구가 활발히 진행되어, 그 후로는 방사선이 안전하게 관리되고 인류의 행복과 문명의 발전에만 이용되도록 정리가 되었다.

엑스선은 엑스선 관이라는 발생장치가 개발된 이후 의료기관에서 필수적인 의료 영상 촬영의 이용 수단이 되고 있다. 이것은 전산화단층촬영(CT)으로 한 단계 더 발전하였고 양전자단층촬영(PETCT) 영상조합 기술까지 발전하였다. 이러한 영상들은 방사선이 아닌 자기공명영상(MRI) 및 초음파 영상의 소견과 상호보완적으로 비교관찰을 함으로써 각종 질병 진단에 획기적인 정확성을 얻게 되었다.

뢴트겐 박사가 엑스선을 최초로 발견한 것은 1895년이다. 그가 음극선을 실험하던 중, 옆에 둔 형광물질(시안화 백금산 바륨)을 바른 종이에서 빛이 감지되는 것을 보고 발견하게 되었다. 음극선(전자선)이 나오는 진공관(음극선관)에 가까이 있는 형광물질이, 음극선에 영향을 받아 빛이 발생한다고 결론을 지은 후, 이 알 수 없는 처음 발견된 빛(ray)의 이름을 엑스(X)로 하여 엑스레이가 되었다.

1896년 베크렐(Becquerel, Antoine Henri) 박사는 빛에 노출되지 않도록 검은 종이로 싸 둔 사진건판(감광판)에 감광 현상이 일어나는 것을 보고 감마선을 발견하였다. 그 시절의 사진 촬영은, 빛에 반응하여 검게 변하는 물질을 유리판에 바른 것을 건판이라 하는데, 이 건판을 빛에 노출하여 흑백 사진을 얻는 작업이었다. 촬영하지 않을 때는 빛에 노출이 되지 않도록 검은 종이로 싸 두는데 그 위에 어떤 물질을 두었더니 감광이 되었다. 그래서 기계인 음극관에서 만들어지는 엑스선이 아니며 어떤 물질에서 안 보이는 빛이 나와 사진건판을 감광시킨 것으로 생각했다. 이것이 감마선의 발견이다. 이어서 퀴리 부부가 방사성동위원소인 라듐을 발견하는 등, 그 당시 몇 년 동안 방사선과 관련된 경천동지할 수많은 발견과 발명이 이루어졌다. 그 후 많은 사람이 이와 관련된 연구를 하여 방사선이 그 당시에는 지금의 인공 지능 못지않은 첨단 기술로 자리매김하게 된 것이다.

처음에는 방사선의 위험성을 알지 못하였기 때문에, 인체 내부 구조의 영상을 얻을 목적으로 여러 가지 시도를 하였다. 예를 들면 이탈리아 유명 구두 살롱에서 고객의 발에 정확히 맞는 구두를 맞추어 준다고 엑스선 촬영을 한다거나, 무좀이나 겨드랑이 암내를 없앤다고 방사선을 쪼이는 등 과한 시도도 있었다. 그 후 방사선의 장점은 과학적으로 분석되어 비파괴 검사나 방사선 검출 등과 같은 비의료 산업에도 많이 이용되었다.

방사선을 의료용으로 활발하게 이용하게 되자 장비를 사용하는 의료인들이 방사선에 많이 노출되었다. 환자에게는 1회성 일지라도 의료인은 방사선 기기를 직업적으로 매일 사용하기 때문이다. 그 외에도 야광 시계 공장의 직원들 또는 우라늄 광산 광부들, 기타 의료 외의 산업 종사자들에게서도 방사선 노출로 인해 암이 발생하여 사망한 예도 발생 되었다. 그러나 무엇보다도 원자폭탄이 제조되어 일본에 투하된 후, 방사선에 의해 인간에게 재해가 일어남을 알고 방사선의 본질에 관한 연구가 본격적으로 시작되었다.

방사선의 물리적 특성에서 대표적인 것이 투과(penetration)와 전리(ionization)이다. 방사선은 그 에너지를 가지고 물질을 투과해 들어간다. 뚫고 들어가는 깊이는 에너지에 비례하겠지만, 방사선이 전자파(광자선)냐 입자선이냐에 따라서도 다르다. 방사선은 물질에 투과해 들어가면서 물질을 구성하는 원자에서 전자와 충돌한 후 전자를 분리한다. 이것이 전리작용이다. 전리가 일어나면 그 물질의 성질이 변하고 그 결과 생체 구조가 손상된다. 이것이 방사선의 물질에 대한 작용이고 나아가서 생물학적 영향이다. 방사선의 낮은 에너지는 몸속 구조의 영상을 만들고, 높은 에너지는 세포의 전리 손상으로 암세포를 살상한다.

2. 엑스선 영상을 의료에서 사용하는 방법

방사선의 형광 현상은 전리방사선이 형광물질과 충돌하면 형광(fluorescence)빛을 발생시키는 것을 말한다. 형광물질은 복합 화합물이며 전리방사선인 전자파에 의해 전리가 되면 불안정한 상태가 되며(에너지가 들어감) 그 뒤에 안정화가 되면서 가시광선을 방출하는(에너지가 나옴) 물질이다. 야광 시계는 시계에 형광도료(페인트)를 발라둔 것으로 어두운 밤에 인지할 수 있을 정도의 가시광선이 보인다고 야광 시계라 한다. 여기에서 형광을 지속적으로 낼 수 있도록, 형광물질에 베타 방사선이 나오는 방사성동위원소인 트리튬을 섞은 형광도료를 만들어 쓰면 밤낮없이 방사선에 의해 가시광선을 발할 수 있다. 단지 낮에는 인지가 안 될 뿐이다.

지금은 디지털카메라 시대이지만, 옛날에는 카메라 사진 촬영을 할 때, 빛에 민감하게 반응하는 도료를 건판이나 셀룰로이드 필름에 칠하여 카메라에 넣고 일정 시간 노출시켜서 건판이나 필름에 빛이 도달하여 영상을 맺게 한 후, 현상(develop)하여 종이 사진을 만드는 방법을 사용하였다. 이것이 흑백 종이 사진이고 그 후 컬러 종이 사진이 있었고 디지털화하면서 필름이나 건판이나 나아가서 종이 사진까지 사라졌다. 이 건판 또는 필름이 엑스선에 노출되면 형광 현상으로 빛에 민감한 도료에 의해 검게 변한다. 노출이 안 된 곳은 희게 될 것이며 엑스선이 투과하면서 일부가 물질에 흡수되어 약하게 노출되면 회색이 될 것이다. 얼마나 검은가의 정도를 흑화도(黑化度 blackness)라 한다. 인체를 통과한 엑스선을 사진건판에 노출시키면 인체 내부 구조가 장기마다 투과력의 차이에 의해 흑화도가 달라 흑백 사진이 되어 몸속 구조가 보인다. 이것이 엑스레이 영상이다.

영상의학과는 인체 내부의 영상을 만들어 관찰하고 판독하여 질병을 진단하는 전문과목이다. 사용하는 엑스선은 100KV 전후의 매우 낮은 에너지를 쓴다. 에너지가 낮은 엑스선이 통과되어 나오는 곳에, 빛에 민감한 형광판을 놓아 부딪치게 하면 몸속의 뼈, 연부조직, 지방층, 공기 등을 통과하면서 구성 물질의 흡수 정도의 차로 인해 형광판에 맺히는 몸속 구조의 흑화도가 구분되어 영상화된다.

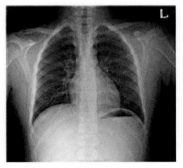
정상 가슴 엑스레이 사진

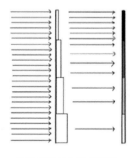
방사선의 흡수와 흑화도

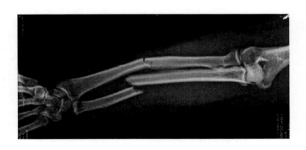

엑스선 에너지가 그리 높지 않은 정도에서 인체에 투과시키면 낮은 에너지의 엑스선은 뼈에서 완전히 흡수된다. 간(肝)처럼 속이 꽉 찬 연부조직으로 된 장기를 통과할 때는, 아주 낮은 에너지는 완전 흡수가 되고 그보다 높은 에너지는 일부가 통과한다. 그 결과 간은 중간 정도로 통과해서 회색으로 보인다. 폐는 공기로 차 있고 공기

는 아주 낮은 에너지도 모두 통과될 수 있어 흡수가 거의 일어나지 않는다. 그래서 검게 보인다. 그 사이 늑골이 있어 늑골이 희게 보인다. 이 영상을 감광 필름에 복사하면 엑스선 사진 필름이 된다.

방사선이 발견된 직후 엑스선 촬영은 인간의 몸속 내부 구조를 눈으로 확인할 수 있어서 획기적이었다. 1898년에 벌써 미군 병사의 두부 촬영에서 뇌에 박힌 총알을 찾아낸 사진이 있었다. 방사선과 (Radiology)라는 전문과목 이름으로 영상을 이용한 질병이나 외상의 진료에 엑스레이는 중요한 역할을 하고 있다.

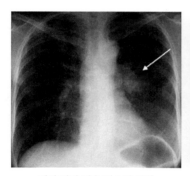 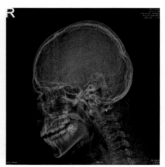

폐암 환자 가슴 엑스선 사진   정상 두개골 사진

특히 엑스선 정지 영상을 만드는 일뿐 아니라, 환자에게 방사선을 계속 투과시키면서 반대편의 형광판을 의사가 들여다보면 체내 장기가 움직이는 것을 실시간으로 볼 수가 있다. 엑스선 사진 필름을 만들지 않고 영상을 직접 관찰하는 것이다. 그래서 이를 엑스선 투시 (fluoroscopy)라 한다. 우리말로 투시라고 번역하였는데 영문의 직역

은 형광관찰이다. 이 관찰로 음식이 식도에서 위로 내려가는 것 또는 심장이 뛰고 있는 동영상을 눈으로 볼 수 있다. 지금의 촬영 장비는 영상을 디지털로 처리하므로 사진 필름도 없고 투시나 모든 영상을 모니터로 관찰한다.

또 한 가지는 조영제를 사용하는 것이다. 엑스선 영상은 폐나 장 속의 공기, 간 같은 덩어리 조직, 뼈같이 단단한 장기 등은 구분하지만, 공기가 없는 장(腸)과 간이나 콩팥과 주위 근육은 구분하지 못한다. 그래서 바륨이라는 금속류 물질 분말을 물에 섞어 반죽을 만든 후 환자에게 삼키도록 하여 촬영하면 금속인 바륨이 엑스선을 완전히 흡수하므로 이것이 들어간 위의 모양이 구분되어 보인다. 이를 영상이 더 잘 만들어지게 도와주는 물질이라고 조영제(造影劑 contrast media)라 부른다. 액체로 된 조영제를 혈관주사로 주입하면, 콩팥으로 배설되면서 콩팥, 요관, 방광이 잘 보이고 조영제 투입 전 사진과 비교하여 검토한다.

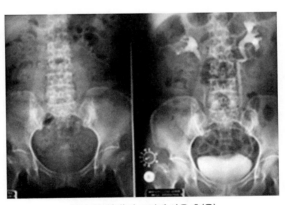

복부 촬영(좌)의 조영제 사용 후(우)

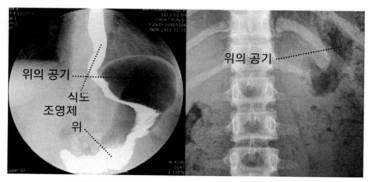

위의 공기

식도

조영제

위

위의 공기

상복부 영상 (좌 조영제 사용, 우 조영제 사용 않음)

　환자에게 바륨 조영제를 먹이고 엑스선 투시를 하면, 식도에서 위를 거쳐 장으로 내려가는 모습을 실시간으로 볼 수 있다. 투시하다가 이상한 장소가 발견되면 그 자리에서 엑스선 촬영도 할 수 있다. 이것이 투시 촬영이다. 조영제의 발명으로 진단방사선과의 진단촬영 기술이 급격히 발전하였다. 투시할 때 형광판만으로는 영상이 희미해서 이 영상을 전자화하여 증폭한 후 모니터에 띄우면 투시 영상이 더 선명하게 보인다. 이것이 디지털 촬영(digital radiography)이고 지금은 모든 촬영을 이 디지털 촬영 방법으로 한다.

　CT 촬영은 더욱 진보된 엑스선 촬영 기술이다. 회전하는 틀에 엑스선 관을 장착하여 인체를 한 바퀴 돌면서 촬영을 한 것을 슬라이스라 한다. 그 촬영 회전을 머리에서 발 쪽으로 옮겨가면서 연속으로 시행하여 여러개의 슬라이스를 모아서 그 전체 영상들을 컴퓨터가 조합하여 제공하는 영상을 분석하는 촬영 장치를 전산화 단층촬영(Computerized Tomography, CT)이라 하는데, 인체 내부구조를 입체적(삼차원)으로 관찰할 수 있는 영상이 된다. CT 영상은 MRI(Magnetic Resonance Imaging)와 초음파 검사(ultrasonography) 등의 영상과 비교 관찰함으로써 더욱 정밀한 질병 진단이 가능하게 되었다.

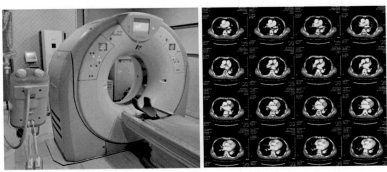

CT 촬영 장비   정상 가슴 CT 영상

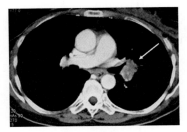

폐암 CT 영상
(앞의 가슴 엑스선 사진과 동일인)

3. 방사선을 계량하는 단위

핸드폰에서 방출하는 전파와 같이 인체의 감각기관으로 감지가 되지 않고 파동으로 이동하는 전자파와 성질이 똑같은 방사선은 파장이 짧고 주파수가 높아서 강한 에너지를 가지는 점이 일반 전자파와 다르다. 방사선의 특징은 투과와 전리 작용이다. 어떤 물질이든 뚫고 나가는 투과의 성질을 가지고 지나갈 때 부딪치는 물질의 원자를 전리시킨다. 이 성질로 의료용 방사선은 몸속 구조의 영상을 얻고 암세포를 살상하여 암 치료를 한다. 투과하는 힘이 얼마나 센가를 에너지 단위로, 얼마의 방사선이 방출되었는가를 양의 단위로 표현한다. 이 단위에 해당하는 값을 측정하여 그 방사선을 어떻게 사용할지를 결정하기도 하고 건강한 사람이 방사선에 얼마나 노출되었는가 판정하기도 한다. 각 단위에 사용하는 기호들은 거리가 몇 m, 무게가 몇 g 하듯이 약속으로 정해져 있다.

방사선의 에너지 단위

영상을 얻기 위한 방사선은 그 방사선의 효과를 얻는데 아주 적은 양과 에너지만 있으면 되지만, 방사선치료를 할 때는 먼저 몸속의 암 조직에 도달하기에 충분한 에너지가 되어야 하고 그것이 결정된 후 방사선의 양을 결정한다. 그 외에도 작업장에서나 방사선 사고가 났을 때, 건강한 인체가 방사선에 노출된 에너지와 양을 알아야 한다. 그러기 위해서는 측정이라는 정량 방법이 있어야 한다.

에너지 단위는 전압의 단위인 볼트(V)인데 엑스레이 촬영을 할 때 몸속을 통과하는 투과력을 관전압[15]이라 하고, 표시하는 단위는 볼트(V, Voltage) 단위를 쓴다. 영상 촬영용 엑스레이는 높은 에너지가 필요 없으므로 관전압은 킬로볼트 단위(KV; 볼트의 천배)이다. 가정용 전기의 전압은 220볼트지만 영상용 엑스선의 관전압이 너무 낮으면 인체 영상을 얻을 만큼의 엑스선이 안 나오므로 그보다 천 배 가까이 높은 킬로볼트 단위의 고전압을 쓴다. 치료용 방사선은 에너지가 더 높아야 하므로 메가볼트(MV, megavolt) 단위를 쓴다. 방사선 치료용 엑스선은 전자를 고전압으로 가속하여 금속 타깃 판에 충돌시키면 발생 되는데, 치료에는 10MV[16] 엑스선을 가장 많이 사용한다. 전자가 타깃에 충돌하지 않고 바로 나가면 전자선 치료가 된다. 엑스선은 전자파이므로 볼트(V)를 쓰며 입자인 전자선은 가속된 전자의 에너지이므로 전자볼트(electron Volt, eV)를 쓴다. 전자선[17]은 4 또는 6MeV를 많이 사용한다. 양성자와 중입자선도 전자볼트를 에너지 단위로 쓰며 150에서 350MeV 범위에서 사용한다. 엑스선과 같은 광자선인 감마선은 동위원소가 자체 고유의 에너지를 가지고 있으므로 MeV를 쓴다.

---

15 영상 촬영에 사용하는 엑스선의 관전압은 기계적 특성에 의해 수 십 볼트에서 수 십만 볼트까지 넓은 에너지 스펙트럼으로 발생하므로 그중에 가장 높은(피크) 수치를 선택하여 피크킬로볼트(KVp; kilovolt peak)라 표시해 왔다. 그러나 최근에는 기계적 장치의 기술적 개선으로 전압이 거의 일정하여 피크 의미의 p를 쓰지 않는다. 흉부 엑스선 촬영은 폐에 공기가 많으므로 보통 100KV를 쓰고, 장기로 가득 찬 복부 촬영은 120KV, 가장 두껍고 뼈까지 있는 척추 촬영은 150KV를 쓴다.

16 암 치료에 사용되는 엑스선은 종양이 위치한 깊이에 따라 4에서 15MV의 범위에서 쓰며 10MV 엑스레이를 가장 많이 쓴다.

17 음극과 양극 사이의 전압이 1볼트(V)일 때, 양극(陽極)으로 끌려가는 한 개의 전자가 얻는 운동에너지를 1전자볼트(eV)라 정의한다. 국제표준단위(SI unit)에서 에너지의 단위는 줄(J; joule)이므로 환산하면 1전자볼트는 약 1.6 곱하기 10의 마이너스 19승 줄($1.602 \times 10^{-19}J$)이다.
전자선일 경우는 4MeV면 보통 1.3 cm 깊이까지 들어가며 9MeV면 3cm까지 들어가므로 필요한 깊이에 따라 에너지를 선택한다.

방사선의 양의 단위

방사선의 양의 단위는 뢴트겐(R), 라드(rad), 그레이(Gy), 베크렐(Bq), 큐리(Ci) 등이 있다. 방사선과 물질의 작용을 평가하는 데에는 에너지 못지않게 양도 중요하다. 방사선 선량(線量 radiation dose)은 방사선이 물질에 흡수된 에너지가 많고 적음을 말한다. 미량의 방사선은 에너지가 높아도 암 치료에서는 사용할 수 없다.

대량의 방사선이 물질을 통과할 때, 방사선 다발 중에서 일부의 방사선은 흡수(吸收 absorption)되므로 깊이 들어갈수록 선량이 줄어든다. 통과할 때 부딪치면서 에너지를 모두 잃고 없어지거나, 산란 되어 방향과 에너지 일부를 잃으면 통과되어 나오지 못한다. 이것이 흡수이다. 통과하는 물질의 단단함의 강도가 높을수록 흡수가 많이 일어난다.

엑스선과 감마선 같은 고에너지 전자파는 어지간한 차폐물(遮蔽物, 단단하여 흡수가 많이 일어나는 물질)이 있어도 어느 정도는 통과가 되지만 전자선(베타선)이나 양성자선은 입자이기 때문에 통과가 어렵고, 입자가 매우 큰 알파선이나 중입자선은 더욱 뚫기가 어렵다. 따라서 방사선치료에 큰 입자를 사용하기 위해서는 매우 강력한 가속기가 필요하다.

방사선량은 매질을 통과할 때는 빛의 밝기가 줄듯이 거리의 제곱에 반비례(역제곱 법칙)로 줄어든다. 방사선이 통과하는 매질이 공기일 때는 공기의 매질이 원소 분포가 매우 희박하므로 지나가는 길에 거의 영향을 받지 않는다. 즉 흡수가 거의 안 일어난다. 물질 또는 인체 몸속을 통과할 때는 흡수가 일어나서 깊이 들어갈수록 양이 줄어든다. 공기 중에서 측정된 선량을 공기 선량이라 하고 물질 내에서 측정된 선량을 흡수 선량이라 한다.

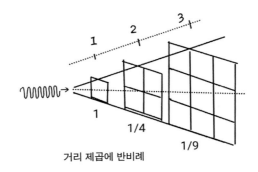

거리 제곱에 반비례

흡수가 되었다는 것은 물질 속에서 어떤 작용이 일어났다는 뜻이다. 암 치료에서는 암세포가 얼마나 손상되었느냐 하는 것이다. 흡수 선량이 많으면 암세포가 많이 손상된다. 이 작용은 전리작용이다.

선량의 측정은 전리가 얼마나 일어났느냐를 측정한다. 물질을 통과하면서 원자와 충돌하여 전리가 일어나는 것은 전자의 움직임이 생긴 것이므로 전자의 움직임은 전기의 흐름으로 알 수 있고 전기의 흐름은 전류계로 양을 측정할 수 있다.

방사선의 양의 단위는 국제적인 공인기구에서 정하여 사용되고 있다. 1928년 국제 방사선 위원회(International Congress of Radiology, ICR)에서 공기 중 선량으로 뢴트겐(Roentgen, R)을 정하였다. 이 뢴트겐[18] 단위는 공기에 엑스선이 노출된 양을 말한다.

---

18   1R(1뢴트겐)은 공기 1cc가 모두 전리될 때의 전하가 1esu(electrostatic unit; 정전기단위)가 되는 방사선의 양이다. 이를 공기 선량(air dose)이라고도 한다. 공기 선량으로서의 뢴트겐 단위 R(뢴트겐)은 국제 표준 단위(SI unit)에서는 공기 kg 당 쿨롬(Coulomb per kilogram, C/kg)이다. (1R=2.58 x 10-4C/kg of air)

공기처럼 매질의 원자 수가 희박한 물질을 통과할 때에 비해서, 인체를 통과할 때는 흡수가 일어나서 공기 중 선량에 반하여 흡수 선량(吸收 線量 absorbed dose)[19]이라 한다. 인체 조직 세포를 통과한 방사선의 양이 흡수 선량이며 과거에는 라드(rad) 단위를 썼는데 지금은 그레이(Gy)를 쓴다. 방사선치료를 할 때의 처방 선량은 이 흡수 선량을 쓴다.

한편, 건강한 인체가 불의의 방사선 피폭을 받은 후의 생물학적(의학적) 위험도(risk)를 표현할 때의 선량(피폭선량 exposed dose), 즉 얼마나 해로울 정도의 방사선 피폭을 받았느냐고 할 때의 선량은 시버트(Sievert, Sv)[20] 단위를 쓴다. 이것은 흡수 선량인 Gy에 조직 간의 방사선 반응 정도의 차이를 환산해 준 것이다.

방사성동위원소는 핵붕괴에 의해 방사선을 방출한다. 방사성동위원소의 핵붕괴가 얼마나 일어나느냐 하는 것이 방사선의 양이다. 1초에 1개 핵붕괴가 일어나는 것을 1베크렐(Bq; Becquerel)이라 한다. 원

---

[19] 1953년 국제 방사선 단위 위원회(International commission on Radiological Units, ICRU)에서 흡수 선량(absorbed dose)을 정의하고 그 단위를 라드(radiation absorbed dose, rad)로 하였다. 그러나 지금은 국제 표준단위(IS)로 그레이(Gray, Gy)를 쓴다. 물질 1kg이 1줄(joule)의 방사선 에너지를 흡수하는 것을 1그레이(Gy)라 한다. 과거의 rad를 환산하면 1Gy는 100rad이다. 방사선 치료할 때 처방 선량의 단위도 Gy이다. (1Gy =1J/kg = 100cGy = 100rad)
  실제 방사선치료를 할 때 보통 1회 치료에 2Gy를 주는 경우가 많다. 그렇지만 과거 오랫동안 rad 단위로 처방 선량을 써 왔으며 1회 치료에 200rad를 주었다. 국제 표준단위로 바뀐 후부터는 2Gy 또는 200cGy로 표시하고 이것은 과거의 200rad와 동일하다. 센티그레이(cGy)는 Gy의 100분의 1이다. 총 30회 치료를 한다면 6,000cGy가 되고 이때는 60Gy로 표현하기도 한다. 암 치료 시 방사선 처방 선량은 방사선치료 총 선량을 표시하는데, 후두암은 70Gy, 유방암 수술 후에는 50Gy, 자궁암은 자궁경부에 120Gy로 치료한다.

[20] 과거 흡수 선량을 rad로 쓸 때는 피폭 선량은 렘(rad equivalent in men, rem) 또는 밀리렘(mrem)을 썼으나 지금은 국제 표준단위인 시버트(Sv), 특히 밀리시버트(mSv)를 쓴다. 물리적 양으로만 환산한다면 1Sv는 1Gy 또는 0.1rem 혹은 100mrem이고, 200cGy는 2,000mSv이다.

래 동위원소가 가지고 있는 방사선의 양으로 큐리(Ci, Curie)[21] 단위를 썼으나 국제 표준(SI) 단위로는 베크렐이다. 방사성동위원소의 방사선의 에너지는 eV(일렉트론 볼트)를 쓴다. 방사성 코발트-60의 감마선 에너지는 1.25MeV(메가 엘렉트론 볼트)이다.

4. 방사선의 측정

방사선은 우리에게 보이지도 않고 냄새도 없으므로 계량을 위해서는 측정장치가 필요하다. 대표적인 측정장치로 1cc 크기의 작은 통(쳄버) 속의 공기가 전리된 양을 측정하는 전리함(ion chamber, 이온함)이라는 기구가 있다. 공기가 전리되면 전자가 나와서 전자의 흐름이 되고 이것이 전류가 되어 계기판에 얼마나 흘렀는지 나타난다. 막대 끝에 1cc의 전리함을 달아 놓고 거기에 방사선을 조사(照射)[22]하면 일정한 시간당 방출되는 방사선의 공기 선량 뢴트겐(R) 수치가 측정된다.

---

21 동위원소가 가지고 있는 방사능의 양을 표현하는 종래의 단위는 퀴리(Ci; Curie)다. 1g의 방사성 라듐(Ra-226)의 방사능을 말하며, 1초당 붕괴 수가 3.7 곱하기 10의 10승(3.7×10^{10})개에 해당하므로 1퀴리는 370억 베크렐(37GBq 기가 베크렐)과 같다. 퀴리(Ci) 단위도 매우 큰 양이므로 병원이나 연구실에서 사용하는 방사성동위원소의 양을 표현할 때는 밀리큐리(mCi)로 많이 사용한다. 코발트-60을 암 치료에 사용할 때 처음에 6,000mCi라면 반감기 5.3년이 지나가면 3,000mCi가 된다.

22 방사선 발생 장치에서 나온 방사선이 일정한 넓이로 대상 물질에 투과해 들어가도록 하는 것을 조사(irradiation)라 한다. 조사되는 넓이는 조사야(照射野 irradiation field)라 한다. 건강한 인체에 방사선이 임의로 조사되는 것은 피폭(被爆 exposure)이라 한다. 선원에서 떨어진 일정한 거리에서 피동적으로 전신에 피폭되는 상태를 말하므로 피폭에는 넓이(field size)를 고려할 필요는 없다. 방사성동위원소가 물질이나 인체에 묻은 것은 오염(汚染 contamination)이라 한다.

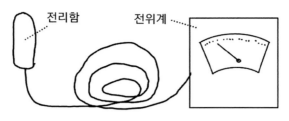

전리함 측정기의 구조

공기 전리함 (1cc)

방사선을 인체에 조사하면 방사선이 장기를 통과하면서 흡수된다. 우리 몸의 장기는 폐를 빼면 물이 80%를 차지하는 연부 조직으로 되어 있다. 그래서 흡수 선량을 측정할 때는 인체 장기 조직과 비슷한 흡수율을 가진 물을 사용하며, 물통에 물을 담고 그 속에서 측정하면, 이온함에 흡수된 방사선이 측정되는데, 이것이 흡수 선량(absorbed dose, Gy)이 된다.

선량측정(dosimetry)과 측정기(dosimeter)

치료용 방사선 발생 장치에서 방출되는 방사선은 에너지가 높고 양이 많아서 정밀하게 관리가 되어야 하고 그러기 위해서 방사선이 얼마나 방출되었느냐 또는 대상 물질에 얼마나 조사 되었느냐 하는 것을 항상 정확하게 측정하여야 한다.

공기 선량은 그냥 측정하면 되지만 흡수 선량은 흡수하는 물질 속에서 측정해야 한다. 그러나 이것은 물질 속에서 하더라도 측정 자체는 전리함을 쓴다면 공기 선량을 측정하는 것이다. 그래서 측정 치인 공기 선량을 흡수 선량으로 환산하는 환산계수가 필요하다. 그 외에도 측정하는 방의 온도, 기압, 방사선 조사야 크기, 물질의 종류, 그 외 많은 교정 계수들이 측정에 관계한다. 방사선치료를 할 때의 방사선을 관리하는 데에 이 전리함 방식을 제일 많이 쓴다.

그러나 인체가 방사선에 피폭되었을 때 피폭 선량(exposed dose)을 측정하는 측정기는 다르다. 피폭은 매우 적은 양의 방사선이므로 열형광선량계 또는 필름 측정기 등을 사용한다. 그 외에도 방사선을 측정하는 데 사용하는 측정기들은, 각각 방사선에 대한 반응도가 다른 여러 물질과 여러 측정기[4*]가 있다.

조직등가물질(組織等價物質, 팬텀 phantom)

인체조직 내 흡수 선량을 측정하는 데에 여러 가지 도구가 필요하다. 인체 내부에 측정기(dosimeter)를 삽입할 수 없으므로 인체조직과 같은 흡수특성을 가진 물질에 선량계(측정기)를 집어넣고 측정한다. 이 물질을 조직등가물질 즉, 팬텀이라 부른다. 가장 쉽게 구할 수 있는 조직등가물질은 물이다. 인체조직을 구성하고 있는 가장 많은 물질이 물이기 때문이다. 물 팬텀은 방사선 치료실에서 방사능을 관리하는 데 가장 중요한 팬텀이다. 플라스틱 팬텀은 인체 연부조직과 매질의 밀도가 거의 같도록 여러 화합물로 만들어 제작

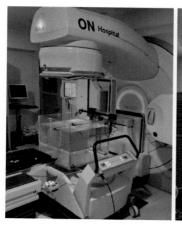

물 팬텀   플라스틱 팬텀

한 것이다.

암이 5cm 깊이에 있다고 가정하고, 팬텀 표면에서 5cm 깊이에 선량계를 넣은 다음 흡수 선량을 측정한다. 이 수치를 가지고 인체 조직 내의 같은 깊이에 있는 종양에 필요한 흡수 선량을 환산할 수 있는 조건[23]을 얻게 된다. 표면이 아닌 일정한 깊이에서의 흡수 선량이라고 해서 이를 심부선량(depth dose)이라 부른다.

---

23   종양의 흡수 선량; 표면에서 5cm 깊이에서 3초 동안의 조사에 180센티그레이(cGy)가 측정되었고, 암이 5cm 깊이에 있고 처방 선량이 180 cGy 라면 3초 동안 노출하면 치료가 완료된 것이다.

5. 암 치료에 쓰이는 방사선

질병의 진단 목적으로 엑스선을 사용할 때는 영상이 선명하게 나오는 것이 중요하므로 방사선의 양이 많거나 에너지가 강할 필요는 없다. 암을 치료하는 방사선은 암세포를 죽이기 위해서 몸속 깊이 투과해야 하므로 에너지가 높아야 하고, 암 조직까지 들어가는 방사선 선량이 많아야 한다. 그래서 암 치료에 사용하는 방사선 발생 장치는 진단용 촬영 장치와는 전혀 다른 기술적 구조로 되어 있다.

성공적인 방사선치료가 되기 위한 조건은 첫째로 방사선 조사(照射) 대상이 되는 치료 표적(標的 target)에 집중하여 방사선이 조사 되어야 하므로, 주위의 정상 인체 구조가 포함되지 않도록 물리적인 방사선 분포의 정밀성을 얻기 위해, 치료기가 기술적으로 잘 고안된 전자 장비(컴퓨터 컨트롤)라야 한다. 둘째로 암세포를 선별적으로 치사시키고 정상세포는 방사선 손상으로부터 회복되도록 방사선생물학적 이론을 근거로 하여 하루에 주는 방사선량, 총치료 횟수, 총방사선 선량을 적절히 결정하여 방사선치료를 해야 한다. 셋째로 성공적인 암세포 제거가 되면서 부작용을 최소화할 수 있도록 암세포의 방사선 민감도, 같은 장소의 정상세포의 방사선 저항성 등에 대한 생물학적 현상을 고려하여야 한다.

먼 옛날에는 진단용 엑스선 발생 장치와 원리는 같으나 에너지를 최대로 올린 엑스선 치료기를 사용하였다. 이것은 기계 제작상의 한계 때문에 최대 에너지가 낮아서(350KV 이하) 몸속 깊이 있는 암을 치료하기는 힘들었고 피부를 비롯한 정상 조직 손상이 심하여 치료 후 심각한 후유증이 생기기도 하였다. 그러나 고에너지에 고농도 감마선을 가진 방사성동위원소가 개발된 이후 정상 조직 손상을 줄이고 몸속 깊이 있는 암을 치료할 수 있어서 많이 사용되었다. 이것은 방사성동위원소이기 때문에 방사능 관리의 어려움도 있었지만 1950년대부터 1990년대까지 방사선 암 치료 기술이 발전하는 데 큰 역할을 하였다.

그 후 선형가속기가 개발되어 더 높은 에너지의 엑스선을 사용할 수 있고, 또한 전자 장비이므로 컴퓨터 기술을 도입하여 정밀한 방사선치료를 할 수 있게 되었다. 1950년대에 처음 개발된 선형가속기는 1970년대 말에 보편화가 되었고 그 이후로 지속적인 첨단 기술을 접목하여 현재에는 상상을 초월하는 정밀 방사선치료가 가능하다. 최근에는 입자가속기의 개발로 처음에는 중성자선 치료, 지금은 양성자선 치료, 그리고 극히 일부에서 중입자선 치료 장비까지 사용되고 있어 방사선 치료의 정밀첨단화가 끝없이 개발 개선되고 있고 방사선종양학과의 학술적인 진보에 미친 영향이 크다.

현재 임상에서 사용되고 있는 방사선 치료용 방사선 종류 및 원리는 다음과 같다.

엑스선 (X-ray)

과거에는 뢴트겐식 엑스선 튜브를 개조하여 고출력 엑스레이를 방출하여 암 치료에 사용하였으나, 고출력이라 해도 최대 에너지가 인체 심부 암까지 도달하는 데에 훨씬 못 미치므로 지금은 선형가속기로 바뀌었다. 선형가속기는 인체 심부 어느 위치에 있는 암이라도 적절한 방사선 분포를 얻을 수 있는 에너지의 엑스선이 발생하도록 제작할 수 있기 때문이다. 엑스선의 물리적 성질, 측정 방법, 체내 선량 분포의 조절, 부작용의 종류와 강도의 조절, 생물학적 효과 등 관련 인자들에 대한 인식의 발전이 선형가속기에서 발생한 엑스선이 성공적으로 암을 치료하는 데 기여하였다. 선형가속기에서의 엑스선 생성 원리는 전자를 가속하여 엑스선 타깃(주로 텅스텐)에 충돌시켜 발생한다는 면에서 뢴트겐 튜브와 동일하다.

감마선 (gamma ray)

방사성동위원소에서 방출되는 알파선(alpha ray), 베타선(beta ray), 감마선(gamma ray) 중 감마선이 엑스선과 같은 물리적 성질을 가진 전자파이고, 동위원소[24]에 따라 높은 에너지와 대량의 방사선을 방출하는 것을 사용하면 동위원소 감마선 치료가 된다.

전자선(電子線 electron beam)

자유전자(free electron; 원자핵 주위의 전자 중 느슨하게 돌고 있는 전자)를 모아서, 약간 떨어진 위치에 양극 전기를 걸어 주면 전자가 양극(+)으로 끌려오면서 거리가 좁혀질수록 더 가속되어, 운동에너지가 점점 증가하여 양극(+)의 벽에 강한 힘으로 부딪친다. 운동에너지는 대부분 열에너지로 변하고 아주 일부분이 엑스선이 되어 방출된다. 이때 높은 운동에너지의 전자를 양극에 부딪치지 않고 그대로 방출

---

24 방사성동위원소는 원자로에서 인공으로 제작되어 치료기에 장착하였다. 대표적인 것으로 코발트가 있다. 방사성동위원소 코발트(radioactive cobalt, Co-60)는 원자번호 27에 원자량이 60이다. 이 동위원소는 각각 1.17MeV와 1.33MeV의 두 가지 다른 에너지의 감마선을 방출하면서 자신은 안정된 딸 핵종인 니켈로 변한다. 에너지가 매우 높은 감마선(평균 1.25MeV)이기 때문에 KV급 엑스선보다 깊이 투과 되고 피부의 부작용이 거의 없어졌다. 감마선 에너지는 정해져 있지만, 제작할 때 방사능을 양이 많게 제작하면 5년 이상의 반감기 동안 충분히 치료에 사용할 수 있다.

하면 전자선이 된다.

　전자선은 전자파인 엑스선과 달리 하중(질량)을 가지는 물질이다. 크기는 매우 작지만 입자 중의 하나이므로 입자선이다. 전자파 방사선(electromagnetic radiation)이 아닌 입자 방사선(particle radiation)이므로 물질을 투과할 때 전자파보다는 저항을 많이 받는다. 따라서 방사선치료에서 사용할 때 전자선은 깊이 들어가지 못하므로 피부에 가까운 암이나 피부암 같은 표재성 암 치료에 주로 사용한다. 엑스선은 입자가 아닌 광자선이므로 조직 내에서 흡수가 전자선보다 덜 일어나므로 낮은 에너지를 사용해도 치료할 타깃 조직을 지나서 어느 정도의 깊이까지 선량이 많이 들어간다.

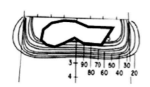

7MeV 전자선
표재성 암 치료에서 암
조직 넘어 선량이 없다.

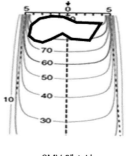

6MV 엑스선

중성자선(中性子線 neutron beam)

일반적으로 중성자선은 원자로에서 많이 발생한다. 이 중성자선은 양은 많이 나오지만, 에너지가 높지 않기 때문에 암 치료를 할 때 깊은 곳의 암 조직으로 투과해 들어가기가 쉽지 않다. 그래서 싸이클로트론이라는 가속기에서 에너지가 높은 중성자선을 발생시켜 암 조직에 들어가기에 충분한 에너지를 가지도록 한다. 그리고 방사선이 암 조직에 적절히 분포하도록 하는 데에도 특수한 기술이 많이 필요하다. 과거에 한때 중성자선 치료를 많이 한 적이 있으나 지금은 고에너지 중성자선 치료는 모두 퇴출이 되었다.

양성자선(陽性子線 Proton beam)

대표적인 입자선인 양성자는 무게가 전자(electron)보다 2,000배로 무겁다. 양성자는 양전기를 띠므로 음극(-)을 걸어 주면 끌려간다. 양성자의 운동에너지를 높여주어 빛의 속도에 가깝게 가속하면 강한 에너지의 양성자 입자선이 된다. 입자가 무겁고 전기를 띠고 있으므로 물질을 투과할 때 전자선보다 훨씬 저항을 많이 받는다. 그래서 발생장치인 가속기도 강력한 힘을 낼 수 있는 특별한 것이다. 그 대신에 입자선의 방사선 분포가 특이하여 방사선 치료할 때 아주 비좁은 곳에서 정밀한 방사선 분포를 얻을 수 있다.

중입자선(重粒子線 heavy particle beam)

모든 원자의 핵은 수소를 제외하면 다수의 양성자와 중성자로 구성되어 있다. 예를 들어서 알파 입자(alpha particle)는 양성자 두 개와 중성자 두 개, 전부 네 개로 질량이 전자의 8,000배로 크고 전하량은 2+이다. 이 원자핵을 분리하여 높은 운동에너지를 주어 빛의 속도 가까이 가속 시키면 강한 에너지의 중입자 방사선이 된다. 양성자가 두 개이니 양전기 전하량도 두 배이고 질량도 매우 큰 입자선이 된다.

암 치료에 현재 많이 사용되는 입자선은 탄소 입자(carbon particle)이다. 탄소의 원자핵을 이용하는 것으로 양성자와 중성자가 각각 6개씩 총 12개의 입자로 구성되어 있고 전하량도 6+이다. 매우 무겁고 큰 입자이기 때문에 중입자(重粒子, 또는 중전하입자 heavy charged particle)라 한다.

6. 방사선 발생장치

엑스선 발생장치[5]*

뢴트겐 박사의 음극선관(cathode-ray tube)은 진공관이며 전자가 양극판에 충돌하면 엑스선이 발생한다. 이 진공관에서 최대로 가속된 전자가 양극(+) 쪽의 타깃에 충돌하면 운동에너지(전자)의 99%는 열에너지로 변하고 1%가 엑스레이 에너지로 변하여 엑스선관 밖으로 방출된다. 이때 발생하는 열이 엄청나므로 진공관을 냉각시켜야 하며 냉각 방법은 공랭식(空冷式), 수냉식(水冷式), 지냉식(脂冷式)이 있다. 건강 검진에 쓰는 흉부 엑스레이 촬영에서 사용하는 엑스선 발생장치의 엑스선 관이 그러한 구조로 되어 있다. 이 구조는 발생할 수 있는 엑스선의 에너지가 350KV를 넘기가 힘들다. 그래서 지금은 진단을 위한 엑스레이 영상 촬영에만 사용된다.

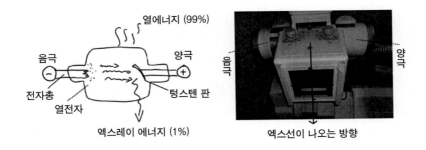

암을 치료하는 데에 사용되는 엑스선은 에너지가 최소 4MV 이상 되어야 하므로 뢴트겐식 엑스선관 같은 장치로는 치료용으로 쓸 수 없다. 그래서 나온 치료용 엑스선 발생 장치의 대표적인 것이 선형가속기(線型加速機 linear accelerator, LINAC)이다. 긴 튜브 모양의 진공관에 전극을 나열한 장치를 해 놓고 자유전자를 넣어 주면 가장 가까운 제1번 전극에 양극(+)이 걸려 당겨 주고 지나가면 음극(-)으로 바뀌면서 전자를 미는 동시에 제2번 전극에 양극이 걸리면서 당겨 준다.

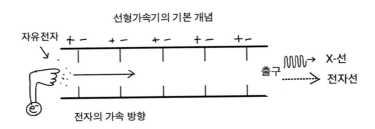

전자가 일자로 나열된 전극을 지날 때마다 가속이 더해져 점점 증폭된 후 출구에서 방출되면 고에너지의 전자선이 된다. 선 모양의 관을 지나오면서 점점 가속된다고 선형가속기(線型加速機 linear accelerator, LINAC)라고 한다. 이것이 전자선 방사선이고 만일 출구 앞에 금속 타깃(텅스텐 타깃) 판을 두면 여기에 전자선이 충돌하여 엑스선이 발생한다. 현재 대부분의 방사선치료는 선형가속기를 사용한다. 엑스선은 4MV 이상 10MV까지, 전자선은 4MeV 이상 15MeV까지의 에너지를 사용한다. 전자의 충돌로 발생하는 열은 수냉식으로 냉각시킨다.

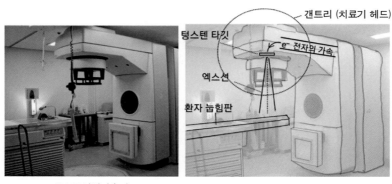

6MeV 선형가속기

병원에서 사용하는 선형가속기 치료기는 방사선이 방출되는 부분을 치료기 헤드(Head) 또는 갠트리(Gantry)라 하며, 헤드는 수평축을 중심으로 어느 방향으로든 360도 회전할 수 있어서 회전하면서 여러 방향으로 회전 조사도 할 수 있고, 회전과 동시에 실시간으로 방사선을 조사하는 원호형(아크)치료도 가능하다. 환자가 치료받기 위해 눕는 눕힘판(couch, 카우치)은 전후, 좌우, 상하(x, y, z) 세 방향으로 움직이고, 헤드의 중심부 아래, 방바닥에 수직인 축을 회전축으로 하여 회전하게 되어 있다. 선원과 방사선치료 대상 조직의 중심점과의 거리 즉 회전반경은 100cm로 규격화되어 있다. 모두 컴퓨터로 움직인다.

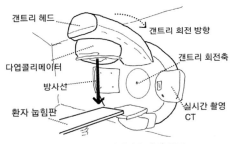

방사선치료용 선형가속기의 구조

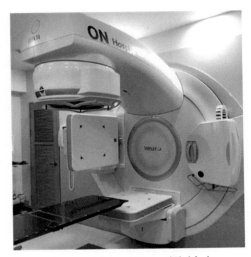

병원에서 사용하는 16MeV 선형가속기

감마선 발생 장치

감마선은 방사성동위원소에서 발생하므로 엑스선 발생 장치와 다른 특색이 있다. 첫째, 방사성동위원소에서 자연적으로 발생하는 감마선을 사용하므로 엑스선 발생 장치의 고전압 전기, 가속장치, 전자 발생기 등 여러 가지 전자장치가 필요 없다. 둘째, 동위원소는 핵붕괴에 의해 고에너지 감마선을 24시간 끊임없이 방출하므로 방사능 차폐 구조가 필요하다. 쉬지 않고 감마선을 방출하는 동위원소 선원은, 두꺼운 납과 같이 방사선을 차단할 수 있는 차폐 용기 속에 보관하며, 이것을 사용할 때는 보관 용기에 달린 작은 창문을 열어 감마선이 나오게 한다. 따라서 방사선 누출에 대한 안전대책이 중요하고 관리가 잘되어야 한다. 엑스선 발생 장치는 전원 스위치만 끄면 방사선이 남아 있지 않으므로 방사선 누출위험은 없다. 셋째, 방사성동위원소이기 때문에 반감기[25]를 지나면 방사능이 반으로 줄어서

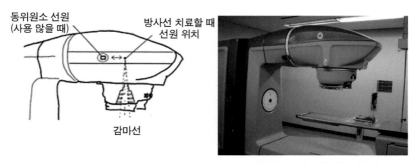

동위원소 선원
(사용 않을 때)

방사선 치료할 때
선원 위치

감마선

1.25MeV 코발트 감마선 치료기

---

[25] 방사성동위원소는 핵붕괴에 의해 방사선을 방출하면서 안정된 동위원소로 돌아간다. 방사성동위원소의 방사능의 양이 처음의 반으로 줄어들 때까지 걸리는 시간을 반감기(半減期 half life, HL)라 한다. 코발트-60 방사성동위원소는 반감기가 5.3년이다. 5.3년 이후에는 방사능 효과가 반으로 감소한다는 말이다. 그러므로 반감기를 지난 코발트 치료기는 방사선 출력이 반으로 줄어들어 치료 시간이 배로 걸린다.

치료 시간이 배가 되므로 동위원소 선원을 교체해야 한다.

입자선 발생장치

입자선은 원자핵 입자를 가속 시키는 것인데, 입자의 질량이 전자에 비해 매우 크고 양전기를 띠고 있으므로 가속하는 장비는 특수하다. 핵입자가 양전기를 띤다고 단순히 음극을 걸어 주어서는 쉽게 끌려오지 않는다. 따라서 싸이클로트론(cyclotron)[6*] 가속기라는 특수 장비가 필요하다.

사이클로트론의 구조

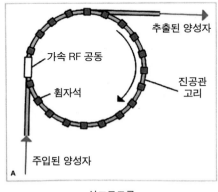

싱크로트론

양성자선은 싸이클로트론으로 충분히 필요한 만큼의 에너지까지 가속을 할 수 있지만, 더 큰 중입자는 싱크로트론(synchrotron)[7*]이라는 더 강력한 자기장을 가지는 구조에서 가속시켜야 한다. 보통은 선형가속기와 싱크로트론이 붙어 있는 구조로 되어있다.

다. 방사선과 생명체와의 상관관계

1. 방사선의 생물학적 효과

우리가 방사선은 위험하다는 생각을 가지게 된 근거는 방사선이 인체에 투과되면 인체에 장해가 발생하기 때문이다. 이 장해는 인체의 세포가 손상되어 생기는 것이다. 세포의 손상으로 나타나기 때문에 방사선이 인체에 미치는 효과를 방사선의 생물학적 효과(biological effect of radiation)라 한다. 생물학적 효과는 바로 의학적 손상이며 이것은 방사선 병(radiation sickness)이라 할 수 있는 질병을 뜻하며 질병이기 때문에 치료가 필요하다. 방사선의 생물학적 효과를 밝혀내는 학문이 방사선생물학(radiobiology)이다.

사고로 인한 대량의 방사선 피폭으로 입은 손상을 치료받지 못하면 사망할 수도 있다. 소량의 피폭은 손상을 받은 세포가 조직 내에서 죽어 없어지거나, 이상이 발생한 채로 다음 세대로 이어지면서 암이나 유전 이상으로 발전할 수 있다. 방사선에 의해 세포가 다치는데 세포 안의 어디를 다치는지 그 다치는 세포 내의 물질을 손상의 표적(target)이라 하며, 이 표적은 세포핵 속의 DNA[26]이다. DNA 가 다치면 그 세포는 더 이상 생명을 유지하지 못하여 죽거나 세포 가 변질이 되기 때문에 암이나 유전 이상이 온다.

방사선에 의한 세포손상은 방사선의 전리작용에 의한 것이다. 따라 서 한 번에 투과해 들어가는 방사선의 양이 많을수록 전리가 많이 일 어나므로 세포손상이 더 강하게 일어나고, 전리를 특히 많이 일으키는 방사선 종류일수록 더 강하게 일어난다. 이 현상은 방사선 암 치료에 서 암세포를 많이 치사시켜 치료의 성공률을 높인다.

세포의 입장에서는, 방사선이 조금만 들어와도 DNA 손상이 일어 나서 그때마다 세포가 죽어버리면, 오만가지 독성의 공격이 존재하 는 세상에서 건강한 인체는 세상을 살아가기가 힘들 것이다. 그러나 우리 몸은 DNA 손상이 한번 일어나면 그로부터 손상이 회복될 수 있는 메커니즘을 가지고 있다. 심하지 않은 방사선 손상이면 건강했 던 시절의 정상상태로 돌아갈 수 있다. 건강한 사람이 사고로 방사 선 피폭을 받고도 별일 없으면, 방사선을 피했다는 것이 아니라, 다 쳤지만 원 상태로 복구되었다는 말이다. 암의 방사선치료에서 손상 이 회복되는 이 현상은 정상세포를 다치지 않고 암세포만 선별적으 로 죽이는 기술과 밀접한 연관이 있다.

---

26 DNA는 세포의 생명을 이어가며 기능적 특징을 관장하는 명령체계를 가지고 있는 물질이기 때문에 DNA의 손상은 세포의 생존에 영향을 주거나 변질이 되어 생존 명령체계에 이상을 초래하게 된다. DNA는 염색체(染色體 chromosome)를 구성하기 때문에 DNA 손상은 염색체 손상이 된다. 염색체는 세포 분열시 딸세포로 유전 명령체계를 옮겨주기 때문에, 손상이 일어나면 세포의 유전적 기능에 대 한 손상이 된다. 유전자 손상은 암, 기형, 기타 여러 가지 질병의 원인이 될 수 있다.

2. DNA와 유전자(gene)

인체를 구성하는 장기(臟器)는 폐, 뇌, 위, 간 등이 있고, 장기는 그 장기 고유의 기능을 가진 조직(組織)[27]으로 구성되어 있다. 조직이란 위 조직은 위의, 폐 조직은 폐의 구조를 갖추고 그 장기의 기능에 맞는 세포들이 모인 덩어리이다.

세포는 세포막(細胞膜 cell membrane)으로 둘러싸여 있고 그 속에 여러 기능을 하는 물질들이 세포질(細胞質 cytoplasm)을 구성한다. 세포질 속에 세포의 핵(nucleus)이 핵막에 싸여 있고 핵 속에 염색체 (chromosome)가 있어 세포분열에 관계하며, 염색체를 구성하는 물질이 DNA이다. 세포분열로 딸세포가 만들어질 때 염색체가 둘로 갈

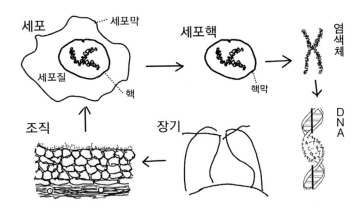

---

27 각 장기 조직은 세포들의 집합인데도 위와 폐가 다르듯이 서로 전혀 다른 모습과 기능을 가진다. 조직은 세포들의 모임인데 위는 음식을 소화하는 기능을 가진 세포 조직으로 되어 있고, 폐는 호흡을 하는 세포 조직으로 되어 있다. 세포 하나하나는 모양이 비슷한데 조직을 이루면 위 조직은 폐 조직과 전혀 다른 모양과 기능을 가진다.

라지면서 두 개의 세포가 만들어지고, 모든 DNA 또는 유전자가 똑같이 반씩 나누어진 후 새 딸세포에서 복제(replication)되어 원래의 양만큼 성장한다.

DNA는 핵산(nucleic acid)의 일종으로 세포핵 속에 있는 산성 물질이며, 세포 기능과 관련된 수많은 여러 물질 중 하나이고 유전 정보를 담고 있는 고분자 화학물질이다. DNA의 기본구조는 이중나선(二重螺線 double helix)[28] 구조로 사다리가 꼬여있는 모양이고, 사다리 양측 기둥 골격(back bone)은 인산(phosphate), 5탄당(sugar, 탄소가 5개인 당 물질)으로 구성되어 있으며, 이 두 개의 기둥을 네 종류의 염기쌍(base pair, 일종의 단백질 분자)이 서로 이어주는 구조를 하고 있다.

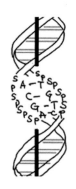

양측 기둥골격
S ; sugar 당
P ; phosphate 인산
연결하는 염기
A ; adenine ; 아데닌
G ; guanine ; 구아닌
C ; cytocine ; 사이토신
T ; thymine ; 티민

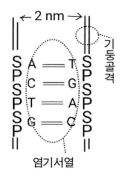

28 DNA는 1953년 생물학자 제임스 왓슨과 프랜시스 크릭이 그 구조와 기능을 자세히 밝혀내어 노벨상을 받았다. 그러나 19세기 말부터 DNA(Deoxyribonuclease), RNA(Ribonuclease), 염색체(chromosome) 등 그 화학적 물질의 존재는 이미 알려져 있었다. 여기서 리보오스(ribose)는 단백질 합성과 관련된 기능을 표현한다. 리보솜(Ribosome)은 DNA의 명령에 의해 전령RNA(mRNA; messenger RNA)로 하여금 단백질을 합성하게 한다.

염기는 아데닌(adenine), 구아닌(guanine), 사이토신(cytocine), 티민(thymine) 등이다. 네 가지의 염기가 어떤 서열로 쌍을 이루고 어떤 방식으로 나열되어 있는가는 세포의 생물학적 특성을 표시하고 유전적 정보를 특정하는 중요한 사항이다. 생명을 만드는 모든 정보는 염기 서열에 달려 있고 모자간의 생물학적 특성의 전달로 형질이 유전되는 근거가 되며 여기에 이상이 생기면 질병이 된다.

DNA는 염색체(chromosome)의 기본 구성 물질이며 인체의 세포는 모두 23쌍의 염색체를 가진다. 세포분열[29]을 할 때 딸세포로 가기 위해 감수분열을 하면, 염색체가 반으로 갈라지고 이때 DNA 양이 반으로 나뉜다. 반으로 나뉘진 DNA의 유전적 정보들은 다시 배로 늘어 원래대로(0.5에서 1.0으로) 되는 과정에서 서열의 변동 또는 형질의 이상이 올 수 있다. 약간의 서열 변동은 한 형제간에도 조금씩 모습과 성격이 다른 현상으로 나타나며, 형질 이상은 돌연변이[30] 등의 병적인 이상을 일으켜 암이나 유전병이 발생하기도 한다.

---

[29] 처음 난자 한 개와 정자 한 개가 수정되어 한 개의 수정 세포로 시작한다. 이 수정 세포는 세포분열을 하는데 반드시 두 개의 세포로 분열된다. 이때 모든 세포 구성 물질이 반으로 쪼개져서 딸세포를 구성하고 딸세포는 필요한 요소를 반밖에 갖추지 못해 복제나 합성을 해서 원래의 양과 수를 채운 다음 정상 성숙 세포가 된다. 이 현상이 계속 반복되면서 장기를 만들고 인체 개체가 되는 것이다. 최초의 세포분열 이후 많은 세포가 만들어져서 조직 덩어리가 되었을 때 이것을 줄기세포(stem cell)라 한다. 이 줄기세포는 앞으로 뇌 조직 세포가 될지, 골반뼈가 될지, 간세포가 될지, 폐세포가 될지, 각각의 명령을 하달받는다. 이 명령이 DNA에 적혀 있고 DNA의 명령 정보에 의해 세포는 자기 갈 길 대로 분열하여 각종 장기를 만든다.

[30] DNA 돌연변이(mutation)는 복제(replication)과정에서 발생한 에러 또는 외적 자극에 의한 유전자의 손상(damage)이 일어난 것이다. DNA 손상 또는 변이(transformation)는 자체 회복력에 의해 정상으로 회복될 수도 있지만, 그렇지 않으면 손상이 딸세포로 넘어가서 기형이나 암이 발생하거나, 오랜 시간이 흘러 진화(evolution)로 나타날 수 있다.

DNA가 모여 만들어진 염색체의 한 부분이 유전자(gene)[31]이며 유전자는 유전형질(heredity or Trait)을 가지고 모체를 닮는 유전 현상을 전달해 주는 물질이다. 유전자는 단백질 합성이나 에너지 생성 등 여러 가지 생리적 기능을 하고, 생명을 이어가는 데 필요한 프로그램이 장착되어 있어 생명을 유지하는 기본요소라 할 수 있다. 유전자의 기능[32]은 또한 세포가 살아 있게 생명 활동을 조절하고, 세포분열을 통해 장기 조직을 생성하며, 각종 다른 장기를 만들어 인체 전체가 구성되도록 한다.

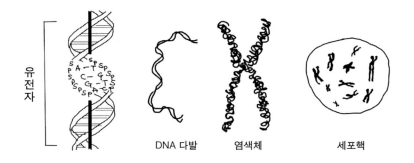

유전자 · DNA 다발 · 염색체 · 세포핵

---

31 상상을 초월하게 긴 DNA에서 어떤 A점에서 B점까지의 한 구간을 유전자(gene)라 한다. 사람이든 동물이든 한 생물 개체에 있는 유전자 전부를 통틀어 지놈(또는 게놈 genome)이라 하며 사람에게는 4,300개가 있다고 한다. 지놈은 유전자(gene)와 염색체(chromosome)의 합성어이다.

32 줄기세포 전문가들은 인체 각종 장기의 줄기세포를 배양하여 질병의 치료에 사용하는 방법을 연구한다. 예를 들어 척수신경의 줄기세포를 배양하여 척추손상으로 하지가 마비된 사람의 척수(척추 속에 있는 신경다발)에 주사하면 정상 신경세포로 증식하게 되고 손상된 척수가 재생되어 정상적으로 걷고 춤출 수 있게 된다는 것이다.

보통 혈액형이나 피부색이 부모에서 자식으로 전달된다는 유전현상(heredity or inherited)은 수많은 유전자(gene)[33]의 활동 중 극히 일부분일 뿐이므로 구분해서 이해되어야 한다. 한국어에서 용어의 구분이 안 되어 혼란이 올 수 있다.

대표적 유전자로는 종양유전자(oncogene)와 종양억제유전자(suppressor gene)가 있다. 평소에는 종양억제유전자가 암의 발생에 관계하는 종양유전자의 활동을 억제하여 암이 발생하지 않도록 한다. 만일 종양억제유전자가 손상되어 기능하지 못하면 종양유전자가 활동하여 정상 인체 세포가 돌연변이(mutation), 복제(replication) 등의 과정을 통해 암세포로 바뀌게 되고 암 조직 덩어리로 증식된다. 이것이 암이 발생하는 메커니즘 중의 가장 중요한 현상이다.

3. 방사선에 의한 DNA 손상과 회복

전리방사선이 세포에 조사(照射)되어 물 분자를 전리시키면 강제로 쫓겨난 전자 때문에 자연계에 존재하지 않는 비정상 전해물질인 유

33　세포는 한 개에서 두 개로, 네 개로, 여덟 개로 분열을 하게 되고 생물체의 개체가 형성된다. 이때 세포가 살아 있게 하고, 세포분열(division)을 통해 개체를 구성 성장하게 하는 명령이 존재하였기 때문에 모든 생물이 만들어졌다. 이 명령이 어떻게 형성되었는지 알 수 없지만, 명령을 생성하고 집행하며, 명령의 내용과 질을 다양하게 향상시키는 기능을 가지고 있는 물질이 만들어졌다. 이것이 유전자이다.
　　이 유전자라는 물질은 마치 독립된 생명체처럼 행동한다. 자기 할 일을 한 후에는 숙주로부터 빠져나와 숙주의 생식 활동을 통해 다음 세대 숙주로 옮겨 간다. 따라서 1세대 숙주가 수명을 다하고 사망하더라도 유전자 자체는 계속 삶을 이어가게 된다. 이것이 리차드 도킨스의 저서 '이기적 유전자'에서 표현한 근세의 유전학의 획기적 아이디어이다.

리기(遊離基 free radical)가 발생한다. 이 비정상 이온이 독성으로 작용하기 때문에 독성유리기(toxic free radical)라 하여 DNA에 심각한 손상을 일으킨다. 즉 DNA의 이중나선 구조에서의 기둥 골격(backbone)이 잘려버린다. 이것이 방사선에 의한 DNA 손상이고 이 손상이 그대로 유지되고 있으면 그 세포는 죽는다. DNA에서 전리 손상은 무작위(random) 위치에서 일어난다.

자연 속에서의 물(H_2O)[34]이 자연적인 전리를 하면 H+ 한 개와 OH- 한 개가 만들어지지만, 방사선에 의한 강제 전리를 하면 하이드록실기(OH°, 전기적으로 중성), 또는 H°, H_2O+, H_3O+ 등 독성유리기 이온이 발생한다.

$$H_2O \rightarrow H_2O^+ + e^-$$
$$H_2O^+ + H_2O \rightarrow H_3O^+ + \boxed{OH^\circ}$$
$$\text{또는 } H^\circ, H_2O^+, H_3O^+ \text{ 등}$$

전리방사선에 의한 물의 전리

---

34 인체 세포의 80%가 물(H_2O)이다. 방사선이 조사(照射)되면 양적으로 가장 많은 물 분자가 영향을 받는다. 방사선 에너지가 물 분자와 부딪치면, 물을 구성하는 물질의 원자에서 외곽전자가 쫓겨 나간다. 전자는 물 분자끼리 느슨하게 공유되고 있으므로 약한 에너지의 충격에도 쉽게 튕겨 나가기도 하고, 옆의 물질에 가서 쉽게 붙기도 한다. 그 결과, 물 분자는 전자를 뺏기든지(양성 전기화), 하나 더 얻든지(음성 전기화) 하는 전기적인 변화, 즉 이온화(전리)가 일어난다. 이런 전리작용은 입사된 방사선 에너지에 의해 강제로 집행되었기 때문에 정상적 전리 상태에서 존재하지 않는 비정상적인 전해 물질을 생성하게 된다. 이것이 독성유리기(toxic radical)이다.

이 비정상 전해물질은 자연 속에서 존재할 수 없으므로 발생 된 후 약 일억 분의 일 초 만에 없어진다. 그러나 발생한 순간 옆에 있는 DNA에 독성으로 작용한다.

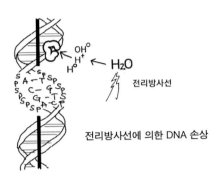

전리방사선에 의한 DNA 손상

방사선이 독성유리기를 발생시킨 다음에 이 독성물질이 DNA 손상을 가져온다고 하여, 이를 간접작용(indirect action)이라 부른다. 저에너지 엑스선, 감마선, 또는 방사선치료에 일상적으로 사용하는 정도의 에너지를 가진 방사선은 모두 이 간접작용에 의한 세포 손상을 일으킨다. 강한 전리작용을 일으키는 입자방사선 중 어떤 것은 방사선이 직접 DNA를 손상시키는 직접작용(direct action)을 하기도 한다.

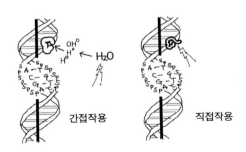

DNA 손상에는 준치사손상(sublethal damage, SLD), 잠재치사손상 (potentially lethal damage, PLD), 치사손상(lethal damage)이 있다. 치사손상은 방사선 조사에 의한 불가역적인 손상으로 인해 세포가 바로 죽는 것을 말한다. 준 치사손상[35]은 방사선 조사로 손상이 일어났으나 DNA 스스로 손상을 치유하여 정상으로 돌아올 수 있는 것을 말한다. 잠재치사손상[36]은 방사선 조사와 동시에 세포의 영양상태나 산소 공급 등 환경의 변화가 있을 때 손상이 일어나는 경우를 말한다. 암 치료에서 중요한 의미가 있는 손상은 준치사손상이다.

DNA 손상은 이중나선의 기둥 골격이 끊어지는 것이다. 그러나 끊어진 곳을 그대로 둘 수 없으므로, 우선 끊어진 곳을 포함하여 못 쓰게 된 일정한 부분을 절단하여 제거한다. 그리고 해당 부위의 맞은편 기둥을 본떠 복제(replication or cloning)한다. 복제된 부분은 손상 때문에 잘라낸 위치에 갖다 끼운다. 그 자리를 풀칠하듯이 접합시키면, DNA 원래의 생화학적 구조가 완벽하게 재생된다. 이러한 일련의 과정을 DNA의 손상으로부터의 회복(repair)이라 한다.

회복되는 과정에서 자르고 복제하고 갖다 붙이고 하는 등의 작용은 각 과정마다 역할을 하는 효소(enzyme)들이 나와서 이 일을 한

---

35 방사선에 노출될 때마다 DNA 손상이 일어나서 세포가 죽으면 생물체의 생명 유지가 어려울 것이다. 인체는 모든 위험으로부터의 방어기전을 가지고 있다. 이것은 방사선뿐 아니라 독극물 등 인체에 위해를 가하는 모든 현상에서 동일하다. DNA 손상이 발생 되면 손상으로부터 회복이 일어나는 기전이 작동한다.

36 잠재치사손상은 손상이 일어난 후 그때의 환경(environment)이나 영양(nutrition)이 바뀌면 치사에 이르고 변화가 없으면 회복되는 손상을 말한다. 이 손상은 실험실에서만 증명이 되었고 실제로 인체에서 이러한 손상이 일어나거나 일어난 손상을 변화시키거나 하는 등의 인위적인 조절은 이론상으로만 검토되고 있다.

다. 방사선 손상은 준치사손상이 많이 일어나고 준치사손상은 복원력이 높으므로 준치사손상으로부터의 회복(SLD repair)은 방사선치료에서 중요한 작용을 한다.

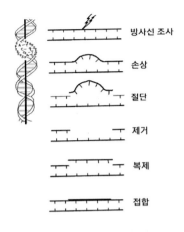

	방사선 조사
	손상
	질단
	제거
	복제
	접합

DNA의 손상으로부터의 회복

DNA의 기둥 골격은 두 개가 마주 보고 있어서, 손상을 일으키는 하나의 방사선 에너지는 한쪽 기둥에만 영향을 준다. 그 반대쪽은 정상으로 남아 있으므로, 복제가 가능하여 수선(repair)이 이루어진다. 한 기둥에만 손상을 일으키는 것을 단일가닥 손상(single strand break, ssb)이라 한다. 단일가닥 손상(ssb)은, 손상으로부터의 회복이 잘 일어나므로, 궁극적으로 세포가 죽지(세포사) 않고 정상으로 살아남는다. 이것이 대표적인 준치사손상으로부터의 회복(repair from SLD)이다.

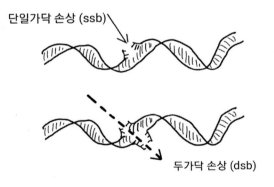

단일가닥 손상 (ssb)

두가닥 손상 (dsb)

방사선 하나가 한 개의 단일가닥 손상을 일으키므로 방사선이 많이 들어오면 여러 개의 단일가닥 손상들이 양측 기둥 골격에 일어날 것이다. 그보다도 더 많은 방사선이 입사되면 단일가닥 손상이 마주 보는 쪽 같은 위치의 기둥골격에 일어날 수도 있다. 이것을 두가닥 손상(double strand break, dsb)이라 한다. 단일가닥 손상은 복제과정을 거쳐 손상으로부터 회복되나, 두가닥 손상은 마주 보는 쪽도 손상을 입었기 때문에 보고 베껴서 복제할 대상이 없다. 그래서 손상으로부터 회복이 안 되며 궁극적으로 세포가 죽는다.

두가닥 손상이 많이 일어나서 세포 치사율이 높아지는 현상은, 방사선량이 많을 때와, 전리작용이 강한 방사선에 의해 손상이 대량으로 발생 되는 경우 등 두 가지가 있다. 방사선치료를 할 때 정상 조직 세포는 준치사손상으로부터의 회복이 많이 일어나고, 동시에 암세포는 두가닥 손상에 의해 세포사(細胞死)가 많이 일어나도록 하면 성공적인 방사선치료가 된다. 또한 건강한 사람이 방사선에 피폭된 후 두가닥 손상이 일어나면, 그로 인해 손상을 받은 DNA가 그대로 남아 있다가 다음 세포분열이 일어날 때 이상 세포로 변하는 변이(transformation)를 일으켜 암세포로 발전할 수도 있다.

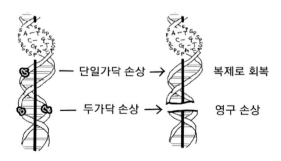

세포가 방사선 손상으로 죽는 현상을 세포사(細胞死 cell death)라고 하고, 손상으로부터 회복되어 살아남게 되는 것을 세포생존(細胞生存 cell survival)[37]이라 한다. 방사선치료에서는 인위적으로 방사선을 조사하므로 세포사인가 세포생존인가 그 결과가 중요하며 또한 결과를 유리하게 조절할 수 있다. 방사선치료를 하는 부위에 정상세포와 암세포가 섞여 있는데, 그중 암세포는 많이 죽어야 하고 정상세포는 회복되어 생존해야 하기 때문이다.

4. 염색체 손상과 생물학적 선량측정

DNA는 길이가 매우 길기 때문에 핵 속에 존재하기 위해서 독특한 형태를 취하고 있다. DNA는 염색체의 주 구성 성분이기 때문에, 긴 구조물의 부피를 줄이기 위하여 먼저 똘똘 뭉친 덩어리(histone)를 이루고, 이 덩어리들이 서로 연결되어 염주 모양(beads of string)을 만든다. 이것이 압축된 긴 가닥의 염색분체(chromatid)가 되고, 두 개의 염색분체가 서로 붙으면 쌍Y 모양의 염색체(chromosome)가 이

---

[37]　세포는 눈에 보이지 않을 정도로 작지만, 세포질과 세포핵 속에서 어마어마한 생화학적 반응이 끊임없이 일어나고 있다. 이 반응을 대사과정(metabolism)이라 하며, 섭취한 영양분을 분해하여 에너지로 사용하든지, 저장하든지, 산소호흡을 하든지, 폐기물 배출을 하든지 하는 과정인데, 이 과정을 수행하는데 필요한 수많은 기능성 물질이 만들어지고 그 물질의 역할에 따라 탄소, 산소, 수소를 주성분으로 한 유기물을 활용하여 생명을 이어가도록 한다.

이러한 현상을 읽어내어 분석하고 예측하며, 잘못되었을 때 질병으로 발전하는 것과, 이를 치유하는 방법을 찾아내는 등을 연구하는 학문이 생화학 또는 생물학이다. 방사선 치료의 과정에서도 이 기전들이 적용되며 암을 치료하는 데에 중요하게 이용되고 있다.

루어진다. 방사선에 의한 세포 손상은 기다란 DNA 가닥 중 임의의 한 곳에 생긴 손상이며 결국 염색체의 손상이다.

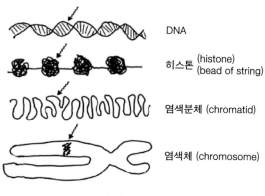

DNA 손상 = 염색체 손상

　DNA는 고분자 화합물이지만 사람의 눈으로는 염색체 정도의 크기가 되어야 관찰할 수 있다. 세포의 핵을 색소로 염색하면 염색체가 염색되어 현미경으로 보인다. 방사선 손상이 된 DNA를 가진 염색체는 비정상 구조를 보여주므로 손상된 모양을 현미경으로 관찰할 수 있다. 즉 세포의 방사선 손상을 눈으로 확인할 수 있다는 말이다. 이것을 염색체 손상(染色體損傷 chromosomal aberration)[38]이라 한다.

38　인체 세포에 방사선 조사를 한 후 이를 현미경으로 들여다보면, 염색체의 팔이 끊어져 있다든지 (deletion), 떨어져 나온 조각이 다른 염색체에 가서 붙어 있다든지(insertion), 긴 조각과 짧은 조각이 서로 위치가 바뀌어 있다든지(translocation), 긴 조각의 끝이 서로 붙어 둥근 원 모양을 이룬다든지 (ring formation) 등, 여러 모양을 확인할 수 있다. 그 결과 관찰되는 손상 염색체는 분리된 조각(dele-tion), 중심체 유무의 링(centric or acentric ring), 쌍중심체(dicentric), 치환(exchange) 등으로 현미경 시야에 보인다.

염색체 손상의 여러가지 형태
(잘림, 치환, 링형성, 쌍중심제, 등)

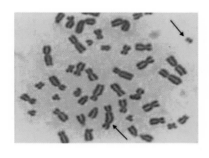

인체 혈액속의 임파구에 방사선을
조사한 후 현미경 촬영을 한 사진
(화살표가 손상된 염색체)

염색체 손상은 다음 세포분열 때 분열 과정이 정상적으로 이루어지지 않아 세포사로 이어진다. 물론 손상으로부터의 회복이 일어나면 정상적인 세포분열이 이루어진다.

여름철 바닷가 모래밭에서 볕에 오래 노출되면 등의 살갗이 타서 따갑다. 햇빛 속의 자외선에 의해 피부세포에 손상이 일어난 것이다. 그런데 자외선에 얼마나 오래 노출되었나에 따라 화상의 정도가 다르다. 자외선의 노출 정도에 따른 피부 세포의 생물학적 반응이 다른 것이다. 노출 강도에 따라 손상의 강도가 비례적으로 증가한다. 이와 마찬가지로 방사선 손상의 강도에 따른 세포의 치사나 생존을 수학적 해석으로 쉽게 예측할 수 있다. 방사선 1을 주었을 때, 10을 주었을 때, 100을 주었을 때의 결과가 일정한 패턴을 보이면 1,000을 주었을 때의 결과를 예측할 수 있다.

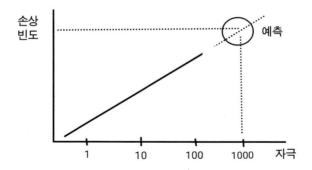

　생물학적 현상은 살아 있는 생물에서 일어난 것이기 때문에 주어
진 조건에 대한 반응이 이러한 단순 비례식의 결과로 나타나지는 않
는다. 인체의 모든 반응은 처음 작은 강도에는 약하게 반응하며 자
극이 강해지면 반응이 급격히 강하게 일어난다. 그림에서 약한 자극
은 10%의 손상을 얻기 위해 상대적으로 많은 자극의 축적이 되어야
한다. 그러나 상당히 강도가 큰 손상은 10%의 손상을 더 얻는데
(60%에서 70%) 자극의 축적이 조금만 더 주어져도 급격히 일어난다.
이 생물학적 반응 그래프의 곡선은 적은 자극에는 적게 반응하고 고
단위 자극에는 강하게 반응하는 이중 기울기 곡선 형태이다. 즉 약
한 자극에서의 반응 기울기는 작지만 손상이 많이 일어나는 자극에
서의 반응 기울기는 크다.

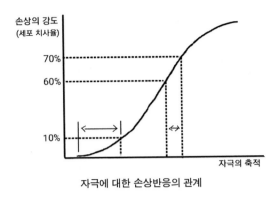

자극에 대한 손상반응의 관계

방사선 조사량의 증가에 따라 증가하는 염색체 손상의 빈도를 그래프에 그려보면, 방사선 선량에 비례하여 손상의 빈도가 높아지는 패턴을 얻을 것이다. 이 그림을 선량 반응 곡선(dose response curve)이라 한다. 선량 반응 곡선은 방사선의 생물학적 반응을 표시하며 이 곡선을 분석하여 방사선 반응을 설명하고 분석하고 예측할 수 있다.

염색체 손상의 방사선 반응곡선도 이중 기울기 곡선의 특징을 가진다. 저선량에서는 반응이 작고 고선량에서는 크다. 저선량에서는 단일가닥 손상이 많으므로 손상으로부터의 회복이 많이 일어나서 영구 손상된 염색체가 적기 때문이다. 이 구간의 곡선 기울기는 작고 일차방정식으로 표현된다($y=\alpha D$). 방사선 조사량이 많아지면 두가닥 손상이 많이 일어나므로 손상으로부터의 회복이 잘 안 일어나서 영구 손상이 된 염색체가 많다. 이 구간의 곡선 기울기는 급하고 이차방정식으로 표현된다($y=\beta D^2$). 그 결과 생물학적 현상으로서의 방사선 반응은 일차방정식과 이차방정식 두 가지로 나타난다. 염색체

반응곡선은 염색체 손상 빈도인 Y축으로 볼 때 플러스 방향 즉, 위로 향한다.

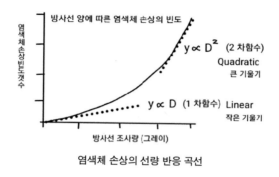

염색체 손상의 선량 반응 곡선

    염색체 손상의 반응곡선을 분석하면 방사선 조사량에 따른 손상 정도를 알 수 있다. 이를 거꾸로 말하면 손상이 일어난 정도를 알면 주어진 방사선 조사량을 유추해 낼 수 있다. 이것을 염색체 손상을 이용한 생물학적 (방사선) 선량측정법(biological dosimetry)[8]*이라 한다. 생물학적 선량측정법은 정상인이 방사선 피폭을 받았을 때 피폭받은 방사선의 양이 얼마인가를 측정하는 데 사용한다. 물리적인 측정법으로는 방사선 선량 측정기구(dosimeter)를 가지고 방사선이 방출되는 곳에서 직접 선량을 측정한다. 생물학적 선량측정법으로는 선량반응곡선을 가지고 염색체 손상의 정도를 관찰하여 역산으로 선량을 찾아낸다. 생물학적으로 측정한 방사선량은 물리적 선량측정법으로 측정한 양과 같을 것이다.

5. 방사선에 의한 세포의 손상과 세포생존곡선

방사선치료에서 방사선 조사량의 증가에 따른 세포손상 또는 세포사를 측정하여 반응곡선을 그린 것을 세포생존곡선(cell survival curve)[39]이라 한다. 염색체 손상의 반응곡선에서는 손상된 염색체 수가 선량의 증가에 비례하여 증가하므로 반응곡선이 y축에서 (+) 방향, 즉, 위로 향해 올라간다. 세포생존의 반응곡선에서는, 처음에 일정한 양의 세포를 두고 방사선 조사량을 증가시킴에 따라 살아남은 세포의 개수를 세므로 선량의 증가에 따라 그 수는 감소한다. 이는 y축에서 (-) 방향, 즉 아래로 향해 내려간다.

---

39   세포생존곡선은 방사선에 대한 세포의 반응을 수학적으로 표현하는 것인데, 세포에 따라, 또는 같은 세포에서도 현재의 상태에 따라, 방사선의 양과 조사 방법 등 여러 조건에 따라 모두 다르다. 좌표에 표시된 곡선의 기울기가 방사선 반응 정도를 나타낸다. 즉 기울기가 급하면 적은 양의 방사선에 반응이 급히 나타난다는 뜻이고, 기울기가 덜 기울어져 있으면 방사선의 양이 증가해도 반응 정도가 작다는 뜻이므로 반응이 약하게 나타난다는 것이다. 세포 생존 곡선의 가로(x)축은 선량이고 세로(y)축은 살아남은 세포의 양이다.

세포생존곡선의 기울기는 일차방정식과 이차방정식 혼합으로 되어있다. 이를 일이차방정식 혼합관계(linar-quadratic relation, LQ model)라 한다. 세포생존곡선에서의 기울기에서 일차방정식($S = =\alpha D$), 즉 저선량 부위의 완만한 기울기 부분이 준치사손상으로부터의 회복(SLD repair)을 나타내는 것이다.

처음에 적은 양의 방사선을 조사할 때는 단일가닥 손상이 많아 세포가 손상으로부터 회복되는 숫자가 많다. 그 결과 세포생존곡선의 기울기가 완만하다($S = \alpha D$). 많은 양의 방사선을 조사할 때는 두가닥 손상이 훨씬 많아 방사선을 조금만 증가해도 살아남는 세포 수는 급격히 줄어든다. 즉 곡선의 기울기가 급격해진다($S = \beta D^2$).

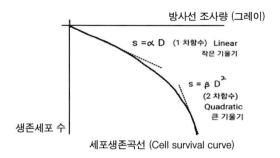

일이차 방정식 혼합 관계 (Linear-Quadratic relation)

　　세포생존의 선량반응곡선도 이중 기울기 곡선의 특징은 같다. 자극이 약한 저선량 구역에서는 손상으로부터 회복이 잘 일어나서 반응이 느리고 곡선의 기울기가 작으며 직선적이다. 자극이 강한 고선량 구역에서는 두가닥 손상이 많으므로 세포 치사율이 높아서 반응이 빠르고 곡선의 기울기가 급하다. 저선량에서 경사도가 작은 것은 일차방정식(linear)으로 표시되고 고선량에서 경사가 급한 것은 이차방정식(quadratic)으로 표시된다. 저선량에서는 세포손상에서 회복되어 살아남은 세포가 많고, 고선량에서는 회복되지 못하고 치사 되는 세포가 많기 때문이다. 이것을 LQ혼합 방정식이라 한다.

$$s = e^{-(\alpha D + \beta D^2)}$$

LQ혼합 방정식의 수식

처음에 선량이 적은 부위에서는 곡선의 기울기가 완만하다가 선량이 많은 부위에서는 급격히 내려가는 이중 형태의 곡선 모양에서 경사가 완만한 처음 부분을 어깨(shoulder)라 한다. 세포의 종류에 따라 이 어깨가 큰 것과 작은 것이 있고, 전체적인 곡선의 경사가 완만한 것도 있고 급하게 꺾여 내려오는 것도 있다.

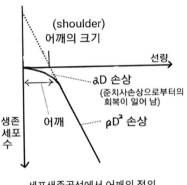

세포생존곡선에서 어깨의 정의

어깨 앞부분의 완만한 경사의 기울기는 일차방정식(linear)의 수식 $S=\alpha D$가 된다. 여기에서 알파(α)는 기울기를 대변하는 상수이다. 어깨 다음 부분의 기울기가 급한 부분은 이차방정식(quadratic)의 수식 $S=\beta D^2$가 된다. 이때의 베타(β)도 기울기의 상수이다.

인체 세포 중에는 방사선에 빨리 반응하는 세포도 있고 천천히 반응하는 세포도 있다. 반응이 빠른 급성반응세포(acutely responding cell)는 세포의 성질이 손상으로부터 회복이 잘 안 일어나서 저선량에서도 세포 치사가 많다. 세포생존곡선에서는 저선량 부위의 곡선의 기울기가 상대적으로 크고 어깨가 작고 뚜렷하지 않으며 고선량 부위에서도 곡선의 형태가 비슷하다.

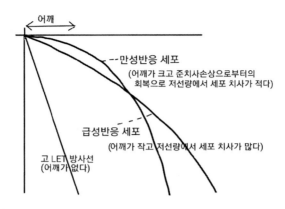

만성반응세포(lately responding cell)는 손상으로부터 회복이 잘 일어나서 저선량의 방사선에는 살아나는 세포가 많아서 어깨가 크고 뚜렷하며 어깨 부위를 지나서 이차함수 부위로 가면 선량반응이 급속도로 일어나서 경사가 더 급하게 내려간다. 저선량의 손상으로부터의 회복이 고선량에서 강한 손상으로 나타난다.

정상세포 중에서 급성반응세포는 세포분열이 비교적 왕성한 피부 표피세포, 골수세포, 모근세포, 소화기관의 점막세포 등이 있다. 따라서 이 세포들은 적은 방사선 선량으로도 치사율이 높으므로 방사선치료 시 부작용의 원인이 된다. 암세포도 증식을 잘하는 세포이므로 대부분 급성반응세포이다.

정상세포 중에서 만성반응세포는 저선량에 반응이 느리고 치사가 잘 안되는 손상으로부터의 회복이 잘 되는 세포이다. 저선량 부위에서는 손상으로부터의 회복 때문에 곡선의 경사도가 작고 어깨의 크기는 넓고 크고 급성반응세포보다 더 위에 있다. 그러나 고선량 쪽으로 가면 손상이 더 잘 일어나서 곡선의 기울기가 급하다. 만성반응세포는 잘 분열하지 않는 근육, 신경, 콩팥 등이 있다. 이 경우는 방사선치료 후의 만성 합병증과 관련이 있다. 암세포는 골육종, 연골육종 등이 대표적이며, 비교적 성장 속도가 느린 전립선암이나 췌장암 등도 이 그룹에 속한다.

중입자선 같은 고 LET 방사선은 조밀전리방사선(densely ionizing radiation)이므로 세포 치사율이 매우 높아 저선량에서의 반응과 고선량에서의 반응이 같아서 처음부터 어깨가 없이 직선으로 급격히 내려간다. 고 LET 방사선에 의한 손상은 두가닥 손상이 많은 등, 그 자체가 손상으로부터의 회복이 안 되기 때문이다.

6. 방사선 효과변동 인자

일정한 양의 방사선을 한 세포 집단에 조사(irradiation)하면, DNA에 불가역적(세포치사) 또는 가역적(세포손상으로부터의 회복) 손상이 초래된다. 방사선의 양이 많을수록 세포손상이 많이 일어난다. 세포가 방사선에 민감한 성질이면 같은 방사선의 양일지라도 세포 손상이 더 많이 일어난다. 방사선에 저항성이면 세포손상은 잘 일어나지 않는다.

방사선 손상이 잘 일어나는 상태를 방사선민감성(radiosensitive)이라 하고, 방사선의 양이 많아도 손상이 잘 안 일어나는 상태를 방사선저항성(radioresistant)이라 한다. 원래부터 방사선에 민감한 세포(radiosensitive cell)가 있고, 같은 세포라도 민감도가 다르게 만들 수도 있다. 방사선 민감도를 변동시킬 수 있는 인자를 효과변동 인자(modifying factor)라고 부른다. 세포 내부의 상태에 따라 민감도를 바꿀 수 있는 것을 내재적 변동인자(intrinsic modifier)라 하고 외부적 요인으로 민감도를 바꿀 수 있는 것을 외부적 변동인자(extrinsic modifier)라 한다.

(1) 내재적 변동인자

A. 산소효과

세포에 방사선이 조사되면 세포 내의 물 분자를 전리시켜 비정상 독성유리기(toxic free radical)가 만들어지고, 이것이 DNA에 손상을 초래하는 간접작용이 일어나며, 그대로 두면 손상으로부터 회복되어 정상상태로 돌아간다. 이때 산소가 있으면 독성유리기에 의해 만들어진 DNA의 손상된 부위에 산소분자가 붙어버린다. 그리고 산소분자가 떨어지지 않으므로 그 손상은 회복이 안 되고 그대로 지속된다. 이것을 손상이 '고정된다'고도 말한다("fix" damage).

손상이 지속된다는 말은, 회복되어 정상으로 돌아가지 않고 세포가 죽게 된다는 말이다. 즉 산소가 있으면 세포손상이 잘 일어나고 산소가 없으면 손상으로부터 회복이 잘 일어난다. 그러나 DNA 손상이 직접작용으로 일어났을 때는 방사선이 DNA에 직접 회복 불능의 손상을 주므로 산소의 유무에 관계없이 세포치사 효과가 나타난다.

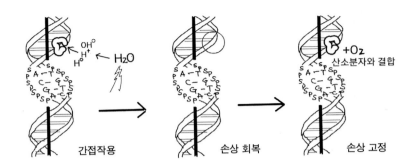

간접작용   손상 회복   손상 고정

암세포는 세포분열이 왕성하게 일어나 암 조직 덩어리로 빨리 증식되므로, 세포에 영양을 공급하는 혈관의 증식이 미처 따라가지 못한다. 그 결과 혈관과 혈관 사이의 거리가 멀어져 산소 공급이 원활하지 못한 부위가 생긴다. 산소는 혈류에 의해 공급받기 때문이다. 따라서 이곳에 혈관이 다시 증식하여 혈액을 원활하게 공급하지 못하면 그 조직 세포는 괴사(壞死 necrosis)에 빠진다. 산소가 부족한 세포를 저산소 세포(hypoxic cell)라 한다.

혈관에서 산소가 빠져나와 주위 조직 세포에 공급되는 방식은 확산(diffusion)에 의한 것이다. 산소가 확산으로 세포 조직 속으로 침투할 수 있는 최대거리는 200미크론(μ, 마이크로미터)이 안 된다. 즉 혈관과 200μ 이상 떨어진 곳의 세포는 저산소 세포가 된다. 정상세포 조직은 혈관 분포가 정상적이기 때문에 200μ 이상 멀어져 산소가 부족한 상황이 일어나지 않는다.

종양이 커서 혈관 분포가 충분하지 못하면 그 속의 많은 양의 암세포는 혈관에서 200μ 이상 떨어져서 산소가 부족한 저산소 세포가 된다. 여기에 방사선을 조사하면 산소가 없어 세포손상을 지속시키지 못하고 손상으로부터 회복이 쉽게 일어난다. 그래서 세포가 잘 죽지 않으므로 방사선저항성이 되는 것이다.

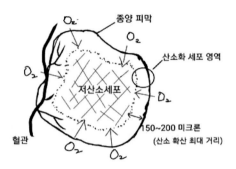

암 조직이 커서 혈관 분포가 못 따라가면 저산소 세포가 많이 존재한다.

산소가 DNA 손상 부위에 결합하면 손상이 회복되지 않아 세포가 죽는다. 즉 산소는 저산소 세포의 손상 내지 치사 효과를 높여주는 인자가 된다. 하나의 세포 집단에서 일정한 양의 세포 사멸에 필요한 선량은 포화산소 세포에서보다 저산소 세포에서 훨씬 더 필요하다. 산소 포화도가 정상일 때 보다 산소가 부족하기 때문에 더 필요한 선량이 몇 배인가를 수치로 표시하는 것을 산소증강률(oxygen enhancement ratio, OER)이라 한다. 일반 엑스선(250KV)으로 조사하면 산소증강률은 약 2.5배이다.

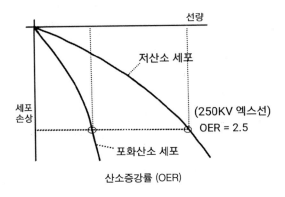

산소증강률은 엑스선으로 암을 치료할 때 암세포가 저산소 상태에 있으면 더 많은 방사선이 필요하다는 뜻이다. 따라서 암세포가 방사선 저항성인 저산소 세포의 상태로 있는 것은 치료 실패의 원인이 된다. 암 조직 덩어리가 이미 육안적 크기에 도달하면 그 속에는 반드시 저산소 세포가 있다. 그래서 과거에는 환자를 고압산소 탱크에 넣어 놓고 치료하기도 했다. 반대로 정상세포에 산소 공급을 줄여 저산소 세포를 만들어 방사선 부작용을 줄이겠다고 압박 고무줄로 단단히 묶어 놓고 치료한 적도 있었다. 이런 아이디어는 현실에서 효과적이지 못하여 더 이상 사용되지 않는다.

저산소 세포의 존재가 방사선저항성임으로 인해 치료 성공에 방해가 되는 문제를 임상적으로 해결하는 가장 좋은 방법은 분할조사(fractionation)이다. 일정한 크기의 종양은 그 속에 상당한 숫자의 저산소 세포가 있을 것이다. 종양 속에서 혈관과 가까이 있는 암세포는 풍부히 산소 공급이 되고 있다. 여기에 일정량의 방사선을 조사하고 하루를 쉬면 혈관 가까이 있는 포화산소 세포(aerated cell)는 다 죽고 멀리 떨어진 저산소 세포(hypoxic cell)는 살아남는다. 혈관

에서 가까운 포화산소 세포가 죽어 없어지면 저산소 세포가 혈관과
의 거리가 다시 가까워져서 산소를 원활히 공급받게 되고 저산소 세
포가 포화산소 세포로 변한다. 이를 재산소화(reoxygenation)라 한
다. 이것을 매일 반복하면 저산소 세포의 양은 계속 줄어들고 치료
를 성공시킨다. 방사선치료를 25회 또는 30회 분할조사를 하는 이
유 중 하나는 이 원리 때문이다.

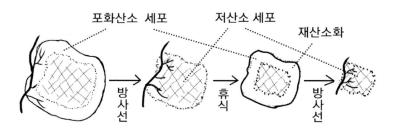

분할방사선치료에 의한 저산소 세포의 재산소화

저산소 세포의 방사선 저항성을 극복하는 또 하나의 방법은 약물
을 사용하는 것이다. 간접작용에 의해 유리기가 손상을 일으킬 때
저산소 세포는 산소가 없어 손상으로부터 회복이 될 수 있는데, 이
때 손상 부위에 산소 대신 '고정'되어 산소 분자와 같은 작용을 하는
약제를 쓴다. 약의 작용 기전(action mechanism)이 산소와 같다. 이
약제의 이름을 저산소 세포 민감제(hypoxic cell sensitizer)라 한다.

B. 세포분열 주기(細胞分裂 週期 cell cycle)

세포가 증식하기 위해 세포분열을 하는데 염색체 수가 반으로 나
누어지면서 두 개의 딸세포가 된다. 즉 DNA 수가 반으로 줄어든 것

이다. 딸세포는 DNA 복제(또는 합성)를 통해 분열 전과 같은 DNA의 양으로 돌아가면 완전한 두 개의 세포가 된다. 이 한 사이클의 과정을 세포분열 주기라 하고 주기 기간을 네 개의 시기로 나눈다.

세포가 두 개로 분열되는 시기는 세포분열기(Mitotic phase, M), DNA 생산이 왕성하게 일어나는 시기를 합성기(Synthetic phase, S)라 한다. 분열기와 합성기 사이의 기간은 제1 휴식기(Gap 1), 합성기에서 합성이 끝나고 성숙 세포가 된 후 다음 세포분열까지 기간을 제2 휴식기(Gap 2)라 한다.

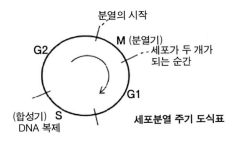

세포분열 주기 도식표

방사선 민감도는 분열기에 가장 높고 합성기에는 방사선 저항성이다. 분열기에는 DNA가 반으로 줄어들기 때문에 방사선 손상이 가장 강하게 나타난다. 반대로 DNA 생산이 왕성한 합성기에는 DNA가 상대적으로 두 배가 되므로 손상이 덜 일어난다.

세포분열 주기 각 시기에서 걸리는 시간은 세포마다 다르다. 그리고 한순간의 세포 집단에는 세포분열 주기가 같이 진행되지 않고 네 개의 각 시기에 처해 있는 세포가 모두 섞여 있다. 이때 방사선을 조사하면 민감한 세포분열 주기의 세포는 손상이 많이 일어나고, 합성기의 세포는 손상이 덜 일어난다. 암 방사선치료를 분할조사 치료 방법을 사용하면 한번 치료한 후 다음 치료 시까지 세포분열 주기가 진행되어 손상을 받지 않은 저항성 시기의 암세포가 민감성으로 옮겨가게 된다. 이 현상도 분할 방사선치료를 하는 이점 중의 하나이다.

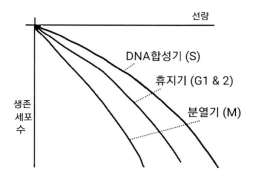

그런데 암세포는 기본적으로 분열이 왕성하므로 방사선치료를 할 때 분열기 세포가 많아서 정상세포보다 손상이 많이 일어난다. 함께 있는 정상세포는 암세포보다 분열 속도가 느려 방사선민감성인 세포가 적기 때문에 손상을 덜 받는다. 이 현상은 방사선치료 부작용을 줄일 수 있는 이점이 된다.

만일 암세포가 원래의 성질이 세포분열주기 진행 속도가 느리고 방사선 저항성인 DNA 합성기 세포가 많아서 치료 효과가 미흡할 때, 세포분열을 더 잘 일으키도록 유도하는 약물을 투여하면 분열기 세포가 많아져서 암세포의 방사선 저항성 강도가 줄어들어 치사율을 높일 수 있다.

C. 손상으로부터의 회복(repair)

암세포는 근본적으로 정상세포에 비해 방사선민감성이므로 방사선에 의해 치사손상(lethal damage, LD)으로 세포사를 일으킨다. 분할조사 방사선치료 시 1회 방사선 조사량은 비교적 저선량이므로 정상세포에는 준치사손상(SLD)이 많이 일어나기 때문에, 분할 치료 사이사이에 준치사손상으로부터의 회복이 일어나 정상상태를 유지할 수 있다. 이러한 현상이 잘 일어나면 정상세포 손상이 적어 부작용을 최소화할 수 있다. 약물 중에 정상세포의 준치사손상으로부터의 회복을 유도하는 것이 있으면 바람직하겠지만, 아직 임상에서 흔히 사용할 만한 약제가 개발되어 있지는 않다.

(2) 외부적 변동인자

A. 직선에너지전달

전리방사선은 물질을 통과할 때 전리를 일으킨다. 전리는 어떤 힘(에너지)이 작용하였다는 것을 의미하고, 방사선의 직선 경로에 에너지가 얼마나 작용하였느냐 하는 것을 물리적으로는 에너지의 전달이라 표현한다. 이것이 직선에너지전달(linear energy transfer, LET)[40]이며 일정한 거리 미크론(μ) 당 에너지가 전달되는 이벤트가 얼마나 많이 발생했는가를 말한다. LET는 물리적으로 측정이 되며 단위는 거리 미크론 당 킬로전자볼트(KeV/μ)이다.

엑스선이나 감마선은 진행하는 경로에 전리가 상대적으로 자주 일어나지 않고 희박하게 일어난다고 희박전리방사선(sparsely ionizing

---

[40] 한 개의 방사선이 한 개의 원자와 부딪쳐서 그 원자의 전리가 일어나는 현상을 하나의 이벤트(event) 라고 할 때 직선에너지전달(LET)은 단위 거리 당 몇 개의 이벤트가 일어났느냐로 표현된다.

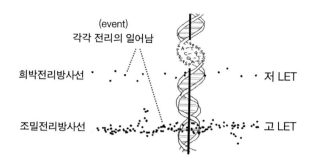

(event)
각각 전리의 일어남

희박전리방사선 · · · · · · · · · · 저 LET

조밀전리방사선 · · · · · · · · · · · 고 LET

radiation)이라 하고, 저 LET 방사선(low LET radiation)이라 부른다. 전하를 띤 큰 입자방사선의 경우 진행하는 경로에 전리가 조밀하게 많이 일어나서 조밀전리방사선(desnsely ionizing radiation)이라 하고 고 LET 방사선(high LET radiation)이라 부른다. 조밀전리방사선에 의한 DNA 손상은 직접작용(direct action)이 된다.

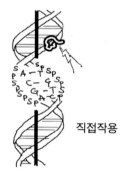

직접작용

희박전리방사선인 저 LET 방사선은, 전리가 일어나는 이벤트가 DNA의 어떤 포인트에 생길 때 DNA 손상이 일어나므로 이것이 단일가닥[41] 손상이다. 만일 방사선이 많이 들어가면 DNA와 작용하는 부위가 많아져서 전리가 일어나는 이벤트가 기둥골격의 양측으로 작용하는 포인트가 발생하게 되고

---

41 저 LET 방사선은 하나의 방사선이 지나가면서 일으키는 전리가 단위 거리 당 희박하게 일어나고 DNA 손상도 간접작용(indirect action)이므로 단일가닥 손상(ssb)이 많고 그래서 회복도 쉽다. 방사선의 양을 조금 증가시키면 여러 개의 단일가닥 손상이 일어나지만, 이것 역시 회복된다. 더 많이 증가시키면 그 손상 중에 어떤 것은 기둥골격을 마주 보는 같은 위치에서 일어나기도 한다. 이것이 두가닥 손상(dsb)이므로 회복 불가능한 세포치사가 된다. 즉 희박전리방사선은 많은 양의 방사선을 조사하여야 두가닥 손상을 얻어 세포를 목적하는 만큼 죽일 수 있다.

이것이 두가닥 손상이 된다. 그러므로 저 LET 방사선에서도 선량이 많을 때 두가닥 손상이 나타날 수가 있다.

조밀전리방사선인 고 LET 방사선은 전리 이벤트가 촘촘하고 많이 일어나므로 두가닥[42] 손상이 주로 많이 일어나는 것이 특징이다. 이것이 고 LET 방사선에서 세포손상률이 높은 이유이다.

고 LET 방사선을 암 치료 임상에 사용할 때의 생물학적 이점으로 가

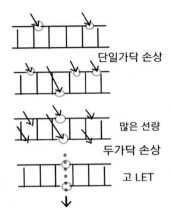

단일가닥 손상

많은 선량
두가닥 손상

고 LET

장 중요한 것은 방사선생물학적효과비(放射線生物學的效果比 radiobiological effetiveness, RBE)[43]이다. 저 LET 방사선의 세포치사에 필요한 방사선의 양과, 같은 효과를 얻는 고 LET 방사선의 선량의 비율을 말한다.

---

42 고 LET 방사선은 단위 거리당 전리가 조밀하게 일어나고 DNA 손상도 직접작용(direct action)이므로 두가닥 손상(dsb)이 많고 세포생존곡선에 어깨가 없고 고선량에서나 저선량에서나 방사선 반응 패턴(곡선의 기울기)이 같다. 그래서 세포 치사율이 높고 이것은 정상세포나 암세포에 같이 적용된다. 고 LET 방사선으로 암을 치료할 때 부작용이 생길 확률이 높은 것도 그 때문이다.

43 중성자선의 RBE는 약 2.5 내지 3이다. 같은 방사선량으로 2.5~3배의 세포치사 효과를 얻으며, 같은 세포치사 효과를 얻는데 필요한 방사선의 양은 삼분의 일이다. 그 이유는 고 LET 방사선(중성자선)이 원자의 핵과 부딪쳐서 전하를 가진 여러 개의 핵 조각 입자들을 쏟아내어서 이차적으로 전리 이벤트가 조밀하게 일어나기 때문이다.

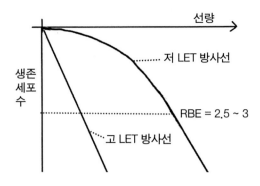

고 LET 방사선이며 전리작용을 과다하게 일으키는 대표적인 방사선이 중성자 입자선이다. 중성자는 물질을 통과할 때 마치 소총과 기관총에 비교되듯이 수많은 조밀전리작용을 일으키면서 지나간다. 지나가는 중성자는 통과하는 물질의 원자핵과 부딪쳐서 핵을 여러 조각 낸다. 원자핵은 양성자와 중성자들로 구성되어 있는데 이 핵이 부서지면 큰 전하를 가진 핵 조각이 흩어져 나오는 상황이 된다. 한 덩어리만 나오는 것이 아니고 부서진 핵 조각들이 다 나오기 때문에 이 조각들이 전부 이차적으로 매우 조밀한 전리 현상을 나타낼 수 있다. 탄소와 부딪치면 탄소 원자핵은 양성자 6개 중성자 6개이므로 핵 조각은 알파 입자 3개가 된다. 중성자가 산소와 부딪치면 알파 입자가 4개가 된다. 이것이 고 LET 방사선이 만들어지는 원리이다.

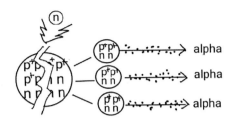

중성자에 의한 탄소 핵붕괴   알파 입자 발생으로 조밀전리

산소효과(oxygen effect)에서 보면 고 LET 방사선은 DNA 손상을 직접작용(direct action)으로 일으키므로 산소의 유무에 영향을 덜 받는다. 저산소세포는 저 LET 방사선일 때 손상의 회복이 일어나고, 산소가 있으면 회복이 안 되고 세포치사가 많이 일어난다. 고 LET 방사선은 DNA 손상을 직접 일으키므로 산소가 없는 저산소 세포의 치사에 문제가 없다. 그 결과 산소증강율(oxygen enhancement ratio, OER)이 고 LET 방사선에서 낮아진다. 실제 측정치를 보면 LET 값이 증가할수록 OER이 낮아지며 어느 LET 값에 도달하면 OER이 1이 된다. OER이 1이라는 것은 산소 유무에 방사선 반응이 똑같다는 뜻이다.

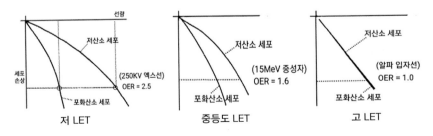

LET 값에 따른 OER의 변화

세포분열 주기의 위치에 따른 방사선 반응도 저 LET 방사선에서는 어느 기에 있느냐에 따른 차이가 있지만 고 LET 방사선은 DNA 손상을 직접작용으로 일으켜서 선량반응곡선이 직선으로 급하게 내려가므로, DNA 합성기나 세포분열로 DNA가 반으로 줄었느냐 하는, 시기에 따른 차이가 없다.[44]

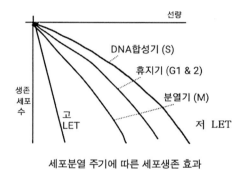

세포분열 주기에 따른 세포생존 효과

결론적으로, 고 LET 방사선은 첫째 산소증강률(OER)이 낮아서 산소 유무와 관련 없이 세포치사 효과가 높으므로 저 LET 방사선에 치사율이 낮은 저산소세포가 많은 말기암일수록 치사율이 높다. 둘째 세포손상 효과가 물 분자 전리에 의한 간접작용으로 나타나지 않고 직접작용으로 나타나며, 셋째 DNA 손상은 단일가닥(ssb) 보다 두가닥 손상(dsb)이 훨씬 많이 일어나므로, 이 세가지 세포치사 효과

---

44 고 LET 방사선은 세포분열주기의 어느 위치에 있더라도 같은 효과로 손상이 발생하며, 준치사손상으로부터의 회복이 덜 일어나 세포치사 효과가 높다. 세포분열주기에 따른 세포치사효과가 같고 준치사손상으로부터의 회복이 안 되는 점은 정상세포에도 암세포와 같이 적용된다. 이 부분에서 정상세포 손상에 의한 부작용의 가능성이 높으므로 이 문제는 입자선의 브래그 피크에 의한 정밀 선량 분포의 이점으로 해결한다.

즉 생물학적 효과가 저 LET 방사선보다 3배 정도 높다는 것이 방사선생물학적효과비(RBE)이다.

B. 화학적 효과변동인자

방사선 효과를 약물에 의해 바꿀 수 있다. 방사선보호제(radiopro-tector)와 방사선민감제(radiosensitizer)는 약물이기 때문에 화학적 효과변동인자(chemical modifier)라고 분류된다.

과거 동서 냉전 시대에 미국과 소련이 강력한 군사적 힘으로 대치하고 있을 때, 핵무기는 양측의 힘을 과시하는 중요한 무력이었다. 핵무기의 위력은 제2차 세계 대전을 종식시킨 일본 히로시마와 나가사키 원자폭탄 투하에서 증명되었다. 그런데 일반적인 폭탄과 달리 적국에 핵폭탄을 폭발시키면, 후속으로 퍼져나오는 방사능 확산에 아군도 피폭의 피해가 있을 수 있게 된다. 그래서 양측은 인체에 방사능 피해를 줄여 주는 약재도 경쟁적으로 개발하였다. 전쟁에 의해서는 아니더라도 핵무기 개발 과정에서 핵실험도 해야된다. 미국은 네바다 사막에서, 소련은 시베리아에서, 중국은 내몽골 지방 사막에서 핵실험을 하였고, 프랑스는 남태평양 무인도에서 핵폭발 실험을 하였다.

그 결과 핵실험에서 발생 된 방사성동위원소 분말이 대기 중에 퍼져서 마치 미세먼지처럼 세계 각 나라에 날아왔다. 이를 방사능 낙진이라 하여 한 때는 비 오는 날 빗물에 함유된 낙진이 인체에 떨어진다고 밖에 나가지 못하게 한 적도 있었다. 그 낙진에서 실제 방사능의 양은 얼마나 의미 있는 양이었는지 모르겠으나, 만일 전쟁이 벌어진다면 자국 병사를 보호하기 위한 보호제는 중요한 문제였다.

그래서 방사선보호제(radioprotector)가 개발되었다.

엑스선이나 감마선 같은 저 LET 방사선은 DNA에 손상을 일으키는 원리가 간접작용이며, 물 분자를 전리하여 독성유리기를 발생시켜 이 독성유리기가 DNA에 손상을 초래한다. 이때 방사선보호제는 독성 유리기와 먼저 결합하여 처리해버림으로써 DNA에 손상을 끼치지 못하도록 한다. 이 약제는 독성유리기가 발생 되는 즉시, 청소하듯이 먹어 치운다고 청소부(scavenger)라고 불렀다.

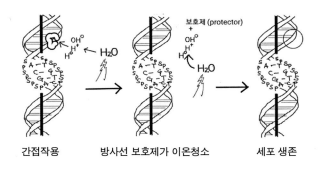

간접작용　　　　방사선 보호제가 이온청소　　　　세포 생존

나중에는 우주비행사가 우주 여행할 때 우주 방사선에 많이 피폭되기 때문에 우주인에게 이 보호제를 사용하기도 하였다. 대표적으로 WR-2721이 있는데 방사선치료 시 정상세포를 보호할 목적으로 일부 사용되기도 하였다. 그러나 보호제로서 효과가 드라마틱하지 않고 부작용도 많아 보편적으로 사용하지는 않는다.

산소의 경우처럼 DNA 손상 부위에 결합하여 손상을 '고정'하는 약제는 세포 치사율을 높이기 때문에 방사선민감제(radiosensitizer)가 된다. 그러한 약제가 개발되어 있지만, 임상에서 보편적으로 사용하는 데에 부작용 등 문제가 완전히 해소되지 않았다.

암 치료 시 혈액종양내과에서 처방하는 항암화학치료 약제는 그 자체가 암세포를 찾아 죽이는 효과가 있지만, 항암제에 의해 공격받는 것과 동시에 방사선 손상을 받기 때문에 치사 효과가 높아진다. 항암제의 방사선민감 효과가 1이고 방사선치료 효과가 1인데 둘을 같이 사용하여 2의 효과를 본 것은 첨가적(additive effect) 효과라 하고, 2, 3, 4로 훨씬 높은 효과를 본 것은 상승적(synergistic effect) 효과라 한다.

C. 온열치료(hyperthermia)

암 조직의 온도를 42도 정도의 고온으로 유지하면, 고온 그 자체만으로도 암세포가 죽으며, 이때 방사선치료를 병행하면 암세포 치사율이 더 높아진다. 온도를 가하지 않았을 때의 방사선 치사율이 온열에 의해 상승작용이 일어나고 42-43도에서 효과가 가장 높다. 시간상으로는 방사선치료 전이나 후가 아니라 방사선치료와 동시에 온열치료를 하였을 때 효과가 가장 높다.

암 조직의 온도를 올려 주는 원리는 고주파 비전리방사선을 사용하는 것인데, 정상 조직과 구별하여 암 조직에만 선택적으로 온도를 올리지 못하는 점과 온도 상승으로 혈류가 오히려 증가하여 온도를 낮추는 몸속 반응이 일어나는 것 등 치료 기술에 제약이 많아서 암 치료의 중심 기술은 되지 못한다. 진행성 암에서 온열치료 단독이나 방사선과 병행으로 환자의 증상 완화 치료로 사용되고 있다.

라. 황토방의 비밀

1. 방사선 장해방어

방사선으로부터 인체를 안전하게 지키기 위한 모든 논의와 그에 대한 학문적 근거를 방사선 장해방어(放射線 障害防禦 radiation protection)라고 한다. 국내 학자들은 방사선 방호 또는 방사선 방어 두 말을 혼용해서 사용하고 있는데, 방호는 안전을 지키기 위한 행동이라는 뜻이 많고, 방어는 학술적 한 분야라는 뜻으로 사용되는 경향이 많다.

핵폭탄을 경험한 이후로 방사선의 위험에 노출되지 않도록 하는, 방사선 안전(radiation safety)에 관한 많은 연구가 진행되었고, 그 결과를 이용한 안전 지침 또는 관리 등의 방법들이 제시되어, 방사선 안전 관련 법규가 제정되고, 현재에는 거의 완벽하게 안전한 방사선 환경이 만들어졌다.

인체가 방사선에 노출되는 현상에는 두 가지가 있다. 첫째는 대부분 의료용 방사선의 이용에 해당하는 것으로, 필요에 따라 인체에 방사선을 일부러 노출하는 것은 방사선 조사(照射 irradiation)라고 한다. 둘째로 방사선 관련 사고나 직업적인 이유 등으로 의지와 상관없이 방사선에 노출되는 현상은 피폭(被爆 exposure)이라 한다. 조사량은 그레이(Gy) 단위를 쓰고 피폭량은 시버트(Sv) 단위를 쓴다.

방사선장해(障害 radiation hazard)란 인체가 방사선 피폭을 받은 후, 방사선 피폭에 기인하는 신체 이상이 질병의 상태로 나타나는 것을 말한다. 위해(危害)라고도 한다. 방사선 효과(效果 radiation effect)는 생물학적 효과(biologic effect)이며 세포가 방사선 손상을 받은 상태를 말하고, 향후 방사선 장해로 나타날 수도 있고 손상이 소멸된 후 정상상태로 돌아갈 수도 있다. 방사선 손상(損傷 radiation damage)은 세포에 생물학적으로 구조적, 기능적 이상이 초래된 상태를 말하며, DNA 절단으로 발생 된다. 암 치료에서의 손상은 암세포가 죽어 치사 되는 것을 말하고, 장해방어에서의 손상은 건강한 인체가 방사선으로 장해가 생기는 것을 말한다.

방사선 선원에 따른 차이도 있다. 엑스선은 발생 장치의 전기 스위치를 끄면 방사선이 없어지지만, 방사성동위원소는 24시간 동안 방사선을 방출한다. 그래서 동위원소 이용 장치는 동위원소를 납 같은 차폐 물질로 용기를 만들고 그 속에 수용된 상태에서 필요할 때만 적절한 범위에서 방사선이 나오게 하여 사용한다. 그런데 동위원소에 따라 기체, 액체, 고체 등의 형태가 다르므로 차폐 용기에 들어있어도 방사선이 뚫고 나올 수도 있고 동위원소가 새어 나올 수 있다. 이것을 누출(leakage)이라 하고 주위 환경에 묻으면 오염(汚染 contamination)이라 한다.

제품 자체가 분말 또는 기체인 방사성동위원소를 차폐물이 아닌 용기에 적재한 상태로 사용하는 것을 밀봉선원(sealed source)이라 하고, 방사성동위원소 자체를 밀봉되지 않은 상태로 사용하는 것을 개봉선원(unsealed source)이라 한다. 병원이나 연구 실험실에서 기체나 액체 형태의 개봉선원을 사용할 때 동위원소가 주위 책상이나 옷 등에 묻어 오염될 수 있다. 오염된 동위원소는 제거될 때까지 방사선을 방출하므로 완전히 제거되어야 한다. 오염된 방사성 물질을 제거하는 것을 제염(除染 decontamination)이라고 한다.

인체에 방사선 피폭에 의한 생물학적 손상이 일어나면 이에 대한 직접적인 치료 방법이 없고 발생하는 증상에 대한 대증요법의 처방 밖에 할 수 없다. 그러므로 대량의 방사선에 노출이 되지 않도록 모든 수단과 방법을 강구 해야 한다. 이와 관련된 모든 지식이나 행위를 방사선 장해방어라 한다.

2. 생활 속의 방사선

방사선은 문명의 발달과 함께 이용 분야가 매우 다양하게 발전해 왔다. 병원에서 엑스레이 촬영하는 것, 원자력발전소에서 전기를 생산하는 것, 시계의 야광 도료, 집 천장에 설치된 연기 또는 화재 감지기, 조선소 선박 건조 작업장의 비파괴 검사, 공항의 위험물 탐지 투시기 등 이용 분야는 다양하다. 우리가 가장 많이 접하게 되는, 병원에서 사용하는 방사선은 의료용 방사선이라 한다. 그러나 그 외에도 방사선 이용 기술이나 연구 기관의 실험실에서 사용하는 방사선 등 비의료 방사선도 우리 생활과 밀접한 관계가 있다.

우선 공업 분야에는 공업 계측기술이 있다. 방사선을 물질에 투과시키면 그 물질의 두께나 밀도를 알 수 있다. 물질에 접촉하거나 잘라내지 않고 측정이 되며, 뜨겁게 달구어진 철판도 측정한다. 가장 많이 사용되는 것은 비파괴 검사이다. 배는 무거운 철판을 연결하여 만들지만 비파괴 검사라는 방사선 촬영으로 용접 부위가 새는지 안 새는지 밝혀낼 수 있다. 자동차 내연기관 엔진 피스톤의 마모 정도를 측정하는 데에도 쓰인다.

산업 분야에서는 강화 기술로 유해 물질 흡착용 고무나 폐플라스틱 재활용, 자동차 타이어 등을 방사선으로 강화 또는 경화로 가공하는 데에 사용한다. 환경 분야에서는 폐자원으로 하수 슬러지(찌꺼기), 폐 절전유(節電油), 염색 폐수, 산업 폐수, 축산 폐수 등에 방사선을 조사하여 독성을 없앤다. 또한 기체인 배기가스나 악취 물질의 정화에도 쓰인다. 방사선 멸균은 식품, 식품 재료, 의료기나 의약품 등의 멸균 및 비화학적 저온 소독에 사용한다. 감자나 양파 등을 장기간 보관할 경우 싹이 나서 못 먹게 되므로 여기에 방사선 조사를 해 놓으면 싹이 트지 않는다. 방사선으로 무균 처리가 되므로 가축의 사료를 살충이나 소독하는 데에 이용한다.

농업 분야에서는 유전공학 기술에 응용한다. 화훼 단지에서 생산한 꽃은 오랫동안 싱싱하게 피어 있을수록 좋다. 그래야 수출도 하고, 반대로 네덜란드 암스테르담 꽃 시장에서 꽃을 수입하여 서울 반포 꽃시장에 가져다 놓을 수 있다. 이 꽃 종자에 방사선 처리를 해 두면 오랫동안 싱싱하게 피어 있게 된다. 일종의 돌연변이를 유도하는 것이다. 옛날에 쌀이 부족해서 쌀로 술도 못 담그고, 쌀밥을 먹는 것도 힘들 때가 있었다. 국립 농업연구소에서는 방사선으로 벼 품종을 개량하여 병충해나 냉해에 잘 견디도록 하였다. 무엇보다도 벼 한 기둥에 160개 알곡이 열리던 것을 180개 이상 열리게 하여 수확량을 늘릴 수 있었다.

추적자(트레이서) 기술은 방사능 측정을 이용한 것이다. 댐같이 거대한 것에서부터 정화조, 침전조 등 물 저장소의 벽에 금이 가 있는 것까지 찾아낸다. 경로를 아는 상태에서 방사성 물질을 물에 풀어 놓으면 반대쪽에서 채집한 물에서 방사능이 검출되는가 측정하여 확인하는 방법이다. 방사성 물질에서 내는 방사선을 검출하여 경로를 추적한다고 하여 추적자 기술이라 한다. 이 방법은 정유, 화학, 시멘트, 정류탑 등에 광범위하게 이용된다.

탄소를 이용한 연대 측정법도 방사성 탄소(C-14)를 이용한 것이다. 물질에 방사선 조사를 하여 미량원소의 존재를 분석할 수 있다. DNA를 분석하는 유전공학적 생화학 연구는 방사성동위원소를 사용하여 이루어진다. 그 기술을 이용하여 인슐린, 성장 호르몬, 인터페론 등 의약품 제조를 하고 있다.

원자력발전소는 방사선으로 전기를 생산하는 것이 아니다. 방사성동위원소의 에너지를 물을 끓이는 열로 이용하여 발생한 증기의 힘으로 터빈을 돌려 전기를 만든다. 원자력 발전소나 화력 발전소나 같은 증기 발전소이다. 그 과정에 방사능이 발생하므로 방사능을 따로 관리하여야 하는 것뿐이다.

의료 방사선은 유사 이래 인류를 위해 방사선을 가장 잘 이용하는, 그리고 가장 많이 사용하는 과학적 산물이다. 방사선 의료 기술이 인류의 수명이 길어지는 데 크게 기여하고 있다. 질병을 진단하고 치료하는 데 방사선의 이용률이 갈수록 더 커지고 있다. 그러한 기능이 더욱 효과적일 수 있도록 이용하는 방사선 관리에 관한 개념과 기술이 같이 발전하고 있다.

3. 인체에 피폭되는 방사선의 종류

인체가 피폭될 수 있는 방사선의 종류는 자연방사선(自然放射線 natural radiation)과 인조방사선(人造放射線 man made radiation)으로 나누어진다. 자연방사선은 자연에 존재하는 방사선으로 인간이 살아가면서 피할 수도 없고 끊임없이 피폭되는 방사선이다. 바로 우주방사선과 지각방사선이 여기에 해당한다. 우주선(宇宙線 cosmic ray)은 주로 태양에서, 그리고 대부분은 태양계 밖에서 발생 되어 우주를 날아다니고 있는 방사선이 지구까지 도달한 것이다. 양성자 입자선이 대부분이며 고 LET 방사선이다. 지각방사선(地殼放射線 terrestrial radiation)은 지구로부터 발생 되는 방사선이다. 이들은 지구의 흙, 동식물, 광물 등 지구에 존재하는 물질 속의 방사성동위원소들에서 방출되는 방사선이며 이 동위원소를 자연핵종(自然核種 natural radionuclide)이라 부른다.

땅이나 우리가 생활하는 환경 속의 자연핵종 중에서 가장 많은 것은 라돈(Rn-220)이다. 라돈은 라듐의 딸핵종으로 방사선을 방출하는 핵붕괴를 한 후 납으로 안정화된다. 라돈은 땅속에도 있고 지하수식수 속에도 있으며 각종 물질 속에 적은 양이라도 존재할 수 있다.

시멘트 속에도 많이 있어 시멘트 콘크리트로 된 건물 속에서 많이 측정된다. 한때 침구에서 라돈이 측정된다고 시끄러웠던 적도 있다. 지역적으로 라돈이 많이 검출되는 곳이 있다. 우라늄 같은 방사성동위원소를 캐는 광산이 있는 곳에서는 당연히 라듐 등에 의한 방사능이 높다. 우리나라는 충북 괴산 지역에 많다고 한다. 세계 각 나라는 라돈을 측정하여 라돈 지도를 만든다. 미국은 콜로라도 덴버 지역, 독일은 검은 숲 지역, 중국은 산시성 일대 등 라돈 고밀도 지역을 측정하여 파악하고 있다. 충주 일대의 어느 우물에서 20배의 라돈이 측정되었던 적이 있다.

자연방사선 선원	평균 방사능
인체 외부피폭	
우주선	0.3
지각방사선	0.4
인체 내부피폭(호흡 및 음식물 섭취)	
칼륨, 우라늄, 라돈, 탄소 등	1.7
연간 평균 피폭선량(mSv)	2.4 밀리시버트

방사성 칼륨, 라돈, 탄소 등이 채소에서도 측정된다. 식물에 들어 있는 자연핵종은 가축이 먹어서 가축 육질에서도 측정된다. 이러한 자연방사선에 의한 1인당 평균 피폭량은 연간 2.4mSv이다. 원치 않아도 일 년 동안 자연방사선에 그만큼 노출되고 피폭된다는 말이다.

그리고 증강(增强) 자연방사선(enhanced natural radiation)이 있다. 사람의 생활 방식 때문에 보통의 경우보다 자연방사선을 더 많이 피폭 받는 경우를 말한다. 고공비행은 우주방사선을 지상에서보다 더 많이 받는다. 국제선은 보통 1만 미터 이상의 고도를 날기 때문에 더 많은 우주방사선에 피폭된다. 뉴욕-파리 노선 1회 비행에 0.03mSv가 피폭된다는 측정 보고도 있다. 우주여행은 당연히 피폭량이 많다. 아폴로 계획에 의해 지구궤도를 150-250시간 회전을 한 경우는 약 2-4mSv, 달에 착륙한 경우는 5mSv 이상 피폭되었다고 한다.

인조방사선은 방사선 피폭의 가장 많은 원인이다. 의료용 방사선 외에 산업용으로 이용되는 방사선에 의한 피폭이 부지기수이다. 따라서 방사선 직업 종사자는 물론이고 방사선 시설 가까이 머물 수 있는 일반인도 피폭될 수 있다. 의료기관이나 각종 연구소 연구실에서 개봉선원 동위원소를 가지고 실험할 때 연구원이 피폭될 수 있다. 이때는 실수로 동위원소를 쏟아서 오염되는 경우도 있다. 방사선을 범죄에 사용하는 예도 있다. 방사선은 보이지 않고 인체에 노출되어도 감각으로 느끼지 못하므로 사고나 범죄적 행위는 매우 중요하게 생각하고 엄격하게 관리되어야 한다.

4. 방사선 피폭의 수용

방사선 피폭선량은, 피폭 받은 사람이 어떤 영향을 받게 될 것인지를 아는 데 매우 중요한 사항이다. 방사선 피폭량이 많을수록 인체에 영향을 미치는 확률이 높아진다. 방사선 누출이나 오염 사고에서는 피폭 즉시 피폭량을 측정한다. 방사선 작업종사자의 경우는 연간 피폭량을 매년 측정하여 그 수치를 기록 보관한다.

단위; 암 치료 목적으로 조사(irradiation)할 때의 방사선 양은 그레이(Gy) 단위를 사용하며 조직내 흡수선량(absorbed dose)을 말한다. 인체에 방사선 피폭(exposure)이 일어나서 그 양을 측정할 때는 시버트(Sv) 단위를 사용하며 이를 등가선량(dose equivalent)이라 한다.

필요에 의해 조사한 방사선이 아니고 피폭된 방사선일 때 흡수선량 1Gy의 선량만큼 노출되면 같은 1시버트(Sv, Sivert)[45]로 환산한다. 1Sv는 큰 수치이다. 일반인의 자의적이 아닌 방사선 피폭은, 대량 피폭을 받을 확률이 낮고 그 양도 적으므로, 피폭량은 시버트(Sv)의 1,000분의 1인 밀리시버트(mSv)로 환산한다.

피폭 선량의 종류; 등가선량(equivalent dose)은 방사선의 종류와 에너지에 따라 그 영향이 다르므로 방사선 종류에 따른 가중치가 적용된 선량이다. 방사선이 저 LET 방사선인 엑스레이에 비하여 고 LET 방사선을 사용하면 같은 물리량의 방사선에도 손상이 일어나는 효과가 크다. 그 효과가 얼마나 큰지를 환산하는 수치를 물리적 가중인자(physical weighting factor)라 한다. 원자로에서 발생하는 중성자선이나 우주선은 고 LET 방사선이므로 방사선 가중치가 높아 같은 물리량을 피폭 받아도 더 주의해야 한다는 말이다. 엑스선의

---

45 과거에는 흡수선량을 라드(rad), 피폭선량을 렘(rem, roentgen equivalent in man)으로 사용하였다. 1Gy는 100rad이므로 1Sv는 100렘(rem)이 되고, 반대로 1rem렘은 10mSv이다. 1mrem은 0.1mSv이다.

효과와 비교하여 피폭 선원이 중성자선이면 그 에너지에 따라 피폭 효과가 10배 또는 20배 더 강하다.

방사선 종류		물리적 가중치
감마선, 엑스선, 베타선		1
중성자선	〈 10KeV	5
	10 - 100KeV	10
	100KeV - 2MeV	20
	2 - 20MeV	10
	〉 20MeV	5
양성자선		5
알파입자선, 중입자선		20

방사선의 물리적 가중 인자

유효선량(effective dose)[46]은 방사선에 피폭되었을 때 방사선 종류와 인체의 각 조직에 따라 미치는 위험도가 다르므로 그 차이를 고려하여 가중치를 계산한 선량을 말한다. 우리 몸은 각 장기의 조직마다 방사선민감도가 다르므로 방사선장해는 같은 물리적 선량이라도 장기 조직별로 효과가 다르게 나타난다. 각 세포의 반응 정도의 차이를 고려하여 환산하는 계수를 조직 가중 인자(tissue weighting factor)라 한다. 같은 물리량에 피폭될 때 뼈나 근육에 미치는 효과는 생식세포에 대한 효과의 20분의 1이다.

---

46 같은 물리적 흡수선량(D)에 방사선가중치(WR)와 조직가중치(WT)를 모두 고려한 환산 선량을 산출하면 이를 유효선량(effective dose) 또는 등가선량(equivalent dose)이라 하고 그 단위가 시버트(Sv 또는 밀리시버트 mSv)이다. (Deff = D x WR x WT)

장기조직명	조직가중치
생식세포	0.20
골수	0.12
대장, 위 폐	0.12
간, 유방	0.05
갑상선	0.05
피하조직	0.01
뼈	0.01

방사선의 (세포) 조직 가중 인자

의료방사선 피폭; 의료방사선은 인체의 건강을 파악하고 치료하는 도구로 필요에 의해 사용되기 때문에 피폭량이 어느 정도 되더라도 이를 수용하게 된다. 의료 행위에 따른 방사선 피폭 일반 평균 측정치의 대표적인 예는 다음과 같다.

검사 종류	촬영 종류	평균피폭량(mSv)
일반촬영	가슴 엑스레이	0.03
	척추 뼈 촬영	0.4-0.5
CT	흉부 CT	7.8
	상복부 CT	7.6
혈관조영술	관상동맥 촬영	11.9
	다리 정맥 촬영	0.8
인터벤션	간암 색전술	18.9
	담도 스텐트 삽입	6.9
PET	전신 PETCT	11.0

동위원소 촬영	뼈 검사	3.5
	갑상선 검사	1.0

최근 CT의 촬영의 빈도가 증가함에 따라 CT 촬영에 의한 피폭량을 줄이기 위한 노력으로 촬영 장비의 방사선 출력을 낮춘 저선량 CT를 많이 사용하는데 이 경우는 한 번의 촬영에 보통 2.5mSv 즉 일반 CT의 1/3을 피폭 받는다. PET 장비도 영상 해상도를 높여 한 번의 검사에서 받는 피폭량이 예전의 1/3 정도 된다.

5. 방사선 피폭 허용치

현대를 살아가는 우리는 문명의 발달과 함께 생활을 풍요롭게 하는 생활 도구의 도움을 많이 받고 살고 있다. 그러나 그러한 문명의 이기로부터 발생하는 부작용이 인체에 나쁜 영향을 주는 요소를 알게 모르게 감내하고 있다. 대표적인 것이 공해이다. 자동차의 편리함이 있는 반면 매연이나 교통사고가 발생하며, 우리 생활에 편리한 플라스틱 제품을 만들면 페놀이 흘러나와 식수를 오염시킨다. 난방 연료를 태우면 일산화탄소, 이산화탄소가 공기를 오염시킨다. 먹는 음식 재료 속에는 발암 물질이 들어있다.

등산을 가서 산 정상에 올라 보면 내려다보이는 도시 전체는 검은 매연의 안개 속에 갇혀 있다. 숨차게 올라와 놓고 내려가면서 '내가 저 아래로 내려가서 다시 저 공기를 마시고 살아야 하나' 하는 한심한 생각이 든다. 길거리를 가면 오존이 얼마, 일산화탄소가 얼마, 미세먼지가 얼마 하고 온갖 전광판이 번쩍거린다. 온통 우리의 건강을 해치는 것들뿐이다. 우리는 그 속에서 살고 있다. 그러면 숨을 쉬지 않고 살아야 할까. 방독 마스크를 쓰고 길을 걸어 다닐까. 물은 수도세를 납부하면서 생수를 사다 먹는다. 이런 환경이 괜찮은 것인가. 그런 공기를 마셔도 될까. 그러나 실제로는 길거리 전광판에 적힌 수치가 위험 경계선 이하이면 페놀을 마시든, 일산화탄소를 호흡하든, 당장 죽을 병이 생기는 것은 아니라는 믿음으로 살아간다.

바로 이런 것이 허용치이다. 완벽하게 피할 수 없을 때, 일정한 한계를 넘어서지 않으면 큰 문제가 되지는 않으므로 허용하는 것이다. 공해 물질의 허용치는 그 경계가 모호하다. 무슨 피피엠(ppm)이니, 몇 퍼센트니, 몇 마이크로그램(μgm/dl)이니 하는 이런 것들은 별로 감이 오지 않는다. 허용치이니까 그냥 받아들일 뿐이다.

방사선은 그렇지 않다. 방사선 피폭에도 허용치[47]가 있다. 그런데 방사선은 피폭선량이 얼마까지는 건강에 이상이 생기지 않는 허용치가 있는데 그 수치는 정확하다. 방사선은 아무리 미량이라도 측정기로 정확히 측정된다. 그래서 방사선 피폭이 얼마라는 측정치가 나오면 그 피폭을 받은 사람의 건강에 대한 예상을 정확히

---

[47] 방사선 피폭의 허용치에 관하여 여러 가지 규정지어 놓은 수치들이 있다. 최대허용선량(maximum permissible dose, MPD)은 연간 최대허용선량이다. 직업적인 방사선 종사자의 경우 피할 수 없이 방사선 피폭을 받게 된다. 이 직업에 종사하는 것은 18세 이후부터 허용되며, 1년에 최대 50mSv의 피폭까지 허용한다. 그러나 5년간 지속적으로 피폭된다면 축적된 허용선량은 100mSv로서 연간 평균 20mSv까지만 허용한다. 방사선 종사자가 아닌 일반인의 피폭 허용치는 종사자의 1/20 즉 연간 1mSv이다. 최대허용선량이란 직업상 연간 50mSv 피폭을 받아도 건강에 이상이 발생하지 않는다는 말이다. 50mSv는 적은 양이 아니며 실제로는 아무리 사고라 하더라도 그런 양의 피폭을 받는 사고는 거의 불가능하다.

할 수 있다.

구분		방사선작업종사자	일반인
유효선량 한도		연간 50mSv 한도에서 5년간 100mSv	연간 1mSv
등가선량 한도	수정체	연간 150mSv	연간 15mSv
	손발 및 피부	연간 500mSv	연간 50mSv

선량한도 (최대허용선량)

저자는 1980년부터 방사선치료 진료를 해 왔다. 그 시절에는 환자에게 방사성동위원소를 암 조직에 직접 찔러 넣는 근접조사(brachytherapy)라는 치료 시술을 할 때 라듐 침(radium needle, Ra-226)을 손으로 직접 쥐고(집게를 사용) 조직 내에 삽입하였다. 라듐 침은 굵은 대못과 비슷하게 생겼는데 주로 설암(tongue cancer)이나 요도회음부암(perineal cancer)에서 수술실에서 마취하고 찔러 넣는다.

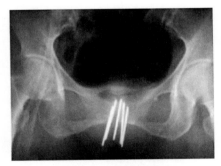

라듐 침을 삽입한 회음부암

라듐 침은 강한 방사선을 방출하기 때문에 시술하는 동안 참석한 의료진에게 방사선 피폭이 많이 일어난다. 한참 시술을 하다 보면 마취과 의사와 간호사가 모두 피해서 나가고 홀로 시술을 하곤 했다. 히포크라테스 선서 때문에 목숨 걸고 암 환자 치료를 하고 있었던 것인가. 실제 수술실에 개인 방사능측정기를 가지고 들어간다. 약 30분 시술이 끝나고 측정기를 들여다보면 상당한 방사선 피폭이 있었음을 알 수 있다.

그러한 시술을 할 수 있었던 것은 바로 허용치가 있었기 때문이다. 시술하는 동안의 피폭 총량은 일 년간 허용치 범위 이하이기 때문에 시술 할 수 있는 것이다. 그 뒤로 이리듐 리본 후적재(後積載 afterloading) 삽입이라는 방식으로 바꾼 후 방사선 피폭은 라듐 시절보다 1/10 이하로 줄었다.

6. 인체의 방사선 피폭 효과

방사선에 의한 인체장해는 피폭 선량에 비례한다. 따라서 선량 측정이 중요하다. 그와 함께 어떤 장해가 나타나는가를 예측하고 그 각각에 대한 대책을 세우는 것도 중요하다.

피폭 선량(mSv)	증상
250	임상 증상이 거의 없다
500	백혈구(임파구) 일시 감소

1,000	오심, 구토, 권태감, 임파구 감소
1,500	50% 사람이 방사선 숙취
2,000	5% 사람이 사망
4,000	30일간에 50% 사망
6,000	14일간에 90% 사망
7,000	100%의 사람이 사망

전신 단일피폭의 경우 나타나는 인체 영향 (한국원자력안전재단 제공)

방사선이 인체에 미치는 영향은 몇 가지로 분류하여 설명할 수 있다. 첫째, 현재 몸에 나타나는 현상이냐, 형질이 후손에게 전달되는 현상이냐에 따라 신체적 효과(somatic effect)과 유전적 효과(hereditary effect), 둘째, 효과가 나타나는 시기에 따라 급성 효과(acute effect)과 만성 효과(late or chronic effect), 셋째, 나타나는 메커니즘에 따라 결정적 효과(deterministic effect)와 확률적 효과(stochastic effect)로 생각할 수 있다. 만성 영향의 경우 피폭 후 영향이 나타나기까지의 기간을 잠복기라 한다.

신체적 효과	급성 효과	중추신경 증후군; 즉시 사망 위장관 증후군; 1주 후 사망 조혈장기 증후군; 사망 또는 치유 기타; 탈모, 불임, 궤양, 홍반, 백혈구 감소
	만성 효과	방사선 발암, 백내장 기타; 재생불량성빈혈, 노화, 수명 단축, 등
유전적 효과	염색체 이상	돌연변이

(한국원자력안전재단 제공)

(1) 결정적 및 확률적 효과

결정적 효과(決定的 效果 deterministic effect)는 피폭 방사선에 의해 신체의 손상이 나타나는 통상적인 방사선생물학적 효과이다. 피폭으로 손상된 신체 장기의 기능장애와 같은 임상적 증상이 나타나고 심할수록 치료가 어렵다. 체세포 효과(體細胞 效果 somatic effect)라고도 한다. 임상 증상이 나타나는 시기에 따라 급성효과와 만성효과로 분류된다. 대부분의 임상적 증상은 먼저 피부에 홍반, 발적, 세포탈락 등 일반 화상과 같은 피부 증상으로 나타난다.

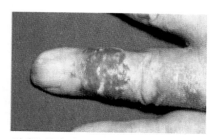

방사성 물질 취급 부주의로 인한 과다 피폭에 의한 방사선 피부염

결정적 효과는 피폭 선량이 높으면 손상의 강도도 높아지지만, 아주 낮은 선량에서는 문턱이 있어 어느 정도의 피폭 선량까지는 아무런 효과가 나타나지 않는다. 아이들이 촛불을 가지고 놀 때 손가락을 촛불 불꽃 위로 지나가는 장난을 한다. 처음 손가락을 슬쩍 지나가게 하면 아무런 일이 일어나지 않는다. 조금 더 천천히 지나가게 하면 털도 타고 피부가 약간 빨개진다. 좀 더 천천히 지나가면 화상이 일어나 껍질도 벗겨진다. 촛불 속에 한참 두면 살도 타고 뼈도 탄다.

촛불에 스치면 손이 데지 않는 것처럼 방사선이 살짝 지나가서 아무런 효과가 나타나지 않은 것을 문턱 효과라 하고, 이상이 발현되기 시작하는 방사선 선량을 문턱 선량(threshold dose)이라 한다. 촛불에 좀 더 긴 시간을 둘수록 피부의 화상은 더욱 뚜렷해진다. 문턱 선량 이상의 방사선 선량에 피폭되면 선량에 비례하여 체세포 또는 신체 손상의 강도가 증가하며, 그 결과 선량반응곡선이 이중 기울기 곡선 모양으로 S자 커브를 그린다.

확률적 효과(確率的 效果 stochastic effect)는 신체 이상이 확률에 기반하여 발생 가능한 효과를 말한다. 신체의 위해는 방사선 선량의 증가에 따라 효과 발생 확률이 증가하는 상관관계를 가진다. 방사선에 의한 발암(carcinogenesis)과 유전적 효과(genetic effect)가 여기에 속한다. 신체적 위해는 매우 적은 저선량이라도 낮은 확률이지만 발생할 확률이 있으나 문턱 선량은 없다. 선량반응곡선(dose response curve)을 보면 저선량에서 고선량으로 비례적 상승의 커브를 그린다. 커브는 문턱이 없고, 직선형(LNT, Linear No Threshold) 또는 일이차(LQ) 혼합방정식(LQNT, Linear Quadratic No Threshold)형 반응이 된다.

확률적 효과에서는 고선량으로 갈수록 나타나는 위해는 있느냐 없느냐 뿐이지 방사선 효과의 종류와 강도는 같다. 선량의 증가에 따라 효과가 발생할 확률이 높아지는 것이지 강도가 달라지지는 않는다. 암이면 암이 발생할 확률이 높아지는 것이지 지독한 암이 발생하고 경미한 암이 발생하고는 아니다.

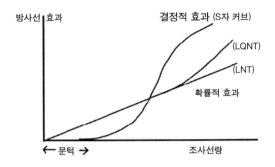

(2) 급성 방사선 증후군(acute radiation syndrome)

인체가 방사선을 전신에 대량 피폭으로 받으면 급성 증상들이 나타난다. 대부분은 체르노빌 사고처럼 큰 사고에 의한 것이다. 방사선 피폭량에 따라 각각 다른 증상들이 나타난다. 급성치사효과(early lethal effect)라고도 한다. 대량 피폭이라도 장기의 종류에 따라 방사선 손상에 대한 내성(견뎌내는 최대 선량)이 다르다.

또한, 장기 전체에 피폭되었느냐 또는 부분 피폭이냐에 따라 내성 선량이 다르다. 한 장기에서나 인체 몸에서나 부분만 피폭될 때가 전체(전신)가 피폭될 때보다 더 많은 선량에도 견뎌낼 수 있다. 암 치료를 할 때 50Gy 이상의 대량의 방사선을 조사함에도 부분 조사이기 때문에 환자가 다치지 않고 치료받을 수 있는 것이다.

콩팥 방사선 손상의 부분과 전체 조사의 차이

 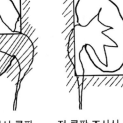

1/3 부분 조사시 콩팥	전 콩팥 조사시 손상에
손상에 50 Gy 필요	23 Gy 필요

방사선 피폭이 한 번에 이루어졌느냐 여러 번에 나누어 일어났느냐도 다르다. 표에 의하면 오른쪽의 분할조사(Fractionated dose)를 할 때는 총피폭량(조사선량)이 월등히 많음에도 훨씬 더 잘 견디는 것을 보여준다. 암 치료를 할 때는 50Gy라도 하루 1.8 또는 2.0Gy씩 분할조사를 하므로 정상 장기 방사선 손상이 거의 일어나지 않는다.

단일조사와 분할조사에서 장기 손상 선량 비교		
	단일조사	분할조사
폐	7-10Gy	23-26Gy
위장관	5-10Gy	50-55Gy
뇌	15-25Gy	55-70Gy
척수신경	15-20Gy	50-60Gy
피부	15-20Gy	30-40Gy
구강점막	5-20Gy	65-77Gy

(Scherer 등 radiation exposure and occupational risk에서)

방사선 피폭으로 발생하는 방사선 병 즉, 급성 방사선 증후군의 임상 증상은, 대량의 피폭으로 사망에 이르는 것부터 인체 장기별 방사선 민감도의 차이에 따라 그 장기에 해당하는 증상으로 나타나는 것까지 다양하다. 이 모든 것은 대량의 방사선이 단번에 전신에 피폭되었을 때 일어나는 것이다.

전구 증상(Prodromal symptom); 모든 질병은 본래의 증상이 나타나기 전에 어떠한 형태이든 이상 증상을 볼 수 있는데 이를 전구 증상이라 한다. 대량의 방사선에 피폭이 되면 올 수 있는 전구 증상은 오심(메스꺼움)과 구토 또는 나른함이다. 피부에 발적이 나타날 수도 있다.

중추신경계 증후군(Cerebrovascular syndrome); 100~150Gy 즉 10만에서 15만mSv에 해당하는 방사선 피폭을 받으면 중추신경, 즉 뇌가 손상되어 수 시간에서 1일 후에 사망한다. 즉사하는 것이다. 중추신경의 혈관이 손상되어 뇌세포가 죽기 때문에 생긴다.

위장관 증후군(Gastrointestinal syndrome); 10~20Gy 즉 1-2만mSv에 해당하는 방사선 피폭을 받으면 위장관 계통의 손상으로 설사, 장출혈, 장파열 등이 일어나 3-10일에 사망한다.

조혈장기 증후군(Hematopoietic syndrome); 3~10Gy 즉 3천에서 1만mSv에 해당하는 방사선 피폭을 받으면 골수 파괴에 의한 면역 기능의 소실로 패혈증 등 감염으로 2주에서 2개월 이내에 사망한다. 이경우는 골수이식이라는 수술을 받으면 회생될 수도 있다.

대량 방사선 피폭에 의한 사망은 치사량으로도 표현된다. 모든 독극물에 치사량이 있듯이 방사선 피폭에도 치사량이 있다. 과거의 방사선 사고의 경험을 가지고 산출한 방사선 피폭에 의한 치사량은 5Gy이며, 이것은 5,000mSv에 해당하는 방사선 전신 피폭을 받을 때 50%의 사람이 30일 이내에 사망한다는 것이다. 이것이 방사선 치사량이다.[48]

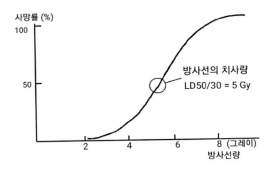

(3) 만성효과

A. 눈의 백내장

방사선 피폭 후 만성효과(late effect)로 눈에 발생하는 질병은 백내장(cataract)이다. 손상 메커니즘은 결정적 효과(deterministic effect)이다. 방사선 피폭으로 발생하는 질병의 대표적인 예 중의 하나이다. 발생 가능 피폭선량은 2.2-6.5Gy 즉 2,200-6,500mSv에 해당하는 비교적 적은 양이지만, 피폭 후 질병이 발생하기까지 걸리는 시간인 잠복기(latent period)가 6개월에서 30년으로 알려져 있어, 피폭으로 발생한 백내장인지 자연적 노화 현상으로 초래된 백내장인지 판단하기가 아주 모호하다. 방사선 암 치료에서는 고선량을 취급하므로 눈 특히 수정체에 방사선이 간접적으로라도 들어가지 않도록 엄중한 조치를 한다.

B. 방사선 발암(radiation carcinogenesis)

방사선으로 인체에 암이 발생한다는 사실은 생물학적 연구뿐 아니라 과거의 수많은 실사례 경험을 바탕으로 한 역학 조사에 의해서도 판정을 받은 사실이다. 손상 메커니즘은 확률적 효과(stochastic effect)이다. 전리방사선이 DNA에 손상을 일으켜 세포의 유전자 정보에 이상을 초래하는 것이 원인이다.

DNA 손상은 유전자 이상을 초래한다. 정상 유전자가 암 유전자로 변하거나, 암 억제 유전자가 손상되어 암 발생을 막지 못하거나 하여, 방사선으로 손상을 받은 세포가 암세포로 발전할 수 있는 것이다. 방사선 손상은 랜덤하게 발생하기 때문에 암세포로 변하는 메커니즘은 확률적 효과가 된다.

과거의 방사선에 의한 암 발생 사례를 보자. 방사선을 가장 가까이서 많이 취급한 사람은 의료 방사선 종사자이다. 엑스레이 촬영을 할 때 환자를 투과한 1차 방사선이 벽에 부딪힌 후 산란 되어 에너지가 줄어든 2차 방사선이 된 후, 촬영하는 방사선사에게 투사된다. 2차 산란선은 매우 힘이 약하지만, 종사자인 방사선사는 계속 그 작업을 되풀이하여 수행하므로 피폭량이 축적되어 방사선 위해가 발생할 수 있다.

사진은 대영박물관에 전시되어 있는 밀랍 인형으로 만든 엑스선 촬영 장면이다. 환자 앞에 있는 큰 사각 판은 형광판으로 거기에 사진 건반을 놓는다. 환자 뒤에 멀리 있는 기둥의 작고 둥근 나팔 같은 구멍에서 엑스레이가 나오면 사진 건반에 상이 맺힌다. 우측의 방

대영박물관에 전시된 엑스선 촬영 장면

사선사는 벽에서 반사된 산란 이차선에 피폭될 수 있으므로 거리도 떨어져 작업하고 있고 납으로 된 앞치마를 입고 있어서 산란선을 막아주므로 피폭 위험이 적다.

그런데 사진 건판을 치우고 그 앞에 의사가 마주 앉아 형광판을 들여다보면 실시간으로 인체 내부 구조를 들여다볼 수 있다. 엑스선이 쉬지 않고 나오게 하면 심장이 뛰는 모양, 식도를 통해 위로 음식이 내려가는 모양 등을 관찰할 수 있다. 이를 투시 촬영(fluoroscopy)이라 한다. 과거에 아무런 방사선 안전 보호장구를 사용하지 않고 투시 촬영을 한 의사들에게서 암이 많이 발생하였다.

저자가 방문했던 독일 마르부르크 대학병원 전시실에서 1940년대 사진을 발견하였는데 투시 관찰하는 의사가 아무런 보호장구를 착용하지 않았거나, 가슴에 차폐 앞치마를 착용한 장면에선 옆의 방사선사가 산란선에 대한 차폐를 하지 않고 있음이 보인다.

그 외에도 여러 사건이 있었지만 제2차 세계대전 말 히로시마와 나가사키에 투하된 원자폭탄에 의한 방사선 피해를 대량 경험하게 되었다. 그 후로 방사선생물학이 확립되고 인체장해에 관한 역학적 및 생물학적 연구가 발전하였다.

유엔 산하 방사선 발암 관련 국제기구가 설립되고 일본 히로시마 시에 방사선영향연구소(放射線影響研究所 Radiation Effect Research Foundation, RERF)가 발족 되었으며, 그와 관련하여 여러 학자들이 방사선과 암 발생과의 관련성에 관한 연구 결과를 바탕으로 보고서를 내었다. 그 후 보고서는 수시로 발간되었고 70년 이상 시간이 흐르면서 원폭 피폭자들의 장기적 현황을 확인하고 수정 보완해 왔다.

대표적인 국제기구로는 유엔 방사선 효과 관련 과학위원회(UN Scientific Committee on the Effect of Atomic Radiation, UNSCEAR)와 전리 방사선의 생물학적 효과 위원회(Biological Effect of Ionizing Radiation, BEIR) 등이 있다. 원자폭탄 피폭 후 살아남은 사람 12만 명의 명단을 확보하고 70년째 추적 관찰하여 암 발생률의 역학 조사를 하고 있다. 피폭 당시 폭심(爆心)에서 얼마나 떨어져 있었나를 가지고 피폭량을 환산하여 피폭선량을 결정한다.

이 보고서에 의하면 방사선 피폭에 의한 발암 위험률은 100/106/rem=0.01%. 즉 인구 100만 명이 1렘(10밀리시버트)의 피폭을 받았을 때 그들 중 한평생 암이 발생할 확률은 100명, 즉 0.01%이다. 그런데 일반인이 평생 자연적으로 암이 발생할 확률은 우리나라의 경우 36.9%, 남자는 5명 중 2명, 여자는 3명 중 1명에서 암이 발생한다. (2017년, 국립암연구소)

따라서 암 발생률이 방사선 10밀리시버트 피폭으로 36.9%에서

36.91%로 되는 것이다. 10밀리시버트의 방사선은 매우 많은 양이다. 일반인이 피폭 받을 확률은 그 양의 1%도 안 된다. 복부 CT 같은 큰 검사를 받는 일 외에, 일상생활에서 피폭 받을 일이 없다. 다시 말해서 방사선 피폭으로 암이 발생할 확률은 아주 낮다.

만일 암이 발생한다면 그 암은 백혈병, 골육종, 연골육종 등 자연적으로 발생하는 일반 암과 같다. 방사선 피폭으로 인한 암이 발생하는 데에는 잠복기가 필요한데 수년에서 수십 년이 걸린다. 암이 발생했을 때 수십 년 전에 방사선 피폭을 받은 것이 원인인지 아닌지 연결하기도 쉽지 않다.

방사선치료를 하고 수년 후에 치료한 장소 부근에서 암이 발생할 때 방사선에 의한 발암을 의심할 수 있다. 소년기에 중추신경암이 발생하여 뇌 전체와 경추를 거쳐 요추까지, 전뇌척수 방사선치료를 받은 사람에게서 백혈병이 발생하거나, 유방암 치료 후 다시 유방암이 발생하는 경우, 자궁암 치료 후 골반 벽에 골육종 또는 연골육종이 발생하는 경우 등이 있다.

과거 서양에서의 예를 보면 방사성동위원소인 우라늄을 채굴하는 광산의 광부들에게서 라돈에 의한 폐암이 많이 발생하였다. 또 야광 시계를 만드는 공장의 야광 페인트공에게서 골육종이 많이 발생하였다. 야광 도료에는 방사성동위원소인 삼중수소(트리튬)가 들어있는데, 야광 시계의 눈금이나 시곗바늘의 작은 점을 찍기 위해 이 페인트가 묻은 붓을 입으로 빨아 뾰족하게 해서 칠하였기 때문에, 결과적으로 동위원소를 많이 섭취하게 된 것이다.

그림은 야광 도료 페인트공에게서 암이 발생한 결과를 역학 조사한 것이다. X축은 작업한 근무 연한, 즉 야광 도료 흡입량이며, Y축은 암 발생 빈도이다. 1950년까지 조사한 결과이며 발생한 암은 골육종이었다. 노출(방사능 섭취)이 많을수록 발병 빈도가 높다.

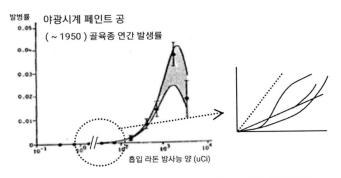

(EJ Hall, Radiobiology for the Radiologist, 8th ed. 2019. P144에서)

방사선 피폭에서 관찰된 데이터로 암 발생 빈도의 패턴을 직선(또는 곡선)으로 연결하면 확률적 효과의 선량반응 패턴을 얻을 수 있다. 대표적인 피폭 선량 대비 암 발생 빈도의 반응 곡선(또는 직선)은 확률을 표시하므로 선량의 증가에 비례적 증가를 보일 것이다. 이 반응곡(직)선은 문턱없는 직선(Linear Non-Threshold, LNT) 또는 문턱없는 LQ혼합방정식(Linear Quadratic Non-Threshold, LQNT)이 된다. 그런데 피폭 선량이 매우 적은 부위에서는 발견되는 암 발생 예가 거의 없으므로 실제 반응 패턴 또는 암 발생 빈도가 측정치로는 얼마인지 알 수가 없다.

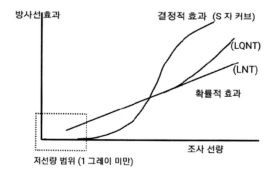

이 반응곡선은 고선량에서의 패턴은 나오지만, 저선량 범위로 내려가면 어떤 패턴의 곡선이 그려지는지 알 수 없다. 만들어진 기울기의 선을 저선량 쪽으로 직선(linear)으로 연결하여 표현하면 쉽지만, 만일 저 LET 방사선의 일이차 혼합 방정식 선량반응 곡선(Linear-Quadratic, LQ)을 대입한다면 저선량에서는 발생률이 더 적을 수 있다. 만일 고 LET 방사선이라면 이중 기울기 곡선이 아니고 직선이 되어야 한다. 즉 아주 적은 선량의 피폭에서 선량반응 패턴은 아직 정확한 결론이 나 있지 않다. 저선량 방사선(low dose radiation)이라는 단어 자체는 용어화되어 있고 보통 1그레이(1,000밀리시버트)[9]* 미만의 피폭 선량일 때를 말한다.

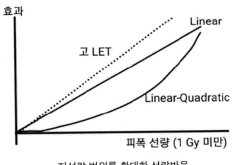

저선량 범위를 확대한 선량반응

따라서 저선량 피폭 시 방사선 발암에 관한 확률을 설정하는 데에 어려움이 있다. 그래서 저선량 방사선이 인체에 미치는 영향은 많은 논의를 거쳐야 하고 지금도 많은 학자들이 연구를 거듭하고 있다. 실생활에서 보통 사람들이 사고(事故 accident)에 의하든 아니든 방사선에 피폭되는 것은 이 저선량 수준이기 때문이다.

C. 기형의 발생(teratogenesis)

방사선 피폭의 유전적 영향도 확률적 효과(stochastic effect)이다. 방사선에 의한 세포 손상이 DNA 손상에 의한 것이므로 생식세포의 DNA 손상은 염색체 손상이 되고 이는 다음 세포분열을 할 때 돌연변이를 일으킬 수 있다. 방사선 피폭에 의한 돌연변이 기형의 종류는 자연 발생적인 기형증과 동일할 것으로 추측한다.

앞에서 말한 국제학술위원회에서의 조사 보고 결과 방사선에 의한 유전적 기형 발생률은 10밀리시버트의 피폭자 100만 명당 50명(0.005%)에서 발생이 가능하다.(BEIR 보고서) 일반인의 기형아 출산율이 10.59%라는 보고가 있으므로 방사선 10mSv의 피폭으로 기형 발생률이 10.595%로 증가된다는 것이다.

그러나 방사선에 의한 기형의 발생이 의학적으로 증명된 예는 없다. 이론적인 추측일 뿐이다. 신문에서 가끔 방사선 피폭의 의심이 되는 지역에서 무뇌아를 출산했다고 보도를 하는 경우가 있는데, 대학병원 산부인과에서도 방사선과 관계가 없는 자연 발생적인 무뇌아를 적지 않게 볼 수 있다. 따라서 방사선 피폭으로 기형아가 발생할 확률은 아주 낮다.

임신 중 방사선 피폭은 중요하다. 피폭량이 많을 때 일어날 수 있는 이상은 사산, 기형, 신생아의 발육 장애, 기타 장기의 기능 및 구조의 변화 등이다. 보통 착상 전(수정 후 10일 이내) 피폭은 배아(胚芽 embryo)가 손상을 받아 소멸되어 버리는 것, 즉 임신 유지가 안 된다. 장기(臟器) 발육기(1주- 6주, 첫 3개월, 1st trimester)에는 각 장기가 나름대로 발육해 가는 시기이므로 발육 이상으로 인한 기형이 발생 될 수 있다. 태아기(7주-10개월, 2nd & 3rd trimester)에 피폭되면 신체의 성장 장애가 나타날 수 있다. 그래서 임산부가 병원에서 질병의 진단을 위해 엑스레이 촬영을 할 때는 배에 납으로 된 앞치마로 가리고 촬영을 한다. 임산부는 자신이 임산부임을 반드시 밝혀야 한다.

7. 방사선 호메시스와 황토방의 비밀

어릴 때 읽는 동화책에 임금을 독살하는 장면이 있다. 임금을 독살하는 사람은 왕위를 이을 왕자에게는 삼촌인 임금의 동생이었다.

음식에 독을 탔고 임금이 분명히 먹었는데 죽지 않았다. 웬일인가. 임금은 이런 일을 예측하고 평소에 독을 아주 조금씩 먹고 있었다. 그래서 내성이 생겨 삼촌이 독을 먹였는데도 안 죽었다.

이 이야기는 동화뿐 아니라 실제 가능한 일이다. 적은 양의 독을 장기간 규칙적으로 접하면 내성이 생겨서 그다음에 대량으로 노출되어도 손상을 받지 않고 이겨낸다는 이론이다. 이 이론은 방사선에서도 적용된다. 즉 미량의 방사선에 미리 노출된 후 고선량의 피폭을 받았을 때는 방사선장해에 대한 저항력이 생긴다. 이것이 방사선 호메시스(radiation hormesis)이다.

이 이론을 뒷받침하는 실험이 있다. 우리는 연간 2.4mSv의 자연방사선을 피할 수 없이 피폭 받고 있다. 그러면 이 방사선을 완전히 차단하면 어떻게 될까. 프랑스에서 짚신벌레로 실험을 하였다. 짚신벌레를 몽블랑 산 3,700m 고지의 샤모니 마을에서 살게 하고, 평지의 지상에서 살게 하고, 지하 수백 미터, 즉 자연방사선이 완전히 차단된 환경에서 살게 하는 등 세 장소에서 키웠다. 결과는 방사선이 없는 곳에서 자란 놈은 비실비실하고 3,700m 고지에서 산 놈은 원기 왕성하게 살고 있었다. 고지로 올라 갈수록 우주방사선을 더 받는다. 다시 말하면 방사선은 건강을 유지하는 데에 없으면 안 되고 오히려 미량의 선량은 건강에 더 좋은 역할을 한다는 뜻이다.

나라마다 자연방사선에 가장 중요한 역할을 하는 라돈을 측정하여 전국 라돈 지도(radon map)[49]를 만든다. 고방사능 지역에서는 특히 암 발생률이나 인체에 대한 유해성을 확인하기 위해서 제작한다.

---

[49] 여기에 사용된 한국의 라돈 지도는 개인 연구자의 논문에서 인용한 것임.

나라마다 차이는 있지만, 고방사능[50] 지역은 저방사능 지역보다 10배에서 20배의 자연방사선이 측정된다. 그러나 고방사능 지역 주민의 건강은 나빠지지 않고 오히려 더 장수한다고 한다.

　호메시스의 출발은 방사선 저항성이다. 저선량 방사선(low dose)으로 미리 처리한 세포에 큰 선량의 방사선 조사를 하면, 큰 선량으로만 방사선 조사를 한 경우에 비해 방사선 손상을 덜 받는다. 저선량 방사선이 세포의 방사선 저항성을 자극하여 손상이 일어나지 않게 한다는 의미이다. 손상을 받은 후 손상으로부터 회복하는 현상(DNA repair)이 아니고 아예 처음부터 방사선 손상을 잘 안 받는다.
　한 통계 조사의 예를 보면 방사선 피폭에 의한 백혈병 발생 빈도의 선량 반응곡선에서 저선량 레벨에서는 백혈병 발생 건수가 일반 대중에서의 발병 건수보다 적었다. 즉 아주 적은 선량의 방사선 피폭을 한 사람에게서 백혈병 발생률이 피폭이 없는 일반인 백혈병 발생률보다 적었다는 말이다. 이것을 풀이하면 저선량 방사선 피폭은 백혈병으로부터 인체를 보호한다는 뜻이 된다. 이와 비슷한 현상들을 정리하여 다시 그래프를 그려보면 다음과 같다. 방사선 피폭의 이익이 표현된다.

50　자료에 의하면 브라질 동부 해안 지방 주민의 한 해 자연방사선 피폭량이 5mSv, 프랑스 보르도 지방은 최대 3.5mSv였다고 한다.(E. J. Hall, 등. Radiobiology for the Radiologist 8th Ed.)

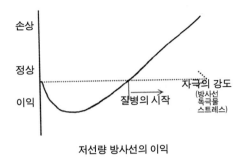

저선량 방사선의 이익

　방사선, 독극물, 스트레스 같은 자극이 어느 정도 이상 심해지면 그 손상으로 질병이 발생하는데 그 분기점보다 적은 양의 자극은 오히려 이익을 준다. 임금님의 독살 이야기와 같은 원리다. 그렇기 때문에 저선량의 방사선은 호메시스 이론에 의하면 우리 건강에 오히려 도움이 된다.

　앞에서의 저선량 방사선이 인체에 미치는 영향(손상)에 대한 선량반응곡선(dose response curve)에 저선량의 이익을 추가하여 그려보면 다음과 같은 그림이 된다. 와이축 아래로 내려간 곡선(점선)이 방사선 호메시스이다. 저선량 방사선의 효과는 선량의 증가에 따라 손상이 발생하는 것이 아니고 인체의 건강을 증진시킬 수 있다는 이론이다. 그러나 방사선 피폭이 제로가 되면 인체의 건강에 나쁜 상태가 될 것인지는 알 수 없다.

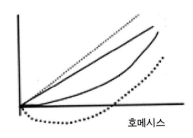

호메시스

시골에 황토로 온돌방을 만든 옛날 한옥에 가서 나무 장작으로 군불을 때고 따뜻한 바닥에 드러누워 있으면 온몸이 나른하고 피로가 확 풀리면서 기분이 좋다. 현대식 아파트 바닥 온도를 높이고 드러누워서는 그런 기분을 얻기 힘들다. 한옥이 아니라도 별장을 가진 사람, 혹은 시골 사는 사람은 황토방을 따로 만드는 경우가 많다. 사우나 혹은 찜질방을 가면 황토 찜질방에 들어가서 몸을 굽기를 좋아한다. 그 이유가 황토 때문일까?

우리나라 라돈 연구 전문가인 김 모 박사를 만났을 때 물어보았다. "우리나라는 어느 지역에서 라돈이 많이 측정됩니까?" 의외의 대답 "시골에 오막살이 집 단칸방에서 높게 측정이 됩니다." "?" "창호지 한 장으로 된 문 때문에 추워서 꼭꼭 걸어 잠그고 환기가 안 되

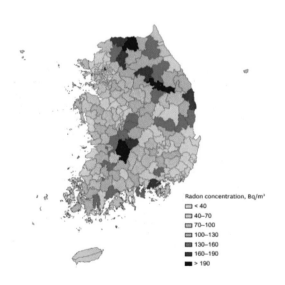

우리나라 라돈 지도; 한국의과학지(JKMS 2018년 7월호)에 실린 김종훈 등의 논문에 삽입된 자료. 각 지역에서 측정된 라돈의 양 (베크렐)을 색깔 분류로 작성함.

어 그런가 봅니다" '아하' 이때 나는 시골집 방을 만드는 데에 쓰인 황토 때문이 아닌가 하는 생각이 불현듯 들었다.

그런데 문헌에서 우연히 그 답을 찾았다. 표는 건축물 재료에 따른 라돈 측정치를 Bq/kg(킬로그램 당 베크렐)로 표시한 평균인데 7번 콘크리트 22Bq/kg, 10번 시멘트 52Bq/kg, 12번 벽돌 67Bq/kg, 그런데 19번 황토(red-mud brick)가 무려 280Bq/kg으로 기록되어 있다. 황토에 라돈이 많이 포함되어있는 것이다.

지금은 볼 수 없지만, 과거 우리나라에 공중목욕탕 중에 라돈탕이라는 것이 유행한 적이 있었다. 목욕탕의 목욕물에 라돈을 일부러 풀어 넣어 방사선 피폭을 유도하는 것이다. 일본에 많이 있는 것을 따라 한 것이다. 라돈에서 나오는 알파입자 방사선을 이용하여 미량의 방사선 피폭을 받고, 그 물을 마시면 몸속으로 방사능이 흡입되도록 한 것이다. 이 모든 예는 저선량 레벨의 방사능은 우리 몸에 좋은 영향을 준다는 생각 즉 호메시스를 염두에 둔 것이다.

건축 재료에서 측정되는 자연 방사능

건축 재료		평균 방사능량(베크렐/Kg)		
		K-40	Ra-226	Th-232
1.	Sand, gravel	260	15	15
2.	Sandstone	190	19	19
3.	Other natural stone	480	26	30
4.	Limestone	220	19	19

5.	Other industrial stone	370	33	30
6.	Natural gypsum	70	<19	<19
7.	Concrete	220	22	26
8.	Various additives	220	22	15
9.	Basalt	1400	41	52
10.	Cement	150	52	52
11.	Granite, shale	1480	56	81
12.	Bricks	630	67	63
13.	Pumice stone	890	81	85
14.	Slag-stone	330	81	104
15.	Phosphorite	70	520	<19
16.	Lithoid tuff(Italy)	1480	130	120
17.	Blast furnace slag	520	120	130
18.	Fly ash	700	210	130
19.	red-mudbricks	330	280	230
20.	Concrete contuining alum shale (Sweden)	850	1500	70

라돈

8. 환경 방사능과 안전대책

후쿠시마 원전 사고 이후 일본산 농수산물 수입을 금지하고 있다. 그 농수산물 속에 방사능이 얼마나 들어있을까? 아주 적은 양이 있 다면 저선량 방사선 피폭이 되는데 호메시스 이론에 의하면 몸에 이 로울 수도 있지 않은가. 후쿠시마 오염수 문제는 오염수 속의 방사성동위원소인 삼중수소 때문이다. 삼중수소는 평균 6킬로 볼트(6KeV)의 에너지를 가진 베타선을 방출하는 동위원소이다. 몸속을 투과해 들어가기 힘든 전자선이다. 모든 환경 방사선 피폭에 의한 인체장해는 엑스선이나 감마선 같은 광자선으로 몸을 통과해 지나가야 발생할 수 있다.

우리나라에서 한때 침구에서 라돈이 검출되었다고 언론을 통하여 많은 논란이 된 적이 있다. 그 외에도 과거를 거슬러 올라가 보면 도로에 깐 콘크리트에서 방사능이 방출됐다든지, 의료기관에서 절도로 빼 온 동위원소를 범죄에 사용했다든지, 방사선 시설을 실수로 잘못 사용하거나 사고에 의해 방사선 피폭이 심하게 되었다든지 여러 가지 방사선 사고의 경험들이 있다. 그러나 이런 모든 사실은 그 행위로 의해 사람이 얼마나 방사선 피폭을 받았느냐 또는 받게 될 것인가를 정확하게 산출해서 인체에 결정적인 장해를 초래할 정도였는가를 밝히고 그 결과에 따라 조치를 하면 되는 것이다.

방사선이 환경을 오염시키거나 인체가 사고에 의해 방사선 피폭이 되었을 때 반드시 확인하여야 할 것이 있다. 그것은 방사성동위원소의 종류, 방출하는 방사선 에너지, 동위원소의 반감기, 인체에 접촉하여 노출되는 시간, 그리고 폭을 일으킨 방사성동위원소의 양이다. 이 데이터를 가지고 인체에 얼마나 장해를 일으키는가를 정확하게 계산할 수 있다. 그 결과를 분석하여 위험한 상태인가 안심해도 되는 상태인가 판단하면 되고 그 과학적 결과는 믿고 인정해야 한다.

건강한 사람이 사고로 대량의 방사선에 피폭되면 인체에 심각한 피해를 주는 것은 사실이다. 체르노빌 사고 때에는 방사선 피폭으로 사망한 사람이 33명이었다. 수십 년 전에는 원자력발전소 외에도 방사능 이용 증가에 따른 사고의 위험성을 이유로 환경단체 또는 그린 피스 등이 원자력의 이용을 강하게 비판하고 반대하였다. 나라에 따라서는 원자력발전소를 줄이거나 폐쇄하는 조치를 했던 경우도 있었다. 원전이 근래의 시점에서 가장 큰 방사능 시설이므로 많은 논란이 되어왔고 그리하여 안전에 대한 기술적 개선이 이루어져서, 그 결과 원전 사고는 일어날 확률이 희박해졌다. 게다가 화력, 풍력, 태양에너지 발전 등이 환경에 나쁜 영향을 주는 것이 밝혀져 거꾸로 원전을 환경친화적인 에너지로 규정하고 지금은 오히려 원자력에 의한 전기 생산 쪽으로 선회하고 있다.

또 하나 지적하고 싶은 것은 식품에서 방사선 멸균과 식품 오염을 구분해야 한다는 것이다. 방사선을 이용한 식품 또는 의료 기구의 멸균법은 대량의 방사선을 사용하지만 발생 장치에서 방출되는 방사선은 엑스선이나 감마선이다. 이 방사선은 대상 물질을 투과해 나가면서 박테리아 등 병균을 죽여 멸균 소독을 하는 방법이다. 따라서 방사선 멸균조사를 하고 난 후에 남거나 오염되는 방사선은 없다. 면역력이 심하게 떨어진 환자의 급식을 위한 식품의 멸균에도 방사선을 사용한다. 그 외에도 주사기나 기타 의료 기구를 멸균 소독한다.

식품 오염은 다르다. 오염이라는 것은 개봉선원 방사성동위원소를 사용할 때 원하지 않게 대상 물질의 표면이나 내용물 속에 혼합이 되어 그 속에서 방사선을 지속적으로 방출하는 것을 말한다. 식품이 방사능 오염이 되어 있으면 그 방사선이 다할 때까지 방출되므로 사람이 섭취하는 것은 위험할 수 있다. 같은 감마선이라도 방출되는 방사선이 오염되어 남아있느냐 멸균조사처럼 그 순간이 지나면 남는 방사능은 없게 되느냐는 다르다.

중요한 점은 노출되거나 피폭된 방사능의 양을 정확히 알고 그에 따른 장해의 발생 가능성을 예측해야 한다는 것이다. 그리고 환경 방사능은 일반 환경 오염에 비하면 아주 잘 관리되고 있고 그 영향과 대책이 깨끗하게 정리되어 있어서 두려움을 가질 필요 없다.

9. 비전리방사선에 대한 이해

전자파에서 가시광선보다 에너지가 높은 것은 방사선으로, 낮은 것은 좁은 의미의 전자파로 일상적으로 불리고 있다. 가시광선의 파장대 즉 에너지 레벨은 생물학적 효과 또는 인체에 미치는 영향이 거의 없다고 비전리방사선이라고도 분류한다. 자외선이 아닌, 가시광선이나 적외선에 아무리 많이 노출하여도 세포손상은 발생하지 않는다.

만일 전리작용이 없는 전자파에 의한 세포손상이 발생한다면 인간의 일상생활에 깊이 들어와 있는 전자파로 인해 건강과 생명에 위협이 될 것이다.

비전리방사선을 연구하는 학자들이 휴대전화의 전자파로 귀 뒤쪽 머릿속에 종양이 발생한다고 하든지, 동물실험에서 전자파로 생물학적 이상을 발현시켰다고 한다든지, 등 비현실적인 발표를 하는 경우가 있다. 그러나 이 연구들은 대부분 일상적으로 접하는 양보다 훨씬 많은 양의 전자파를 사용한 실험으로서, 이는 마치 중국 양자강의 삼협댐이 무너지면 그 하류의 주민 수십만 명의 인명피해를 입을 것이라 걱정하는 것과 같다.

3,300(3.3KV)볼트 이상 고압 전기를 수송하는 송전탑을 처음에는 주민이 살고 있는 지역의 외곽 산 중턱에 설치했는데 도시가 확장되면서 주거지역이 산 쪽으로 영역을 넓히다 보니 송전탑이 주거지역 속에 서 있는 결과가 된다. 또는 신규 송전탑의 설치가 위치 선정을 하다보니 고압선이 주거지역 가까이 지나게 된다고 송전탑 설치 반대 민관갈등이 폭발한다. 군사지역에는 군사 목적으로 운영되는 전자파가 엄청나게 많다. 적을 감시하기 위한 레이더 설치는 높은 효율의 전자파가 발생하기 때문에 사용 반대 시위를 한다. 이런 모든 주장과 갈등들은 정확한 과학적 근거가 없다.

고전압 전기 송전선에서 전자파가 발생한다. 지하철, 전철, 고속철도 등 우리나라 철도교통은 모두 고전압 전기로 운용되고 있다. 실제 지하철 승강장 플랫폼에서 전자파를 측정하면 서울 지하철 1호선 승강장을 예로 들었을 때 약 20밀리가우스가 측정된다고 한다. 전철의 가용 전압은 교류의 경우 2만 5천 볼트가 흐른다. 전기 철도에서의 전자파의 세기가 고압 송전선 아래에서보다 더 세다. 우리나라 전자파 인체 허용치는 833밀리가우스로 되어있다고 한다.

거의 모든 가정에서 사용하고 있는 마이크로웨이브 오븐 또는 레인지, 라디오, TV, 전기장판, 전기히터 등에서도 전자파가 나온다. 전자파가 인체에 해롭지 않으므로 모든 장비들을 모든 이들이 사용하고 있다. 전자파로 인해 머리가 아프니 몸에 이상이 있느니 하는 주장들은 모두 신경이 예민해서 과도한 걱정을 하기 때문이다.

10. 방사선 방어의 원칙

방사선은 인체에 나쁜 영향을 줄 수 있다. 그래서 방사선 인체장해를 피하기 위한 방사선 방어(radiation protection)는 중요하다. 방사선 방어의 모든 이론적 근거를 제공하고 방사선 취급에서의 인체 장해 방어에 대한 여러 가지 권고를 제공하는 국제기구로 국제방사선방어위원회(International Committee on Radiation Protection, ICRP)가 있다. 이 기구에서 또는 기타 국제적 전문가가 권하는 것은 ALARA 원칙이다. 이는 'As Low As Reasonably Achievable'이라는 말의 약자로 가능한 한 합리적으로 허용될 수 있는 범위 내에서 최소량의 피폭을 위해 노력을 해야 한다는 말이다.

앞에서 예로 들은 환경 방사능은 그 양이 매우 적으므로 크게 문제가 안 되지만 작업종사자들은 그보다 수백 배의 방사선 피폭을 받으면서 일할 수 있다. 이때에는 정말 과학적인 방사선 방어의 원칙이 적용되어야 한다. 방사선 방어의 3대 원칙은 거리, 차폐, 시간이다. 방사선 작업 등 피할 수 없는 상황에 처했을 때, 첫째 가능한 한 멀리, 긴 집게를 사용하는 등 거리를 둔다. 둘째 방사성 물질 또는 장비와 작업자 사이에 최대한의 차폐 물질을 두고 가린다. 셋째 짧은 시간 내에 작업하고 재빨리 벗어나야 한다.

우리가 일반적으로 방사선과 접할 가능성이나 나아가서 대량노출이 될 가능성은 매우 드물다. 방사능은 법적으로 매우 엄밀히 관리가 되고 있기 때문이다. 우리나라는 원자력안전법으로 통제되고 있다. 다른 여러 가지 위험 요소들로 인해 인체에 위해가 될 수 있는 확률과 방사선에 노출되어 받을 수 있는 위해에는 확률적 차이가 크다. 따라서 방사선에 대한 공포심을 가질 필요는 없다.

끝으로 각종 인체에 일어날 수 있는 일의 위험도를 서로 비교한 표를 인용하였다. 각각의 행위의 안전성(또는 위험성)을 방사선 피폭의 위험성과 비교한 것이다.

위험 요인에 노출된 인구 백만 명당 1명이 사망할 수 있는 조건	
비행기 여행 650Km	자동차 운전 100Km
담배 한 개비 흡연	암벽 등산 1.5분
일반 공장에서 노동 1.5주	바다낚시 1시간
와인 반병	
방사선 : 허용치 이상 노출 시 반나절	

다음 행위를 백만 명이 할 때 한 명이 사망할 위험
흡연 하루 1.4개비 (폐암)
땅콩 버터 40스푼의 섭취 (비만에 의한 만성병)
서울에서의 2일간 숙박 (공기 오염)
60Km의 자동차 주행 (사고)
3,500Km의 비행기 여행 (사고)
6분 동안의 카누 래프팅 (사고)
방사선 0.1mSv 피폭

위험 요인에 노출된 인구 백만 명당 사망할 확률
흡연; 매일 한 갑씩 피울 때 폐암에 의한 사망 5,000명 고속도로 주행; 연간 1만 마일 주행 시 연간 56,000명 방사선에 의한 백혈병; 10mSv 피폭자 100명

병원에서 CT를 촬영하면 1회 검사에 7-8mSv의 피폭을 받는다(의료 방사선 피폭 챕터 참고). 일반인의 법정 연간 피폭 허용치보다는 높지만, 이 양으로 암에 걸릴 확률은 10mSv 피폭에 0.01%이므로 크게 걱정하지 않아도 된다. 앞에서도 설명했지만, 영상 촬영은 가슴, 상복부, 두경부, 골반 등 몸의 일부분을 한정하여 촬영하므로 방사선 피폭은 부분 피폭이며 이 경우 전신 피폭에 비해 인체 영향은 몇 배나 줄어든다.

방사선에 의한 건강 손상은 암 발생 이외에는 거의 없다. CT와 같은 의료방사선은 사고가 나더라도 대량 피폭이 될 수 없기 때문이다. 최근 저선량 CT 촬영 장비가 개발되어 피폭량을 반 이상 줄였다.

11. 원전과 탈원전

방사선 안전에 관한 논의는 제2차 세계대전 종식과 관계된 원자탄의 사용에서 시작되었다. 그 후 방사선의 의학적, 산업적 이용이 문명의 발달과 더불어 과학적 산물로 확대됨에 따라 그 부산물인 장해 및 안전에 대한 인식과 방법이 중요한 과제가 되었다. 나아가 산업이 발전함에 따라 지구 온난화에 대비한 탄소 중립, 즉 대기 중 온실가스 발생을 최대한 낮춰 미래의 지구 환경을 보존하는 문제와 관련하여, 원전이 어떤 역할을 하고 있는지, 원전과 방사선 안전에 대한 어떤 인식이 필요한지, 에너지의 많은 부분을 원전에서 얻고 있는 우리가 이해할 수 있는 정확한 과학적 근거가 필요하다. 이와 관련하여 탈원전으로 방사선 위험에서 벗어나야 한다는 주장과 청정에너지로 원전 이용을 증대하여야 한다는 상반된 주장은 얼마 전까지만 해도 전 세계적으로 논쟁의 가운데에 있었다.

세계대전 이후에 군사 장비로서의 원자탄이 얼마나 강력한지 알게 된 강대국들이 핵무기 보유국이 되면서 핵실험을 되풀이하자, 핵확산이 환경에 미치는 영향에 대한 논란이 생겨났다. 그 후에는 당시의 핵무기 보유국 이외에 추가적으로는 보유할 수 없도록 국제적 합의가 되고 핵실험이 통제되면서 다음 논쟁은 원자력 발전이나 방사선 재해로 관심이 넘어가게 되었다. 미국의 쓰리마일 원전, 소비에트 연방(러시아가 아님)의 체르노빌(지금은 우크라이나의 도시) 원전 사고와 일본 후쿠시마 재난 등 큰 핵사고뿐 아니라, 나라마다 소규모의 방사능 사고가 인명 피해로 연결되는 일이 계속 일어나서 방사능은 위험하고 해로운 것으로 인식이 되기도 하였다.

산업의 발달로 에너지 소비가 확대되면서 환경 오염에 화석 에너지가 주된 원인임을 알게 되자 환경 보호에 대한 인식의 폭이 확대되었다. 처음에는 핵물질이나 원자력이 환경 오염에 나쁜 영향을 미치는 대상으로 분류되었다. 그래서 각 나라의 환경 보호 기구(機構)나 그린피스들은 원자력 이용 억제를 주장하며 방사능과 핵물질의 국가 간 이동에 대하여 이송 선박을 가로막고 해상시위를 하는 등 극렬한 반대 운동을 하였다. 우리나라도 원전 건설 부지 선정이나 방사성 폐기물 처분장 설립에 대해 극심한 소모적 찬반 논쟁이 있었다.

유럽에서는 프랑스가 이런 탈원전 인식과 상관없이 원전을 가장 많이 건설하여 국내 전력을 50% 가까이 담당하고 있지만, 독일은 10개가 넘는 수의 원전을 보유하고 있으면서 1990년대부터 탈원전을 결정하고 원자력 발전을 줄여가고 있었다. 대신 화석 연료나 원자력 에너지가 아닌 태양광, 풍력, 바이오, 수소 등 대체 에너지를 사용하는 기술로 에너지 공급을 바꾸어 왔다. 모자라는 전기는 이웃 나라 프랑스로부터 사서 쓴다.

그러나 21세기에 들어오면서 유럽을 중심으로 그동안 심혈을 기울여 개발해 온 대체 에너지도 환경에 미치는 영향이 부정적이고 기술적 어려움이 많으며 장점과 함께 단점도 많음을 알게 되었다. 또한 대체 에너지의 에너지 효율이 원자력보다 큰 차이로 떨어지는 것도 알게 되었다. 화석 연료는 이미 환경 오염의 주요 원인이 될 뿐 아니라 화력 발전 폐기물에서도 방사성 물질이 많이 발생함을 알게 되었다. 이러한 학습효과로 원자력이 안전성만 확보되면 가장 효율적이고 경제적인 에너지 공급원임을 인정하게 되어 최근 몇 년 사이에 원자력을 친환경 에너지로 분류하고 원전 이용에 대한 개념이 부활

되었다.

우리나라도 탈원전을 시도한 바 있지만, 보유 원전이 25기로 국내 에너지 소비의 30% 이상을 책임지고 있으며, 세계가 친환경 에너지로 규정함에 따라 우리도 원전을 사용하는 정책으로 바뀌게 되었다. 더구나 과거 세계가 원전 사용을 주저하고 기술 개발에 소극적인 동안 우리나라가 계속 발전시켜 온 원전 건설 기술은 세계 최고 수준의 능력을 갖추게 됨으로써 국내나 해외의 원전 건설에 적극적으로 참여하는 경제적 이익도 취하고 있다.

원전에서 가장 중요한 것은 방사능 위험 문제인데 현재 우리나라의 원전은 방사선 안전성과 운전 기술의 안정성이 세계 최고이다. 우리의 원전은 지진, 자연재해 또는 테러나 전쟁에 의한 충격에도 방사선이 누출되지 않게 건설되고 있다. 저자는 울진 월성 원자력 발전소와 근처의 방사능폐기물 저장소 등을 방문한 적이 있는데 안전 시설에 대한 설명을 듣고 안심할 수준임을 알게 되었다. 원전에서 가장 중요한 원자로 격납 시설은 그 구조가 핵폭탄 공격이 아니면 어떠한 충격에도 방사능 유출 사고를 초래하지 않게 되어있다고 한다. 무엇보다도 방사선은 극히 미량이라도 정확한 측정이 되니 원전 안팎의 일정한 공간에 방사능 측정 시설을 설치하여 안전관리를 확실히 하고 있었다.

현대를 살아가는 우리의 생활에 발달된 문명을 도입할 때, 과학적 사고를 토대로 과학 기술을 적용한 결과를 유출하여 최적의 결론을 선택하는 방식을 따라야 한다. 짐작이나 감각적 인식에 이끌린 주장을 하는 것은 의미가 없다. 그런 뜻에서 원자력이 안전한가 하는 문제는, 원전뿐 아니라 의료 방사선 또는 산업에서의 이용이 우리 생

활과 밀접하게 연관되어 있으므로, 방사선 이용에 관한 모든 것이
과학적 근거 내에서 안전이 증명되고 있는지를 확인하고 그 결과를
믿고 따르면 된다고 생각한다

1. 최소 크기의 사각형

 2. 차폐블록의 제작

 3. 다엽콜리메이터

 4. 빔즈아이 뷰

자궁암

삽입기구 거치

동위원소 후적재

선량분포

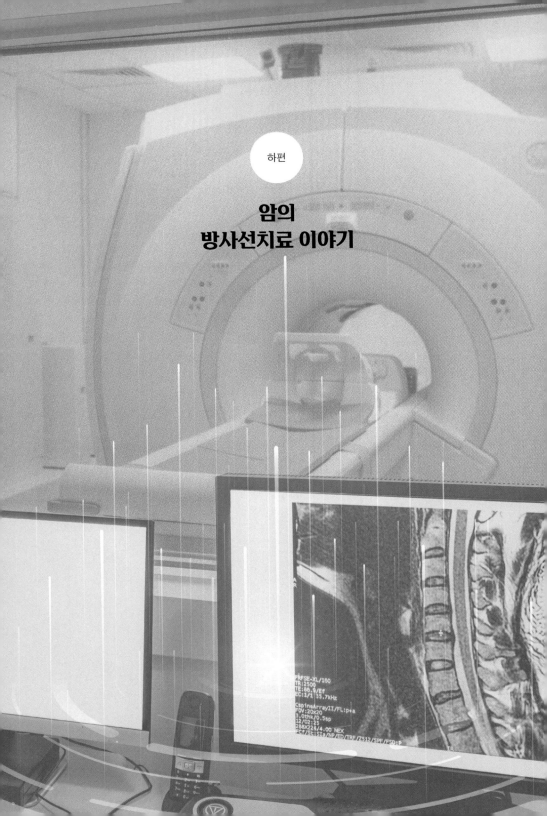

하편

암의
방사선치료 이야기

선원 (코발트)

치료할때 선원이
180도 돌아 나옴

감마선

빔즈아이 뷰마다 다르게 보이는 종양

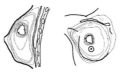

유방암 치료시의 선량분포

마. 방사선치료의 임상 적용에 대한 물리학적 의미

1. 방사선 의학물리(medical physics)의 개요

뢴트겐 박사가 엑스선을 발견한 후 방사선에 대한 새로운 지식의 가장 큰 특징은, 가시광선과 물리적 성질은 비슷하면서 보이지 않는 광선인데, 보이는 빛과 달리 대상 물질을 투과해 나간다는 점이다. 그 시절로서는 무언지 모르는 새로운 빛이라고 엑스선(X-ray)으로 이름을 지었다. 우리나라에서 지금은 엑스선이라 하지만, 1960년대까지만 해도 '엑스광선'이라고 번역했다. 물리적으로 가장 큰 특징은 가시광선은 대부분 물질을 투과하지 못하고 그림자만 생기는데 엑스선은 물질을 투과한 후에도 그 성질이 계속 작용한다는 점이다.

엑스선이 물질을 투과하지만, 투명 인간처럼 완전히 무시하고 지나가는 것은 아니고 그 과정에서 일부 흡수가 이루어져서 통과하면서 그 작용의 강도가 약해지는 것이 밝혀졌다. 흡수되는 것도 그 매질의 단단한 정도에 따라 차이가 있다. 이 현상 때문에 감광 작용을 이용해서 우리 몸속 구조를 흑백 사진 영상으로 만들 수가 있다. 이 영상의 흑화도 차이는 투과 물질의 종류에 절대적으로 영향을 받는다. 역사적으로 최초의 손 사진에서 반지의 금속성은 완전히 차단되고, 뼈도 상당한 흡수가 되는데 비해 근육은 반쯤 흡수되며 두께에 따라 주변 피부 쪽 얇은 부위와 뼈 가까이 두꺼운 부위의 흑화도가 다른 것도 알게 되었다. 이 현상으로 몸속 장기의 구조를 명확히 영상화할 수 있게 되었다.

방사선의 투과하는 성질을 암 치료에 사용할 때는 다른 상황이 벌어진다. 이때는 흑화도가 아니라 전리작용이 관계된다. 방사선이 통과할 때 흡수되면서 전리작용이 나타나서 세포가 치명적인 손상을 입고 사멸한다. 이 작용을 암 치료에 사용하는데 이때 정상세포도 손상을 같이 받는다. 방사선의 조직 내 투과는 에너지가 높을수록 강하게 많이 일어나고 통과하고 난 후에도 방사선이 많이 남아 있다. 몸속 깊이까지 투과해 들어가는 이점은 깊은 곳의 암 치료에 효과적이다.

반대로 에너지가 낮아서 통과하는 양이 적다는 것은 흡수가 많이 이루어진다는 것이고 정상 조직에 많이 흡수된다는 뜻이다. 흡수가

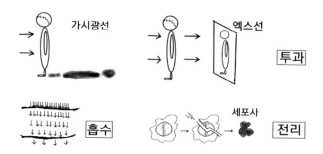

방사선의 3대 특성

잘 되는 낮은 에너지는 뼈와 폐의 흡수율 차이가 두드러져서 영상을 잘 만든다.

종양이 암세포로만 구성되어 있고 주위 정상 조직과의 경계가 분명하면 주위 정상 조직 쪽을 물리적으로 최대한 피하여 정상 조직 손상을 극복한다. 하지만 암세포와 정상세포가 서로 섞여 있어 같이 방사선을 받게 되는 때는 암세포가 방사선에 손상을 입어서 사멸하는 동안 정상세포는 손상을 덜 입고 되살아나게 함으로써 암세포만 선별적으로 제거하여야 한다. 정상세포를 살리는 데에는 여러 가지 생물학적 이론과 현상이 있고 이를 잘 이용하여 극복하는 방법을 찾는다.

물리학자들은 엑스선 외에도 여러 종류의 방사선을 찾아내었고 이를 암 치료에 이용하는 기술도 개발하였다. 방사성동위원소는 알파, 베타, 감마선을 방출하는 것을 알았다. 그중 감마선은 엑스선과 같은 성질의 보이지 않는 빛이다. 에너지가 높은 감마선을 대량 방출하는 방사성동위원소를 인공으로 제작하여 암 치료에 사용하면 엑스선 치료와 비슷한 결과를 얻을 수 있었다. 반면에 알파선과 베타선은 입자선이며 방사성동위원소에서 방출되는 입자선은 따로 분리도 어렵고, 몸속 깊이 투과하지 않아서 치료에 사용할 수가 없다.

원자를 구성하는 핵 속의 양성자와 중성자, 그리고 핵 주위를 돌고 있는 전자 등 입자들의 존재가 알려진 후 이를 방사선치료에 사용하는 방법이 개발되었다. 전자는 양성자보다 2,000분의 1로 질량이 작아서 가속이 쉽다. 그러면서도 입자이기 때문에, 엑스선과 달리 일정한 깊이 이상 통과할 수 없다. 예를 들어 피부에서 3~5cm

깊이 이상 들어가지 않는 에너지로 사용하면 더 깊은 곳의 정상 조직은 방사선 영향을 받지 않는다. 같은 에너지의 엑스선과 감마선은 더 깊은 곳까지 방사선이 통과해 들어간다.

양성자는 비교적 무거운 입자이므로 높은 에너지로 가속하는 데에 전자선 가속기보다 더 힘센 특수 가속기가 필요하지만, 방사선으로 몸속 깊은 곳까지 통과해서 들어가면 정상 조직과 선명한 경계를 만들므로 정상 조직 보호의 효과가 엑스선보다 높다. 탄소 원자핵을 가속하여 중입자 치료에 사용하면 정상 조직과 선명한 경계를 만드는 것 외에도 방사선의 세포손상 효과가 뛰어나서 특정한 암의 경우 다른 치료 방법보다 나은 효과를 얻는다.

방사선치료는 환자의 몸속에 있는 암 조직을 중심으로 일정한 부위에 방사선을 조사(照射)[51]하여 암세포만 살상하고 제거하는 의료행위이므로 정확한 사용을 위하여 물리적 성질에 관하여 세밀한 이해가 필요하다. 임상에 적용하는 방사선을 다루는 다양한 물리학적 지식을 의학 물리(medical physics)라 한다.

방사선치료의 성공은 종양 조직에 방사선 분포가 집중되고 주위 정상 조직에는 가능한 한 방사선이 적게 들어가서 정상 조직 보호가 되어야 부작용이 적고, 아울러 종양에만 방사선이 들어가는 것이 확실하면 방사선 선량을 최대로 하여 종양세포 살상 효과를 극대화할 수 있다. 방사선치료의 일반 원칙은 소량의 방사선을 수십 회 분할 반복 조사하는 것이다. 소량일지라도 일일 치료 선량은, 만일에 인체 전신에

---

51   빛의 일종인 방사선을 목표물(타깃)에 비추듯이 쏘는 능동적 전달 행위는 조사(照射 irradiation)라 한
      다. 건강한 사람이 의지와 관계없이 피동적으로 조사받는 것은 피폭(被爆 exposure)이다.

조사가 된다면 세 번만으로 인체에 치사량이 된다. 이러한 방사선을 종양 조직에만 조사하면서 정상세포는 살리고 암세포만 선택적으로 죽이는 기술이 방사선치료의 핵심이다.

수십 회의 분할조사는 일일 선량이 종양에 집중되는가, 주위 정상 조직을 최대한 많이 피했는가, 매일의 치료에 똑같은 치료행위가 변동 없이 재현되는가 하는 등 여러 가지 조건을 갖추어야 한다. 그러한 조건이 만족스럽게 되기 위하여 방사선을 발생장치에서 방출할 때 치료할 범위, 정상 조직 가림, 일일 선량, 조사 방향, 암 조직 내의 방사선 분포 등 모든 사항이 최적의 조건이 되도록 선택한다. 여기에 필요한 지식과 학문을 임상 방사선 물리(clinical radiation physics)라 하고 의사가 아닌 박사급 의학 물리학자(medical physicist)가 방사선종양학과에서 진료 지원을 한다. 의학 물리학자는 방사선의 물리적 측정과 관리, 임상 적용에서의 선질(線質) 관리, 치료 설계, 컴퓨터 치료계획(computer planning) 수립, 환자의 치료 자세 교정, 방사선 안전관리 등 의사의 진료 범위를 벗어난 영역에서의 중요한 작업을 수행한다.

이 장에서는 암 치료를 성공적으로 이루는 데에 있어서 방사선 관리에서의 각종 지식과 행위를 간추려 보았다. 방사선이 암 조직에 많이 작용하고 동시에 정상 조직에는 최대한 적게 작용하기 위해 어떠한 노력을 하는지를 소개하고자 한다. 어쩌면 조금 어려운 내용일 수 있으나, 방사선을 환자에게 투여하기 위해 어떤 일들을 벌이는가를 중점 포인트로 하여 읽으면 그런 면에서 흥미가 유발될 것으로 생각한다.

2. 방사선치료가 발전 개선되어 온 과정

1895년 엑스선이 발견되고 1920년대에 벌써 방사선 암 치료 기록을 볼 수 있다. 그러나 뢴트겐 음극관 형태의 엑스선 발생 장치는 엑스선 영상을 촬영하는 것은 충분하지만 음극관의 최대전압이 높지 않아서 방사선치료에 사용하는 것은 만족스럽지 않았다. 엑스선 관 전압을 100KV[52] 이상 높여도 인체 조직을 깊이 통과하지 못하며 거의 전부가 흡수되므로 피부 표면에서만 방사선 효과를 낸다. 그래서 당시에는 암이 비교적 피부 가까이 있을 때만 치료하였다. 따라서 치료가 끝나면 방사선에 약한 정상 피부가 방사선에 손상을 많이 받아 방사선 화상을 입게 되고, 암이 줄어들어도 그 주위 정상 조직이 섬유화 되어 딱딱하게 굳어졌다. 암이 뼈 가까이에 있을 때는 뼈에 방사선이 더 많이 흡수되므로 치료 후 골 괴사로 생활에 불편한 후유증이 남기도 하였다.

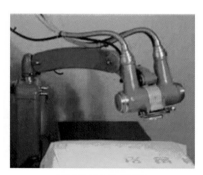

저전압 엑스선 치료기
(주로 피부나 표재 암 치료에 썼다)

---

52 1킬로볼트(KV)는 1,000볼트(V). 엑스선 에너지 단위를 전기에서 전압의 볼트와 같은 용어를 사용한다. 일반적으로 전기의 전압에서 소문자를 쓰는 경향이 있으나 국제 표준단위(SI unit)에서 전압은 대문자 V로 정해져 있고 방사선에서 단위도 그래서 대문자를 쓰고 있다. 이 전압이란 엑스선을 만드는 진공관 속의 전압이므로 관전압이라 한다.

그후 부작용을 줄이고 좀 더 깊은 곳에 있는 암을 치료하려고 발생장치의 전압을 높였으나 상품화된 장비의 최대전압이 350KV 정도밖에 되지 못하였다. 이를 피부보다 조금 더 깊은 곳의 암을 치료한다고 엑스선 심부 치료기(deep therapy unit)라 불렀다. 그래도 에너지가 높지 않은 엑스선이므로 공기 같은 희박한 매질에도 흡수되어 방사선 손실이 된다. 이것을 막기 위해 피부에 장치를 바짝 붙여서 치료함으로써 산란선[53]이 피부에 흡수되어 피부와 피하조직 부작용이 많았다. 이 방사선치료 장비는 우리나라에서 1960년대까지는 부분적으로 사용하고 있었다.

그 후 방사성동위원소를 사용하는 치료기가 개발되었다. 동위원소의 감마선 에너지가 심부 치료기의 엑스선보다 높으면 더 깊은 곳에 있는 암을 치료하기에 좋을 것이므로, 고에너지 감마선을 대량으로 방출하는 동위원소를 써서 치료기로 제작하였다. 대표적인 것이 코발트-60 치료기이다.

이전의 엑스선 심부 치료기는 이름만 그러하지 실제로 깊은 곳의 암까지 치료할 수 없었다. 그런데 코발트 감마선 에너지는 1.25MeV[54]이며 이 에너지는 몸속에서 쉽게 흡수되지 않아서 깊은 곳에 있는 심부 암을 치료하는 데 유리하고, 방사선이 공기 중에서

---

53 방사선이 공기나 물질의 원자와 충돌하면 에너지를 잃고 방향이 흐트러지는데 이를 산란 현상(scattering)이라 하고 산란된 이차방사선을 산란선이라 한다.

54 원자로에서 코발트-59 원자핵에 중성자를 하나 더 붙여서 코발트-60을 만들었다. 방출하는 감마선은 평균 에너지가 1.25MeV이고 반감기가 5.26년이다. 따라서 반감기인 약 5~6년을 사용한 후 코발트 선원을 새것으로 교체하여야 하는데 선원 교체 비용은 장비 전체 가격의 반 이상이다.
엑스선 투과력은 KV(킬로볼트)로 표시하고 감마선이나 입자선은 e(엘렉트론)를 첨자하여 KeV(킬로 엘렉트론 볼트)로 표시한다 1MeV(메가 엘렉트론 볼트)는 킬로의 천 배이다. 엑스선 심부 치료기 최대 관전압이 350KV인 반면, 코발트 감마선 에너지는 그보다 3~4배이므로 몸속 심부까지 투과해 들어간다.

거의 흡수되지 않아 피부에서 일정 거리를 둔 채 치료해도 문제가 없었다. 그래서 피부에서 멀리 떨어져서 치료한다고 이름이 '코발트 원격조사치료(cobalt-teletherapy unit)'였다.

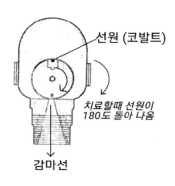

코발트 치료기 헤드
고정 갠트리 (필립스)

이 장비는 코발트-60 동위원소를 큰 납(Lead) 용기에 넣고 그 용기 아래에 작은 창을 내고 방사선 차단 덮개로 막아 두었다가 치료할 때는 환자를 그 밑에 눕힌 후 창을 열고 치료하는 구조였다. 창을 열어 일정한 시간(보통은 5분 이내)이 지나면 필요한 양의 방사선이 인체에 조사 된다. 감마선의 반감기 때문에, 매주, 매달 출력을 측정하고 매일의 시간당 방출량을 계산하여 조사 시간을 정한다.

코발트 치료기가 또 하나 획기적인 것은 회전조사 치료가 가능했던 점이다. 환자가 눕힘판(카우치 couch)에 누워 있고 암이 있는 부위를 중심축으로 하여 코발트 선원 용기가 360도 회전하면서 방사선이 조사 되도록 만들었다. 인체의 크기와 장비의 구조 등을 참고하여 회전반경을 80cm로 하였다. 그러면 여러 방향에서 조사할 수 있으므로 종양 중심축 주위 일정한 범위의 조직(조사 체적이라 함)에는 필요한 방사선이 충분히 들어가고, 주위에는 적게 들어가므로 정상 조직 방사선 손상을 더욱 줄일 수 있다. 이것을 회전조사 치료라 한다.

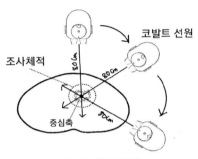

회전조사 치료의 원리

또한 1.25MeV는 피부에서 약 0.5cm 깊이에서 100% 효과를 내고 피부 표면 선량은 그보다 적게 들어가는 독특한 현상이 있어서 피부의 손상이 없이 치료할 수 있었다. 이것은 그 당시 방사선치료 발전에 획기적인 기여가 되었다.

원격조사치료에 사용한 동위원소는 세슘-137도 있었다. 세슘은 반감기가 30년이어서 한번 장착하면 동위원소 교체 없이 계속 쓸 수 있는 장점은 있었다. 그러나 코발트-60만큼 에너지가 높지 않아서 효용도가 낮아 곧 도태되었다.

그러나 코발트 원격조사치료기는 방사선 분포의 선명도가 떨어져 활용이 마감되었다. 방사선 선원은 동위원소 금속 덩어리이기 때문에 일정한 부피를 가진다. 코발트-60은 지름이 약 2cm인 원반 모양이다. 그러면 그림자 측에서 볼 때, 빛의 광원이 점의 크기인 백열등에 비해 길쭉한 형광등의 그림자가 흐릿하듯이, 선원의 크기 때문에 조사되는 부위의 변두리 경계선이 선명하지 않다. 변두리 경계선이 흐릿한 현상을 반음영(penumbra)이라 하는데 코발트 치료기는 반음영이 크다는 단점이 있어서, 반음영이 작아서 선명한 선량분포를 만드는 선형가속기로 대체 되었다. 어쨌든 1960년대에서 1990년대까지 세계적으로 많이 사용되었던 코발트-60 치료기는 방사선치료에 기여한 바가 컸다.

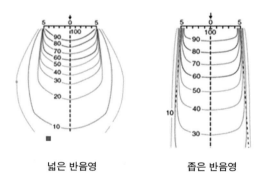

넓은 반음영   좁은 반음영

　방사성동위원소는 원격조사(teletherapy) 치료뿐 아니라 근접조사(brachytherapy) 치료에도 사용한다. 자궁이나, 콧속, 기관지, 식도, 담도 등 강(腔)이라고 하는 터널처럼 생긴 장기에는 동위원소를 집어넣고 치료하는 근접조사 치료가 효과적이다. 근접조사 치료란 감마선을 방출하는 방사성동위원소를 암 조직에 찔러 넣거나(조직내치료) 터널 구조 속에 집어넣어(강내치료) 동위원소가 직접 암 조직에 가까이 닿아 방사선치료를 하는 것을 말한다. 그러면 가까이 있는 암 조직이 동위원소의 방사선을 조사 받는 동안 조금 떨어진 곳의 정상 조직은 방사선이 훨씬 덜 들어간다.

현재의 대부분의 방사선치료에 사용하는 엑스선 치료기인 선형가속기(線型加速機 linear accelerator, LINAC)는 1970년대에 보편화된 후 컴퓨터 기술의 발전으로 많은 개선이 되어왔다. 선형가속기는 뢴트겐 관에서 발생하는 엑스선보다 훨씬 강한 투과력의 엑스선을 얻을 수 있는 전자 가속기이다. 코발트 치료기보다 더 높은 에너지의 엑스선을 만들기 때문에 원격조사 거리는 더 멀어지고, 회전조사도 되며, 회전축의 반경이 100cm로 사용자나 환자에게 넉넉한 공간을 제공한다.

　　뢴트겐 관은 음극에서 나온 전자가 가속되어 양극판에 충돌하여 엑스선이 나오는 원리인데, 선형가속기에서도 높은 에너지로 가속된 전자가 금속판에 충돌하여 엑스선을 방출한다. 그리고 장치의 방사선 출구에서 선원의 크기를 2~3mm로 작게 조작하여(코발트의 2cm와 비교) 방사선이 조사되는 부위의 반음영이 작아 경계면의 선명함이 좋아진다.

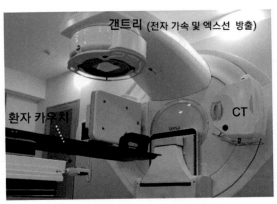

일반 병원에 설치된 최신 선형가속기

선형가속기는 전자 장비이고 컴퓨터로 제어되므로 정밀한 방사선 치료를 구현한다. 가장 두드러진 장점은 수제로 만든 차폐블록 대신 다엽콜리메이터(multileaf collimator, MLC)를 사용하는 것이고[55], 다엽 콜리메이터의 얇은 잎 하나하나를 각각 독립적으로 움직여 암 조직의 다양한 형태에 맞추어 치료하는 삼차원 방사선치료(three dimensional radiotherapy, 3DRT)와 세기조절 방사선치료(intensity modulation radiotherapy, IMRT)가 개발되어 정상 조직 손상을 최소화함으로써, 환자에게 치료 후의 생활에 지장을 줄 수 있는 정도의 부작용은 거의 발생하지 않는다. 아울러 종양이 어떤 위치에, 어떤 크기로, 어떤 모양을 하고 있어도 만족할 만큼의 선량분포를 얻을 수 있다.

최근에는 정상 조직과의 경계가 선형가속기의 엑스선보다도 더 선명한 양성자선과 중입자선 가속기도 개발되었다. 1970년대부터 핵물리학자와 방사선생물학자들이 입자 방사선의 물리학적 또는 생물학적 연구를 거듭하여 연구실에서 실험적으로 방사선 조사를 하던 것이, 현재에 이르러 의료기관에 설치되고 임상 적용이 가능하게 되었다. 그 외에도 암 치료를 부작용 없이 성공적으로 수행할 수 있는 방사선치료의 여러 가지 새로운 아이디어들이 아직도 연구개발 중이다.

---

[55]　차폐블록, 콜리메이터, 다엽콜리메이터, 삼차원 방사선치료, 세기조절 방사선치료 등은 이후의 장 (章)에서 자세히 설명된다.

3. 얼마의 범위에 조사하는가

방사선치료를 할 때 치료하는 범위, 다시 말해서 방사선이 조사되어야 하는 범위를 조사야(照射野 irradiation field)라고 한다. 방사선 발생장치에서 방사선이 방출되어 목적하는 표적(타깃, 암 조직 덩어리)에 도달했을 때의 범위이다. 탐조등(서치라이트)으로 빛을 비출 때 비추고자 하는 목표물 크기에 맞는 크기의 빛이 나가고 주위는 빛이 차단되는 것과 같다. 이 빛의 모양이 조사야이고 넓이가 조사야 크기이다.

치료기 갠트리 헤드의 방사선 방출구 앞에 설치되어 조사야 크기를 결정짓고, 또 방사선이 공기 중 아무 방향으로나 흩어져 방출되지 않게 차단하는 역할을 하는 것이 콜리메이터(또는 조리개)이다. 콜리메이터가 x, y 방향으로만 움직이니 1차 조사야는 사각형[56]이 된다.

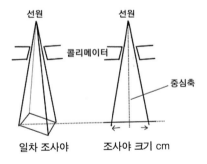

<hr>

[56] 조사야는 발생장치의 기계적 이유로 사각형으로만 만들어진다. 방사선이 방출되는 출구에 평면상의 x 방향과 y 방향으로 조리개가 붙어 있기 때문이다. 이 조리개를 콜리메이터(Collimator)라 한다. 콜리메이터는 x축 2개, y축 2개 모두 4개이며, 금속 뭉치이다. 각각의 금속 뭉치는 모터에 의해 움직인다. 선원에서 좌우 대칭의 조사야 한 가운데를 직선으로 내려가는 가상선(線)을 중심축(中心軸 central axis)이라 한다. 선원에서 이 중심축을 따라가서 선형가속기의 경우 100cm 위치에서의 방사선이 조사 되는 범위를 방사선치료의 조사야 크기로 규정하고 있다. 이 위치에 있는 종양의 크기에 조사야가 꼭 맞게 들어오게 하여 치료한다.

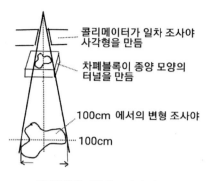

콜리메이터가 일차 조사야 사각형을 만듦

차폐블록이 종양 모양의 터널을 만듦

100cm 에서의 변형 조사야

100cm

차폐블록을 이용한 조사야의 변형

콜리메이터를 통과한 조사야는 사각형이기 때문에 환자의 몸속에 조사 될 때는 암 조직 덩어리의 모양에 맞게 조사야의 모양도 변형되어야 한다. 종양의 모양은 사각형이나 구형이 아니라 제멋대로 생겼기 때문에 이 사각형 조사야에서 필요 없는 부위에 방사선이 조사 되는 것을 막기 위해 차단 장치(차폐 shield)를 사용한다. 방사선을 차단하는 데 사용하는 기구를 차폐블록(shielding block)이라 한다. 차폐블록은 종양 모양에 맞게 다양한 곡선으로 제작하여 종양의 주위 정상 조직에 방사선 조사가 최소한이 되도록 한다.

사진 그림에서 왼쪽은 시뮬레이션 사진으로 수제 차폐블록을 만들기 위한 계획 조사야 사진이며, 오른쪽은 제작한 차폐블록을 사용하여 치료할 때의 변형된 조사야 사진이다, 단순 엑스선 촬영 장치인 시뮬레이터로 촬영한 시뮬레이션 사진에서 사각형의 일차 조사야를 확인한 후, 제외할 정상 조직의 모양에 맞게 빗금을 쳐서 계획도를 만들고, 굴곡진 모양대로 만든 수제 차폐블록에 의한 변형 조사야가, 치료 중의 사진에서 처음의 계획도와 일치함을 확인한다.

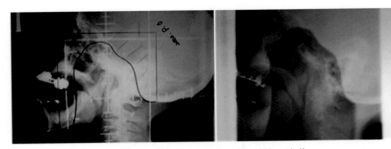

차폐블록의 사용 예 (좌; 계획도, 우; 변형 조사야)

차폐블록의 제작은 단순 엑스선 촬영기인 시뮬레이터에서 촬영된 시뮬레이션 영상을 보면서, 방사선을 차단하여 가려야 하는 부분의 형태에 따라 계획도를 그림으로 그려서 그 그림 모양대로 수제 차폐 블록을 제작한다.

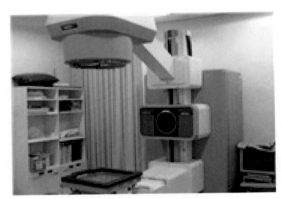

단순 엑스선 시뮬레이터

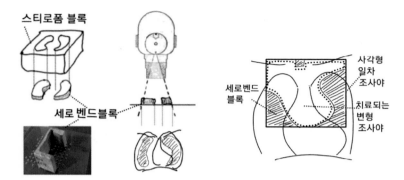

스티로폼 블록

세로 벤드블록

사각형
일차
조사야

세로벤드
블록

치료되는
변형
조사야

스티로폼 블록 잘라낸 공간에 세로벤드를 녹여
부어 굳힌 후 제작된 세로벤드 블록을 치료기 방
사선 방출구 앞에 설치하면 원하는 모양의 변형
조사야가 만들어 진다

　수제 차폐블록[57]의 재료는 납을 주성분으로 하고 주석, 비스무트
와 카드뮴을 섞은 세로벤드(cerrobend)라는 합금으로, 섭씨 70도 정
도에서 액화되고 일정한 모양을 만든 후 식히면 납덩어리처럼 단단
해지는 금속물이다. 치료용 방사선 에너지가 6MV이면 9.0cm 두께
의 세로벤드로 방사선이 95%가 차단 된다.

57　먼저 일정한 두께를 가진 스티로폼 블록을 실처럼 가는 열선으로 자르면 원하는 모양대로 쉽게 잘
　　린다. 그 두께만큼의 스티로폼 블록에 생긴 공간에 세로벤드 액체를 붓고 이를 식혀서 굳히면 원하
　　는 모양의 차폐블록이 된다. 이 블록을 치료기 헤드의 방사선 방출구 앞에 장치하면 정상 조직으로
　　가는 방사선을 차단하고 필요한 부위에만 방사선이 들어간다. 이 변형 조사야가 최종 방사선치료 변
　　형 조사야 크기가 된다.

4. 다엽(多葉)콜리메이터

수작업으로 제작한 차폐블록은 콜리메이터 앞 방사선 출구에 장착함으로써, 콜리메이터가 만든 사각형의 일차 조사야를 원하는 곡선의 모양대로 변형하는 것이다. 그런데 이 콜리메이터와 차폐블록의 개념을 합친 것을 다엽콜리메이터[58](multileaf collimator, MLC)라 하는데 수작업이 아닌 자동화로 다양한 모양의 변형 조사야를 만드는 것이다. 콜리메이터 금속 뭉치를 얇은 절편으로 자르고 절편 각각을 잎(leaf)이라 하며 이 잎은 각각 독립된 모터에 의해 원격 조정으로 움직인다. 모든 잎은 컴퓨터 명령으로 움직여 원하는 변형 조사야를 만든다.

다엽콜리메이터의 잎이
변형 조사야를 만든 모습

---

58 다엽콜리메이터는 한 방향의 조사야에서, 종양 외곽선 굴곡에 맞게 각 절편 잎을 열고닫아, 세로밴드 차폐블록과 유사한 굴곡진 최종 조사야를 만든다. 콜리메이터 잎 하나의 두께는 2.5mm이고 한쪽에 80개씩 총 160개가 나열되어 있다. 콜리메이터는 순수 텅스텐으로 만들어지며 10MV 엑스선을 완전히 차단할 수 있는 두께로 되어있다. 방사선 조사를 할 예정인 굴곡진 암 조직의 윤곽(contour)을 입력시켜 주면, 처음 닫힌 상태의 위치를 0으로 하고, 각각의 콜리메이터 잎이 위치를 정해준 대로 옮겨 가도록 하여 최종 변형 조사야가 만들어진다. 절편으로 된 다엽콜리메이터나 수제 세로밴드 차폐블록이나 변형 조사야의 모양은 비슷하나, 다엽콜리메이터는 가장자리가 절편 잎 모양대로 각이 져 보이며, 세로벤드 블록에 비해 종양의 모양에 더 가깝게 차폐된다.

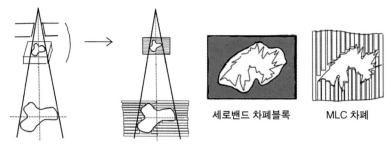

세로밴드 차폐블록　　　MLC 차폐

다엽콜리메이터의 원리

　다엽콜리메이터로 변형 조사야를 만드는 것은 방사선치료를 할 때 수시로 바뀌는 조사야 변동을 컴퓨터로 자동화하기 위함이다. 그러기 위하여 종양의 다양한 모양을 입체적인 영상으로 만들어 컴퓨터에 입력해야 하므로 시뮬레이션 영상은 진단용 CT를 사용한다. 이 CT를 CT 시뮬레이터[59]라 한다.

59　2차원 치료의 설계를 할 때는 단순 엑스선 시뮬레이터로 촬영한 영상으로 충분하다. 3차원 이상 입체적인 치료의 설계에는 CT 시뮬레이터 영상을 사용한다. 진단용 영상의학과의 CT와 다른 점은 CT 촬영 조건을 방사선 치료실에서 치료할 때의 조건과 동일한 상황을 만드는 점이다. 치료실의 눕힘판과 동일한 눕힘판 위에다 환자를 치료하는 것과 같은 자세로 눕힌 후 암 조직이 있는 부위를 중심으로 CT를 촬영한다. 암 조직이 뚜렷이 보이게 하기 위해 필요하다면 조영제를 쓴다. 이 영상으로 치료할 타깃과 주위 조직의 형태 모두를 치료계획 컴퓨터에 입력한다. 그 외에도 조사야 주위에 존재하여 치료하는 방사선이 지나가면서 동시에 조사되는 주위 장기 중 방사선 선량 확인이 필요한 장기의 형태도 입력한다. CT 영상이므로 입체적 3차원 영상으로 입력되며, 따라서 3차원 치료 설계를 하게 된다.
지금의 우리나라 대부분 병원의 선형가속기는 다엽콜리메이터가 있어서 수제 차폐블록은 제작하지 않는다.

CT 시뮬레이터

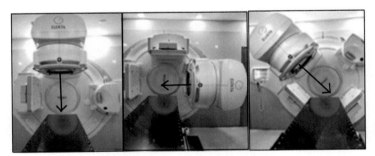

선형가속기 헤드가 돌아가는 모습과 빔 방향

　삼차원 회전조사로 치료할 때 방사선 빔의 한 방향의 조사야에서 얻어진 굴곡진 조사야 윤곽은 다른 빔 방향에서는 다른 모양의 변형 조사야가 된다. 그래서 회전조사 방향마다 다엽콜리메이터의 잎들이 다시 움직여 위치를 전부 재조정하여 빔 방향마다 다른 모양의 굴곡진 변형 조사야를 만든다. 선원 위치에서 종양을 볼 때 빔마다 각각 다른 하나하나의 변형 조사야 모양을 빔즈아이 뷰(beam's eye view)라 한다.

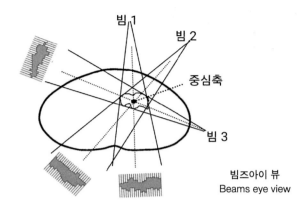

빔즈아이 뷰
Beams eye view

   몇 개의 치료 방향을 정해 놓고 방향마다 빔즈아이 뷰로 다르게 보이는 모양에 맞게, 다엽콜리메이터로 각각의 변형 조사야를 만들어 치료하는 것을 삼차원 입체조형치료(three dimensional conformal radiotherapy, 3DCRT)라 한다.

   빔즈아이 뷰에 맞는 각 방향의 변형 조사야 모양만 단순히 만들지 않고, 방사선을 조사하는 동안 변형 조사야 내로 다시 다엽콜리메이터 잎이 들락거리면서 방사선의 강도를 바꾸어 주는 방법은 세기조절 방사선치료(intensity modulation radiotherapy, IMRT)라고 한다.[60]

---

60   잎 한 개가 조사야 내로 짧은 시간 동안만 들어갔다 나오면 그만큼 차폐 잎이 방사선을 흡수하여 조사야 모양은 바뀌지 않고도 그 부위의 구역(픽셀)에서의 선량이 줄어서 방사선 강도(强度)만 바뀐다. 다엽콜리메이터의 이점은 세기조절 방사선치료를 자유자재로 구사할 수 있는 점이다.

5. 방사선이 조사되는 특징

시뮬레이션 CT로 치료 체적(treatment volume)의 모양이 입체적으로 영상화되면 이 조직 전체 체적에 방사선이 골고루 분포하여 조사되어야 한다. 각각의 빔즈아이 뷰에서 보이는 종양의 모양에 맞는 변형 조사야를 다엽콜리메이터로 만들고 정상 조직은 최대한 제외되도록 한다. 각 빔이 치료 체적에 조사하는 방사선 선량의 총합은 체적 내의 암세포가 치사 제거되는 양이 되어야 한다.

방사선의 양은 치료기 헤드에서 시간당 얼마를 방출하는지 세팅(분당 몇 cGy, 센티그레이)되어 있고 그에 따라 몇 초간 노출하면 종양 중심점에 얼마의 방사선이 조사되는가를 계산할 수 있다. 이때의 분당 cGy 양을 선량률(dose rate)이라 한다. 선량률이 초당 5cGy라면 15초간 노출하면 75cGy가 조사 된다.

여기에서 검토되어야 하는 인자가 있다. 치료 대상 암 종류에 따라 암세포가 치사 제거되는 데에 필요한 총 선량은 정해져 있다. 그런데 방사선이 피부 표면에서 암 조직이 있는 깊이에 도달할 때까지 통과하는 도중에 흡수되기 때문에, 선원에서 보내는 선량이 전부 암 조직에 작용하지 않는다. 그래서 피부 표면에 얼마의 선량이 주어지면 도중에 흡수되고 종양 중심점에 도달하는 선량은 얼마인가를 알아야 한다. 이것을 측정하여 도표로 표현한 것을 선량분포(dose distribution)[61]라 한다. 최대 선량의 몇 %가 작용하는가로 표현되어 있

---

61 피부에서부터 종양까지 방사선이 흡수되는 정도를 알기 위해 최대 선량을 100%로 하고 깊이에 따라 몇 %로 줄어드는가를 그림으로 표현한 것이 선량분포이다. 이 흡수율은 판톰(보통은 물 판톰)을 이용하여 측정하며 표면에서 90%, 80%, 70%, 60%...되는 위치를 따라 측정 결과를 곡선으로 그린

으므로 퍼센트깊이선량 또는 심부선량백분율(percent depth dose, %DD)이라고도 한다.

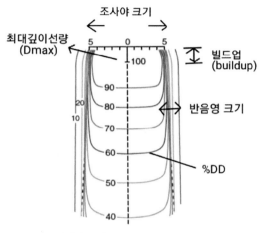

방사선 조사 깊이에 따른 선량분포도

조사되는 방사선 변형 조사야가 실제 종양의 모양과 크기에 잘 맞았는가, 그리고 치료 체적 전체에 같은 양의 방사선이 들어가는가 하는 것이 선량분포도이다. 조사되는 빔즈아이 뷰에서 보면 종양 자

그림이 선량분포도이다. 그 넓이는 조사야 크기와 같고 수평 부분은 피부 표면과 평행이 된다. 주변부는 조사야 크기에서 끝나지만 반음영의 크기를 보여주므로 독특한 곡선 형태로 나타난다. 이 선량분포 그림을 사용하여, 한 조사 방향에서 몇 cm 깊이의 타깃에 얼마의 선량(최대 선량의 몇 %)이 작용하는지를 알 수 있다.

선량분포를 측정하여 분포 도형을 그릴 때 선량분포도는 조사야 크기별로 다르므로 조사야 크기 별로 측정하여 작성한다. 치료를 계획할 때 선량분포 도형자료의 선택은 종양의 치료 체적의 크기에 맞는 조사야의 선량분포도를 골라 사용한다.

선량분포는 피부에서의 깊이, 방사선의 종류 및 에너지, 조사야 크기, 선원에서 피부까지의 거리, 통과하는 조직의 밀도 등에 영향을 받는다.

체도 두께가 있으므로 종양의 표면에서 먼 부분은 종양 표면보다 적게 들어간다. 방사선을 여러 방향으로 조사하는 이유도 이 현상 때문이다. 첫 번째 조사 빔에서 종양의 상부 표면에 방사선이 더 들어가고 반대쪽 끝에는 덜 들어가는데, 만일 두 번째 조사 빔이 180도 반대 방향으로 들어간다면 반대쪽 끝이 이번에는 역으로 상부 표면이 된다. 그래서 종양 내의 위치에 따른 조사량의 차이가 상쇄된다. 이 현상을 이용하여 여러 방향으로 조사하면 선량이 골고루 분포하게 된다.

방사선의 선원으로부터 조사야의 중심축을 따라 직선으로 내려가는 깊이 선량(depth dose)의 분포 모양을 옆에서 보듯이 하여 그림으로써 깊이에 따른 깊이 선량의 변화를 측정하여 그린 그림을 심부선량곡선(depth dose curve, beam profile)이라 하며. 곡선은 특징은 에너지와 조사야 크기와 방사선 종류에 따라 다르게 나타난다.

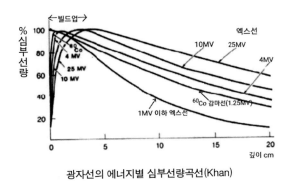

광자선의 에너지별 심부선량곡선(Khan)

고에너지 방사선의 또 하나의 특징으로 빌드업(build-up)이 있다. 에너지가 매우 높으면 피부를 뚫을 때 처음에는 흡수가 이루어지지 않고 지나가다가 조직과 충돌하면서 어떤 지점에서 최대의 효과를 내게 된다.

메가볼트 급 고에너지 방사선은 피부 표면이 아닌, 아래로 조금 내려간 곳에서 100% 효과가 나타나며 이 위치의 깊이 선량을 최대깊이선량(Dmax)[62]이라 한다. 피부 표면에서 최대깊이선량 지점까지 오히려 점점 선량이 증가한다고 이를 빌드업이라 한다. 최대깊이선량 지점에서부터는 흡수가 본격적으로 시작되어 깊어질수록 흡수되는 깊이 선량이 점점 줄어드는데, 최대깊이선량 지점에 비해 깊이에 따라 몇 % 줄어들었느냐 하는 것이 심부선량백분률 또는 퍼센트깊이선량(%DD, percent depth dose)이 되는 것이다.

전자선[63]의 경우에는 입자이기 때문에 조직 속을 투과하는 깊이가 제약이 있어 높은 에너지에도 정해진 깊이 이상 투과되지 못한다. 에너지에 따라 선량분포가 일정한 깊이에서 끝나며 빌드업은 있지만 최대깊이선량의 위치가 동일한 에너지의 광자선보다 얕다. 그

---

62 깊이가 깊어질수록 방사선은 흡수되어 작용하는 선량이 상대적으로 줄어든다. 치료용 방사선은 에너지가 매우 높아서 피부 표면에서 처음 들어갈 때는 강한 투과력으로 통과하므로 몸속 세포조직에 미치는 영향이 적고 더 깊은 곳에 가서 최고 효과를 나타낸다. 이 최고 효과 지점이 최대깊이선량(Dmax)이다. 그 지점에 도달할 때까지 방사선 효과가 점점 증가하는 현상이 빌드업이다.

피부 표면의 선량은 장비에서의 출구 선량과 같고 일종의 공기 선량이다. 그러므로 종양 체적이 있는 심부에서의 실제 심부선량백분율은 공기 선량 대 깊이 선량이 아니고 Dmax 대 깊이 선량이 된다. 이 빌드업 현상은 방사선에 매우 취약한 피부 표면의 선량을 줄일 수 있어 효과적으로 이용된다. 4MV 엑스선의 최대깊이선량(Dmax)은 1cm, 10MV 엑스선은 약 2cm 깊이에서 형성되므로 피부가 완벽하게 보호된다.

63 전자선은 같은 에너지의 엑스선보다 빌드업이 더 얕은 깊이에서 형성되고, 입자이기 때문에 심부선량은 깊이까지 들어가지 못하고 급격히 줄어든다. 예를 들어 7MeV 전자선은 2.5cm 깊이에 20%밖에 기여하지 못하고 더 깊은 곳은 방사선 효과가 없다.

래서 종양 바로 다음 깊이에 방사선 민감 조직이 있어 보호해야 할 때, 또는 피부암처럼 두께가 얇아서 깊이까지 방사선 작용이 필요 없는 경우 전자선 치료를 선택한다.

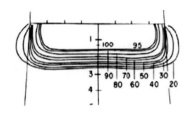

7MeV 전자선의 선량분포도 (Khan)

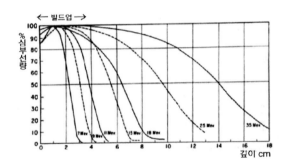

전자선의 에너지별 심부선량곡선 (Khan)

선량분포는 반음영의 크기에 영향을 받는다. 동위원소 선원은 반음영이 크고 고에너지 엑스선은 작다. 반음영 부위는 방사선이 총 선량보다 적게 분포하므로 종양의 가장자리가 반음영에 걸쳐 있으면 치료가 덜 될 것이고, 종양의 가장자리가 반음영보다 조사야 안쪽에 있으면 조사야가 반음영 크기만큼 더 커진 셈이 되므로 주위 정상 조직 방사선 선량이 많아져서 부작용의 원인이 된다.

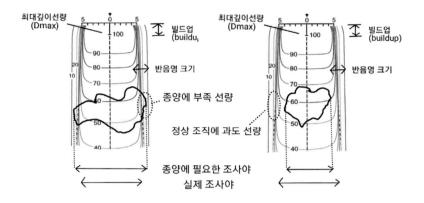

6. 심부선량백분율을 이용한 방사선치료 설계

　제멋대로 굴곡진 종양 체적 내에 방사선을 알맞게 골고루 분포하도록 조사야 크기, 조사 방향, 회전조사 횟수, 각 빔에서의 선량 등을 설정하는 과정을 방사선치료 설계 또는 치료계획(treatment planning)이라 한다. 각 빔의 조사야에 해당하는 선량분포를 심부선량백분율(%DD) 도형으로 파악할 수 있다. 한 방향에서 피부 표면에서 최대깊이선량(Dmax) 지점을 거쳐 종양 중심까지 선량이 연속적으로 줄어들기 때문에 퍼센트깊이선량이 그 특정한 조사야에서의 종양 선량을 결정하고, 조사야를 정하고, 방사선 조사 방향을 결정하는 등 치료 계획을 수립하는데 중요 도구이다.

　회전조사 치료를 할 때 종양의 중심축에 작용하는 깊이 선량은 방향마다 다르다. 3개 방향으로 치료한다면 3개의 방향마다 선원에서 종양 중심축까지 거리는 치료기 헤드의 회전반경(100cm)으로 같지만, 피부 표면에서 중심축까지 거리는 다르다. 그래서 조사 방향마다 심부선량백분율이 다르게 적용되고 그 퍼센트만큼 각 방향에서 기여도를 가지므로 그에 맞는 선량 계산이 되어야 한다.

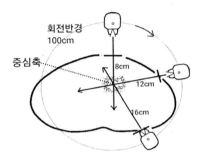

중심축까지 거리가 선원에서는 회전반경으로 같으나
피부 표면에서부터는 조사 방향마다 다르다

치료할 때 방사선이 가는 방향을 조사문[64](照射門 portal)이라고 한다. 여러 방향으로 방사선 조사가 이루어지는 것은 다문조사(multi-portal)라 한다.

4문조사[65]인 경우 4개의 방향에서 각각의 조사문이 기여하는 조사선량은, 종양 체적에 주어야 하는 선량을 100%라 할 때, 25%이다. 이 선량은 종양에 방사선이 도달하기 위해 피할 수 없이 정상 조

---

64 치료기 헤드가 회전하면서 여러 방향으로 조사하여 치료할 때는, 처음 한 방향에서 치료를 시행하면 이때의 조사야가 제1의 조사문(照射門, portal)이다. 다음 180도 반대 방향에서 치료한다면 이것이 제2 조사문이며, 90도와 270도에서 각각 제3문, 제4문을 치료하면 4문조사 치료가 된다. 조사문 수와 각 문의 방향 각도는 종양 선량이 최대가 되고 정상 조직 선량이 최소가 되는 조건을 찾아 선택한다.

65 다문조사의 각 조사문이 모두 만나는 중심 부위 선량을 100%라 했을 때 다른 조사문의 방사선 분포를 알 수 있다. 위의 4문조사 선량분포 그림에서 25%인 30Gy가 들어가는 곳의 연결선 외에 45Gy, 54Gy, 등 4문조사에 의해 조사되는 선량분포의 상태를 보여준다.

직이 받는 선량이 된다. 암세포가 죽는 종양 선량에 비해 현저히 적은 양(전체 양의 25%)이므로 정상세포에 심각한 후유증이 남지는 않는다.조사문 수가 많을수록 피할 수 없이 들어가는 정상 조직 선량은 줄어든다. 조사문에 포함된 정상 조직이 받는 선량을 제외한 그외의 부위의 정상 조직에 조사되는 선량은 거의 없다. 이러한 원리때문에 다문 조사는 종양에 적절한 선량을 조사하는 동안 주위 정상 조직을 보호하는 최적의 방법이 된다.

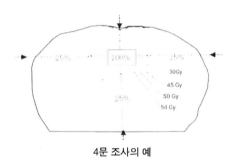

4문 조사의 예

종양 중심축의 치료 선량이 정해지면, 조사문의 수, 각 조사문의조사야 크기, 피부에서의 깊이, 해당 조사야 크기에서의 심부선량백분율 등이 정해져서 각각의 조사문이 분담하는 선량이 계산된다.종양 중심축의 선량을 100%로 할 때 각 빔의 조사야 크기[66]에 따른선량분포를 모두 합산하여 다문 조사 전체의 완결된 선량분포를 합친 결과를 계산하여 그려 낼 수 있다.

---

66 다문조사에서 각 방향의 빔의 모든 조사야 크기는 같을 수도 또 다를 수도 있다.

이 결과를 최종 치료 방법으로 사용하며 이 그림에서 좌표 어느 지점에서라도 들어가는 선량을 모두 알 수 있다. 다문 조사의 합산된 선량분포에서 같은 백분율(%) 또는 같은 선량이 작용하는 위치를 따라 선을 그은 것을 등선량곡선(等線量曲線 isodose curve)[67]이라

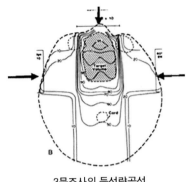

3문조사의 등선량곡선

한다. 같은 선량이 들어가는 장소를 지도에서 등고선을 그리듯이 그림으로 나타낸 것이다.

암 조직을 포함한 치료 체적에 필요한 처방 선량을 정할 때, 다문 조사에서 조사문마다 피부에서의 깊이가 다르고 조사야 크기가 다르기 때문에 각 조사문 당 조사량이 다르다. 그래서 각 조사문의 조사야와 조사선량을 얼마로 할 것인가를 등선량곡선으로부터 역산하여 치료기를 세팅한다. 3차원 이상의 복잡한 치료 설계는 치료기 방사선 방출 상태의 측정[68], 심부선량분포와 등선량곡선의 확보, 조직 내 등선량곡선 작성 등 모든 과정이 전산화, 자동화 되어있어, 전

---

67 다문조사에서 각 문의 조사야가 만드는 심부선량분포를 가지고 같은 깊이선량(등선량)이 분포하는 지점을 연결하여 곡선을 그린 것이 등선량곡선이다. 이것은 조사야와 관련된 위치에서 방사선이 각 지점에 얼마나 조사되느냐를 2차원적으로 파악하는 방법이다. 그래서 모든 문의 조사야가 같은 평면에 그려진다. 표현은 %로 할 수도 있고 Gy로 할 수도 있다. 등선량곡선은 심부에서의 모든 문에 의한 방사선 분포를 그림으로 표현한 것이며 실제 몸속의 방사선 분포를 확인하는 데 사용한다.

68 조직의 등선량곡선을 얻기 위해서는, 방사선 에너지와 조사야 크기에 따라 일정한 깊이의 조사야에 분포하는 선량을 팬텀을 이용하여 선형가속기에서 측정한다. 조사야 크기에 따라 측정된 심부선량 백분율을 가지고 등선량곡선을 작성한다. 다문조사를 할 때의 선량 분포를 얻기 위해 각 조사문에서 측정된 등선량곡선을 조합하여 다문조사, 회전조사, 입체조사 등 치료 방법에 따른 종양과 주위 정상 조직의 방사선 선량 분포에 관한 최종 등선량곡선을 얻는다.

산으로 얻어진 등선량곡선을 컴퓨터 모니터에서 최종적으로 확인하고 치료를 시작한다. 이러한 전 과정을 전산화 방사선치료 설계 (compluterized radiotherapy planning)라 한다.

7. 방사선 조사의 입체적 개념

종양 체적에 조사되는 방사선이 한 개의 조사문으로 이루어진다면 이것을 1차원 치료라 이름 붙일 수 있다. 이 경우는 전자선 치료 외에는 없다. 광자선은 상당한 깊이에서도 심부선량이 많이 줄지 않기 때문에 종양보다 더 깊은 곳의 선량도 많고, 표면 가까이 최대깊이선량에서 종양 표면까지의 선량이 종양 선량보다 더 많으므로 광자선 1차원 치료는 성립이 안 된다. 전자선은 에너지에 따라 일정한 깊이 이상 들어가는 심부선량이 없으므로 1문조사를 한다.

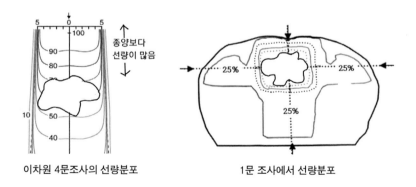

이차원 4문조사의 선량분포   1문 조사에서 선량분포

2문 이상 치료의 경우 각 조사문에서 관여하는 깊이 선량으로 등선량곡선을 작성하여, 다문조사로 만들어지는 선량분포와 종양의 모양과 크기가 비슷하게 일치하면 치료하는데 이것이 2차원 치료이다. 1, 2차원 치료는 수작업 선량 계산으로 치료할 수 있다. 이 방법은 굴곡진 종양 모양의 굴곡 사이의 공간에 주어지는 선량을 일일이 줄이기 힘들다.

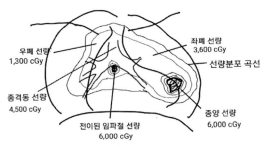

우폐 선량
1,300 cGy

좌폐 선량
3,600 cGy

선량분포 곡선

종격동 선량
4,500 cGy

전이된 임파절 선량
6,000 cGy

종양 선량
6,000 cGy

폐암의 방사선 치료에서 각 지역의 선량
등선량곡선으로 표시

이와 다르게 다문조사에서, 각 조사문의 빔즈아이 뷰에서 종양의 굴곡진 모양이 모두 다른 것에 맞추어 다엽콜리메이터로 조사문별 변형 조사야를 만들고, 각 방향에서의 선량 기여도를 계산한 후, 전체 조사문의 선량분포를 모두 합산하여 등선량곡선을 만드는 방법이 3차원 치료[69]가 된다. 이 방법은 조사문마다 다른 변형 조사야를

---

69 입체조사 즉 3차원 이상의 치료 설계를 할 때 조사문의 선량 계산은 조사야 크기, 방사선량, 깊이 선량, 심부선량분포 등 방사선 조사 표적 체적에서의 수많은 물리적 데이터를 전산화하여 2차원이 아닌 입체적 개념의 선량분포를 계산하여 얻어지므로 3차원 선량계획(three dimensional dose planning)이라 한다. 컴퓨터 계산에 의한 정밀성 때문이기도 하지만, 방사선 선량분포 패턴을 입체적으로, 즉 종양의 모양대로 그려 내고, 그리고 피해야 하는 주위 정상 장기의 구조에 맞게 피하면서 방사선 조사가 이루어지게 선량 계획을 할 수 있다. 그 결과 정상 조직의 선량분포 패턴도 세밀하게 표현되어 정상 조직 방사선 조사를 최소화할 수 있다.

선택함에 따라 종양 굴곡 사이의 공간 선량을 현저하게 줄일 수 있다. 이 계산은 수많은 데이터를 얻어서 복잡한 선량 계산을 하여야 하므로 컴퓨터로 시행된다. 다엽콜리메이터도 동시에 작동하여야 하므로 모두 자동화, 전산화되어 이루어진다.

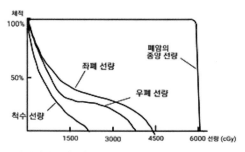

선량체적그래프 (dose volume histogram, DVH)

컴퓨터 치료계획 장치로 3차원 이상의 전산화 선량 계산을 하는 치료의 설계는 치료 체적(원발암)의 등선량곡선만 얻는 것이 아니라 전이 임파선과 주위 정상 조직의 선량분포 패턴을 얻고 정상 조직 구조에서 알기를 원하는 지점의 선량도 계산해 낸다. 그 결과를 컴퓨터에서 구체적인 그래프로 표현한 것을 선량체적그래프(dose volume histogram, DVH)[70]라 한다. 이 그림으로 조사야 내의 모든 장기

---

70 선량체적그래프(DVH)는 한 환자(여기서는 폐암)의 치료설계를 할 때 처방 선량이 정해지면(그림에서는 6,000cGy) 육안적 종양(GTV, 여기서는 폐 속의 폐암 덩어리)에 6,000cGy가 다 들어갈 때 다른 조직에는 얼마나 들어가는가를 표현한 것이다. 와이축은 대상 조직의 부피(체적)이다. 좌측 폐에 있는 폐암 종양에 방사선이 집중되는 동안 좌폐의 정상 조직에는 1,500cGy가 들어가는 부위가 좌폐 전체의 약 42%, 3,000cGy가 들어가는 부위는 약 30%, 극히 일부에 약 4,300cGy가 들어가고 그 이상은 안 들어가는 것을 보여준다. 척수는 2,000cGy 이상은 안 들어간다. 정상 조직은 전체의 약 80%의 체

조직이나 특정해 준 장소의 방사선 분포를 선명히 파악할 수 있다.

종양 조직은 전체 체적의 100%가 포함되어야 하고, 종양의 윤곽 바깥에는 방사선 분포가 조금이라도 있으면 안 되므로 선량체적그 래프(DVH)에서 종양 선량은 거의 기역자로 표현된다. 이 그림의 선 량분포[71]가 만족스럽지 못하면 여러 입력 수치를 변경하여 다시 계 산하여 최종 치료 설계를 얻는다

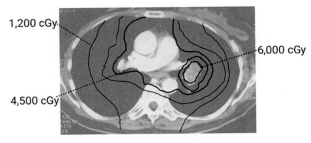

1,200 cGy

6,000 cGy

4,500 cGy

폐암 CT 예에서의 등선량곡선

적에는 적어도 5-600cGy 정도는 들어가는 것을 알 수 있다. 정상 조직 선량이 그 정도의 피폭에는 아무 이상이 생기지 않는다. 이상의 내용을 확인하고 이 치료는 설계가 만족스럽다는 결론을 내린다.

71 CT 영상에 그려진 등선량곡선으로도 선량분포를 얻는다. 폐암의 예에서 각 포인트에서 그려진 선 량분포는 종양과 전이 임파절의 선량이 6,000cGy일 때 다른 부위의 선량을 등선량곡선으로 알 수 있다. 원발암과 전이 임파절 외에 종격동에 종양 조직이 없더라도 4,500cGy 이상이 들어가도록 계 획을 한다. 그러나 그보다 더 바깥의 폐 조직에도 물리적으로 어느 정도의 방사선이 들어가게 되므 로 이 선량도 등선량곡선과 선량체적그래프로 관찰하여 과도한 선량이 정상 조직에 가지 않도록 조 절할 수 있다. 이렇게 등선량곡선을 얻은 후 선량체적그래프(DVH)를 계산하여 그려보면 각 해부학 적 구조물 전체의 방사선 조사량을 입체적으로 알 수 있다.

8. 환자의 자세 고정

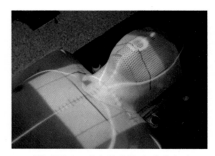

아쿠아플라스터와 위치 확인 레이저 빔

환자의 자세를 고정(固定)하는 것도 매우 중요하다. 치료를 수십 회 분할조사 치료로 하므로 매일의 치료가 항상 같은 자세로 시행되어야 정해진 위치에 똑같은 선량 분포를 얻을 수 있다. 환자가 같은 자세를 재현하기 위해서는 몸을 고정하여야 한다. 환자를 고정하는 고정장치(immobilization device)와 방법은 여러 가지가 개발되어 있다. 두경부는 아쿠아플라스터(aquaplaster; 상품명)라는 플라스틱 재질로 된 마스크를 사용하고, 체부는 몸체 고정장치(백록 vac-lock; 상품명)를 주로 사용한다. 고정장치로 고정한 후 직선 레이저 빔으로 마크하여 놓고 매일 치료실에서 그 선에 맞추어 자세와 위치를 재현한다.[72]

---

72 아쿠아플라스터는 뜨거운 물에 담그면 말랑말랑해지고, 환자 얼굴에 덮어씌우고 나서 식히면 그 모양을 그대로 유지하는 마스크 형태로 굳어진다. 매일의 치료에서 이 마스크 속에 얼굴을 담아 고정하여 자세를 재현한다. 백록은 공기로 부풀려진 에어매트 형태이며 환자가 올라가서 누운 후 공기를 빼면 환자 몸의 굴곡에 맞추어 진공으로 굳어지며 매일 치료에서 그 굳은 형태에 맞춰 누우면 같은 자세를 재현하게 된다. 환자가 숨을 쉬기 때문에 치료 중에 폐는 2cm까지 움직일 수 있다. 이 경우는 가슴이나 배를 압박하여 숨으로 인해 움직이는 범위가 줄어들게 하기도 한다.
환자 고정장치는 매일 환자의 자세를 똑같이 재현하는 것인데 그 원리는 이렇다. 환자 자세의 기준점을 처음에 정하는 데에는 직선 레이저 빔을 쓴다. 시뮬레이션 CT실과 방사선 치료실의 천장과 벽에 설치한 직선형 레이저 빔 장치에 같은 영점의 공간 위치를 정하면 CT실과 치료실의 공간 좌표가 같아진다. 환자의 시뮬레이션 CT를 촬영한 후, 환자의 피부나, 고정 마스크 등 자세 고정 기구 위에 비추어진 레이저 선에 일치하는 표식을 하고, 이 표식을 치료실 레이저 선과 맞추면 시뮬레이션을 했을 때와 실제 치료를 할 때의 몸속 좌표가 일치된다. 이 모든 고정장치와 레이저 빔 등은 수시로 품질관리(quality control)를 하여 에러가 발생할 확률을 줄인다.

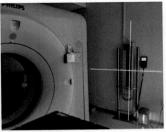

치료실과 CT실 벽의 레이저 빔의 영점이 일치
〈사진에 백색선(레이저 빔) 덧칠함〉

CT 시뮬레이터로 치료의 시뮬레이션을 할 때 환자는 맞춤형 고정 장치로 치료할 부위를 중심으로 한 고정된 자세를 취한다. 이 자세로 시뮬레이션 CT 촬영을 하고 그 영상으로 3차원 치료계획을 한 후 치료실에서 같은 자세를 재현하여 치료한다. 이때 시뮬레이션 CT실에 설치된 직선 레이저 빔의 영점 조준을 해 놓고, 치료실의 레이저 빔의 영점 조준과 동기화를 해 놓은 후, 시뮬레이션 때의 환자 몸에 해 놓은 위치 마크가 치료실에서의 레이저 빔 위치 마크와 꼭 맞게 될 때 치료를 시작한다.

9. 근접조사치료

방사선치료 역사가 시작되고 거의 동시에 시작된 근접조사치료(brachytherapy)는 방사성동위원소를 몸속 암 조직에 직접 접촉(brachy; 거리가 가깝다는 뜻)하여 치료하는 방식이다. 선형가속기의 엑스선으로 치료할 때는 선원(線原)에서 일정한 거리를 두고(tele; 멀다는 뜻) 방사선을 조사한다고 해서 원격조사치료(teletherapy)라 한다. 또는 선원이 몸 밖에 있어서 외부조사치료(external beam radiotherapy, EBRT)라 부르기도 한다.

근접조사용 방사성동위원소에서 방출되는 감마선은 거리의 제곱에 반비례하여 방사선량이 줄어든다(역제곱 법칙 inverse square law)[73]. 즉 선원에서 2cm 떨어진 곳의 방사선 선량은 1cm 떨어진 곳보다 1/2이 아니라 1/4만큼 줄어든다. 근접조사치료는 암 조직에 필요한 방사선이 전량 조사되는 동안 그보다 조금 떨어진 정상 조직에는 조사량이 현저히 줄어들므로 정상 조직을 보호하면서 암 조직에 대량의 방사선을 줄 수 있다. 외부조사치료에서 하는 정상 조직 보호를 위한 차폐는 하지 않으며, 할 수도 없다.

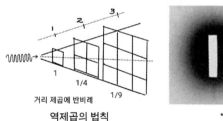

역제곱의 법칙

* 라듐 봉 방사능;
(좌) 필름노출, (우) 등선량곡선

---

73 근접조사 치료의 방사성동위원소에서 방출되는 감마선이 동위원소 선원에서 멀어질수록 조사량이 급격히 떨어지는 것을 확인하기 위하여 라듐 봉(棒 rod)을 엑스선 필름에 접촉하여 방사능이 방출되는 모습을 영상으로 만들어 보았다. 이 영상에서 흑화도의 차이에 의해 방사능 강도를 측정하여 등선량곡선을 그려보면 맨 가장자리의 곡선에 10% 정도 남아 있고 그보다 더 멀어지면 방사선이 미치는 양이 거의 없음을 알 수 있다.

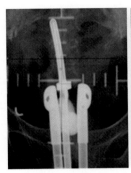
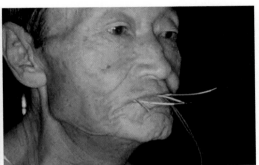

자궁암 강내치료용
라듐 삽입기구

입천장 암의 접촉치료

설암(혀의 암)에서는 동위원소 선원을 조직 내에 직접 찔러 넣는다
고 조직내치료(組織內治療 interstitial implant)라 한다. 자궁암에서는
자궁강 안에 삽입한다고 강내치료(腔內治療 intracavitary implant), 코,
기관지, 담즙이 흐르는 담관 등 긴 터널 구조로 된 관 속으로 집어넣
을 때는 관내치료(管內治療 intraluminal implant), 입천장의 암에서 입
천장에 선원을 붙여 놓고 입에 물고 치료할 때에는 접촉치료(接觸治療
contact therapy)라 한다.

방사성동위원소이므로 방사선 선원이 감마선인데 과거 1980년대
까지는 조직내치료에서 쇠못처럼 생긴 라듐(Ra-226) 또는 세슘(Cs-
137) 침을 사용하였고, 자궁암 강내치료에는 원통형(radium rod)으로
만든 속이 빈 금속 삽입기구(applicator)에 실어서 질을 통해 자궁 내
에 삽입하고 그 후에 삽입기구 속으로 라듐 봉을 후적재 하였다.

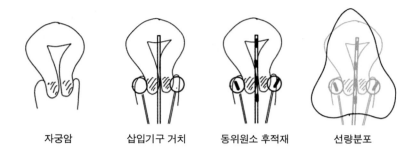

| 자궁암 | 삽입기구 거치 | 동위원소 후적재 | 선량분포 |

조직내치료에는 이리듐(Ir-192) 씨알(seed)을 나열하여 만든 리본 (iridium ribbon)을 후적재로 집어넣는다. 이리듐 씨알을 길고 가는 플라스틱 관에 일정한 거리를 두고 넣어 나열한 것을 이리듐 리본이라 한다. 처음 바늘을 환부에 찌르고 바늘 속으로 적재할 튜브를 넣고 피부에 고정한 후 바늘만 제거하면 적재할 튜브만 남는다. 환자는 차폐된 치료실에 거처하며 그때 이리듐 리본을 튜브에 후적재 한다. 그리고 일정한 시간이 지난 후 모두 제거한다. 전립선암 조직내 치료에는 더 작은 팔라듐 또는 요오드-125 등의 씨알을 쓴다.

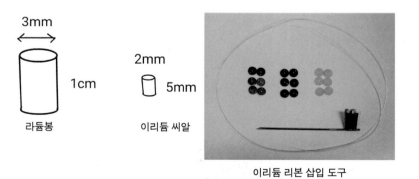

이리듐 리본 삽입 도구

과거의 자입치료는 라듐 침을 의사가 손으로 쥐고(집게로)조직에 직접 찔러 삽입하므로 시술하는 약 30분 동안 의료진의 방사선 피폭이 무시할 수 없는 양이었다. 라듐 침은 이리듐 리본보다 더 굵고 긴 침으로 후적재가 안 되고 조직에 바로 삽입할 수밖에 없었다. 그 후 이리듐 리본이 제작되어 플라스틱류 재료로 만든 관 형태의 빈 삽입기구를 먼저 수술실에서 삽입한 후 삽입기구 속으로 이리듐 리본을 집어넣는 후적재(後積載 afterloading)의 방식으로 바꾸었다. 이렇게 하면 동위원소를 적재하는 1분 정도의 시간만 방사선에 노출되니 라듐 침을 조직에 직접 찔러 넣는 경우보다 의료진 피폭량이 많이 줄어든다.

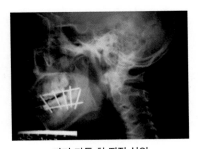

과거 라듐 침 직접 삽입

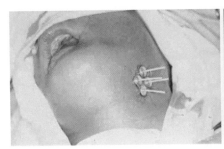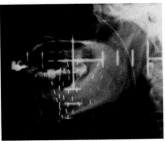

설암의 이리듐 리본 후적재 자입치료

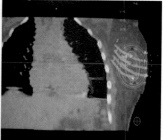

유방암 이리듐 원격 자입치료

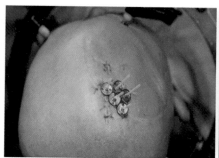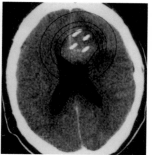

뇌암의 이리듐 자입치료

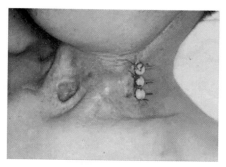

경부 임파절 전이암 자입치료

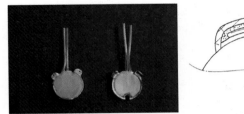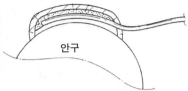

안구

안구암 접촉치료 기구와 접촉 방법

　지금은 후적재 방식으로 하면서도 동위원소의 후적재를 하는 원격조정 삽입 장치가 있어 환자를 격리실에 눕힌 후 모든 근접조사 치료과정이 원격조정 후적재(remote controlled afterloading) 기술로 진행 되어 의료진 피폭은 없다.[74]

근접조사 치료에 사용되는 방사성동위원소			
이름	원자번호	반감기	감마선 에너지(MeV)
라듐	Ra-226	1620년	0.83
코발트	Co-60	5.3년	1.25
세슘	Cs-137	30년	0.66
이리듐	Ir-192	74일	0.34
요오드-125*	I-125	60일	0.027

〈 요오드-125는 갑상선암 치료에서 사용하는 액상의 요오드-131과 다르며 금속 형태이다. 〉

74　방사성동위원소가 삽입된 치료 시간 동안에는 많은 방사선이 나오므로 환자는 외부와 차단된 방사능 차폐 시설을 갖춘 방에 격리하지만, 의료진은 동위원소를 보관함에서 꺼내어 삽입기구나 나일론 튜브 속으로 적재하는 동안에도 방사선 피폭이 된다. 그래서 고안된 방법으로 삽입기구를 미리 환부에 설치해 놓고 환자를 차폐실에 격리한 다음, 동위원소 저장고에서 동위원소가 나와서 삽입기구 속으로 자동으로 들어가도록 원격 조정을 하는 기술이 개발되었다. 이것을 원격 조정 후적재 방사선 치료(remote controlled afterloading radiotherapy)라 한다. 기구를 미리 설치한 후 나중에 선원이 들어간다고 후적재라 한다.

각종 근접조사치료용 동위원소의 종류와 반감기는 표와 같다. 반감기가 짧은 것은 일정 시간이 지나고 방사능이 줄어들면 선원을 새 것으로 교체해야 한다. 이리듐은 3개월마다 교체한다.[75]

후적재를 하더라도 동위원소의 적재는 의사 손으로 시행하던 과거의 동위원소는 방사능의 양이 많지 않았다. 원격조정 장비가 나온 후로는 의료진 피폭이 거의 없으므로 같은 동위원소지만 고방사능으로 제작하여 고선량의 방사선 조사가 이루어져서 치료 시간이 줄고 암 치료의 효율도 높아졌다. 이렇게 고선량으로 치료 하는 방식을 고선량률 근접조사치료(high dose rate brachytherapy, HDR)라고 하며, 과거의 방식은 저선량률 근접조사치료(low dose rate brachytherapy, LDR)라 한다. 두 가지 치료는 방사선생물학적 원리가 약간 다르다.

10. 방사선치료의 여러 가지 방법

일반(이차원) 방사선치료(conventional radiotherapy)

가장 단순한 치료 방법인 2차원 방사선치료(two dimensional radio-

---

[75] 근접조사 치료는 암 조직 선량을 대량으로 높이는 동안에도 주위 정상 조직 선량은 매우 낮기 때문에 많이 사용되었으나 직접 몸속에 삽입하는 시술 때문에 환자가 매우 불편하여 현저한 이점이 있는 경우에만 사용한다. 최근에는 다엽콜리메이터(MLC)를 이용한 3차원 또는 세기조절 방사선치료(IMRT) 기술의 정밀성이 뛰어나서 근접조사 치료와 거의 같은 선량분포를 외부조사로도 얻을 수 있고, 따라서 근접조사 때와 같은 국소 고선량 조사를 할 수 있어서, 근접조사 치료 기술은 차츰 쇠퇴하고 있다.

therapy, 2DRT)는 오랜 역사에 걸쳐 시행되어 온 방사선치료이다. 현재 컴퓨터 기술의 발전으로 3차원 치료 이상의 정밀한 치료가 보편화되었기 때문에 이와 구별하기 위하여 2차원이라 불렀지만, 과거에는 흔히 이루어지는 일반 방사선치료 방법이었다. 2차원이라도 가능하면 다문조사를 선택하여 정상 조직 선량을 최소화하도록 노력해야 한다. 2차원 치료는 조사야에 정상 조직이 어느 정도 포함되는 것을 피할 수 없기 때문이다.

다문조사는 조사문 수를 여러 개 사용할수록 조사문이 겹치는 중심 부위의 선량과 주위 조직 선량의 차이가 크게 난다. 그렇다 하더라도 종양의 외곽은 복잡한 곡선 구조로 되어있으므로 2차원 치료에서는 정상 조직에 조사되는 선량이 의외로 많다. 종양 모양의 다양함을 완전히 커버할 수는 없기 때문이다. 다문조사(여기서는 8문)의 방사선을 필름에 노출시킨 후 종양의 모양과의 관계를 대입해 보면 그림처럼 된다.

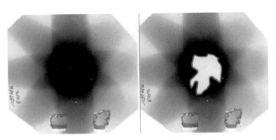

필름에 노출한 다문조사 선량분포(좌)
종양 모양의 굴곡과 일치가 안됨(우)

삼차원 입체조형 방사선치료(3 dimensional conformal radiotherapy, 3DRT)

3차원 치료(3DRT)는 치료기 헤드의 선원을 환자의 몸속 암 조직을 중심축으로 회전하면서 조사하여 치료하는 것이다. 여러 방향에서 조사할 때 조사문의 각 방향에서 종양의 모양이 각각 다르게 보인다. 서로 다른 종양 외각 형태에 맞추어 각각 다르게 조사야를 정하여 치료하는 방법을 3차원 치료[76]라 한다. 이때 다엽콜리메이터가 중요한 역할을 하여 각 방향에서 적절한 조사야를 만들어 준다. 각 조사야에서 방사선 선원 위치에서 타깃 볼륨을 향하여 눈으로 보는 빔즈아이 뷰(beam's eye view)로 종양의 모양을 확보하여 치료설계를 하므로 정밀성이 높고 정상 조직이 많이 제외된다.

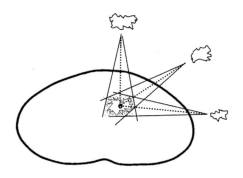

조사문 마다 빔즈아이 뷰 모양이 다르다

---

[76] 2차원 치료에서 다문조사를 할 때는 조사문마다 종양 모양의 굴곡에 정확히 맞게 변형 조사야를 만들기가 어렵다. 콜리메이터도 다엽이 아니고 빔즈아이 뷰도 없으며 수제 세로밴드 차폐블록을 종양 외곽 형태에 정확히 맞게 만들지 못하기 때문이다. 3차원 치료가 2차원 치료와 크게 다른 점은 다문조사의 각 방향마다 빔즈아이 뷰에 보이는 대로 그 모양에 맞게 조사야 모양을 바꾸어 가면서 치료할 수 있는 점이다.

세기조절 방사선치료(intensity modulation radiationtherapy, IMRT)

 3차원 치료설계를 할 때 각 빔즈아이 뷰에서 보이는 종양 조직
은 회전 위치에 따라 외곽 모양뿐 아니라 두께도 울퉁불퉁하게 다
르다. 3차원 조사야를 열어 놓은 상태에서 다엽콜리메이터의 잎
이 잠시 닫혔다가 열리면 그 시간만큼 방사선 조사량이 줄어든다.
치료하는 종양 조직을 잎의 수량과 넓이에 맞게 여러 개의 소구역
을 정해 놓고 소구역마다 두께가 다른 만큼 조사선량이 달라지므
로 이것이 세기조절 방사선치료[77]이다.

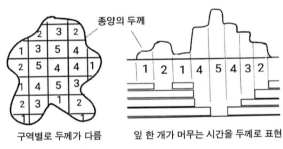

세기조절 방사선 치료 원리

---

77   한 조사야에서 다엽콜리메이터 전체 수십 개의 잎 중 한 개가 들어갔다 나오면 그 두께 부분의 조사
량이 적어진다. 빔즈아이 뷰로 보이는 다엽콜리메이터의 굴곡진 조사야를 여러 개의 소구역으로 나
눈 후 각 구역의 넓이에 해당하는 다엽콜리메이터 잎을 닫으면 닫은 시간만큼 그 구역 선량이 줄어
든다.
이 작업을 종양 전체에, 두께에 따라 적용하면서 머무는 시간도 두께에 따라 다르게 하면 조사문 속
소구역마다 선량이 달라진다. 움직인 잎의 수는 종양 두께가 다른 소구역의 넓이가 되고 닫히는 순
간의 시간은 줄어든 조사량이 된다. 종양 두께가 얇은 부위에서 그 부분의 넓이에 맞는 잎 숫자를 정
하고 닫히는 시간을 정한다. 두꺼운 부분은 잎이 닫히지 않아야 선량이 많이 들어간다.
즉 한 조사야에서 일정한 넓이를 구역(여기서는 voxel이라 함)으로 구분하고 구역마다 조사량을 다르
게 한다. 조사량이 구역별로 차이가 나므로 방사선의 양, 즉 세기가 조절된 선량이 구역마다 다르게
주어지는 것이다. 이것이 세기조절 방사선치료의 원리이다. CT 시뮬레이션 영상에서 얻은 입체적인
종양 구조를 입력하면 컴퓨터가 종양의 소구역을 나누고 각 소구역의 두께와 넓이를 확인하고 계산
하여 치료를 지시하고 조절한다.

세기조절 방사선치료는 여러 개의 정지된 다문조사로 할 때도 있고 갠트리 헤드가 회전하면서 동시에 지속적으로 방사선을 방출하는 동시 회전조사치료를 할 수도 있다. 회전 실시간 방사선 조사를 하는 경우, 갠트리가 회전하면서 방사선을 지속적으로 쏘는 동안 다엽콜리메이터 시스템은 계속 잎마다 서로 다르게 들락거린다. 이것은 다엽콜리메이터 덕분이고 각각의 잎이 독립된 모터에 의해 컴퓨터로 자동조절이 되어 가능하다.

정위적 방사선치료(定位的 stereotactic radiotherapy)

치료 체적을 정확히 설정하고 주위 정상 조직과의 경계선이 명확히 확정되면 치료 체적에 대량의 선량을 주어도 정상 조직 손상의 우려가 없어 고선량 조사 치료를 하는 방법이다. 이 방법은 종양 주위로 현미경적 암세포 침범이 거의 없는 형태의 종양에 사용되며 세기조절은 필요 없다. 이 치료는 분할 입체정위 치료(fractionated stereotactic radiotherapy, FSRT), 입체정위 체부조사 치료(stereotactic body radiotherapy, SBRT), 방사선수술(stereotactic radiosurgery, SRS) 등 여러 기술로 나눌 수 있다. 공통적인 것은 입체정위적 조준(照準 targetting)을 하는 치료이다.[78]

---

[78] 입체정위(stereotactic)라는 방법은 어느 한 목표점을 정하고, 그 점에 방사선이 도달하기까지 선원에서의 거리와 방사선 빔의 각도를 계산하여 측정하는 기술이다. 스웨덴에서 처음 고안되었는데, 신경외과 의사가, 두개골 속 뇌의 어떤 한 점에 바늘 끝을 도달시키기 위한 기술로 개발하였다. 보이지 않는 머릿속 한 점은 엑스레이 등으로 x, y, z 축 좌표를 정하고 머리의 바깥, 즉 두피에서 찌르고 들어갈 때 바늘의 각도와 깊이의 탄도(trajectory)를 계산하여, 계산된 깊이만큼 들어가면 정확히 그 점에 도달한다.
방사선도 바늘과 다를 바 없이 직선으로 가므로 정확히 계산된 좌표에 맞추어 목표 지점을 찾고 그 점에 여러 각도의 방향으로 몇 개의 정지 방사선으로 조사하든지 지속적 회전조사로 하든지 대량의 방사선이 집중되도록 한다. 이것이 입체정위적* 방사선치료이다.
입체정위는 목표 지점을 찾는 방법을 말한다. 3차원 치료나 세기조절 치료는 CT 영상에서 보이는 종양 중심을 정하고 이 점을 목표 지점으로 미리 결정을 한다.

타깃 체적 내의 세포는 대량의 방사선을 한 번 또는 몇 번 분할로 조사하면 모두 괴사 된다. DNA 손상 및 손상의 회복 등의 작용은 없고 세포가 물리적으로 치사 제거(burn out)가 된다. 암 조직을 녹여 없애는 방법(ablation이라 함)이므로 방사선을 이용해 외과적 수술의 효과를 얻을 수 있어서 방사선수술(radiosurgery)이라고도 한다. 이 방법을 뇌가 아닌 몸속의 암을 치료할 때 사용하면 입체정위 체부조사 치료(SBRT)라 한다. 대량 방사선 조사를 할 때 주위 정상 조직 손상이 우려되어, 2~4회 분할조사를 하는 경우는 분할 입체정위 치료(FSRT)이다.

사차원 방사선치료(four dimensional radiotherapy, 4DRT)

3차원 치료에 시간 개념을 연동시킨 것이 4차원이며 환자가 방사선이 조사되는 순간에 움직임이 있을 때 그에 대해 보정해 주는 것을 말한다. 환자나 종양이 방사선 조사 중에 움직이면 종양에는 방사선이 충분한 조사가 안 되고 주위 정상 조직에는 쓸데없이 많이 조사된다. 주로 호흡에 의한 것인데, 폐는 심호흡이 아닌 평상 호흡에도 상하 최대 2cm, 좌우 최대 1cm 움직인다.

방사선 조사 중의 움직임을 실시간으로 포착하여 방사선 방출 장치에 연동을 시키면 움직임에 맞춘 방사선 조사가 가능하다. 보통은 호흡운동 감지 장치를 사용하고 호기 시와 흡기 시 각각 종양의 위치를 포착하여 그때에만 방사선을 방출하거나, 종양의 움직임을 따라가면서 조사하거나, 환자의 호흡을 잠깐 멈추게 하고 치료하는 방법 등이 있다. 1회 조사가 몇 분이면 되므로 가능한 일이다. 이 방법을 호흡 연동 방사선치료(respiratory gating radiotherapy)라고도 한다.

영상유도 방사선치료(image guided radiotherapy, IGRT)

일반 방사선치료는 분할조사를 하므로 한 달간, 길게는 두 달간 매일 계속된다. 따라서 날마다 똑같이 재현해야 하는 데 시간이 지날수록 위치상 에러가 발생할 수가 있다. 암 환자는 식이의 어려움으로 체중감소로 인한 몸의 구조적 변형도 생긴다. 종양이 치료되어 크기가 줄어들면 방사선치료 타깃 크기의 변동과 타깃 중심점의 변동이 생긴다. 호흡에 의한 움직임도 고려해야 한다.

여러 가지 영상 촬영 장치를 사용하여 이러한 모든 에러를 찾아내고 교정하여 치료하는 것이 영상유도 치료이다. 선형가속기에 CT 촬영기가 장착되어, 치료할 때 CT 영상을 촬영하여 치료할 타깃의 위치와 모양을 실시간으로 확인하는 방법을 영상유도 CT(cone beam CT, CBCT) 촬영이라 한다. 매일 치료하기 전 표적에 CBCT 촬영을 함으로써, 원하는 대로 방사선 조사가 이루어지는지 확인한다.

그 외에도 양전자방출 단층촬영(PET)이나 MRI, 초음파 촬영 등에 의해 치료 전 검사로 CT에서 얻은 영상과 실제 치료해야 하는 영상의 형태, 위치와 크기를 재확인하여 영상유도 치료를 한다. 이 기술은 근래에 세기조절 방사선치료와 함께 방사선치료 기술 및 방사선종양학과 발전에 크게 기여한 첨단 기술이다.

정위적 방사선수술(stereotactic radiosurgery, SRS)[10]*

입체정위적 방사선치료 중 방사선수술(SRS)은 입체정위적 치료가 처음 시작될 때부터 연구개발된 치료 방법이다. 방사선수술(radiosurgery)은 스웨덴 신경외과 의사인 렉셀 박사(Dr. Leksel)가 1950년경 고안해 내었다. 두개강(머릿속) 내의 종양, 혈관 기형 또는 신경 이상

등의 질환에서 직경이 보통 1cm 이내로 작은 크기의 병변이 있을 때가 치료 대상이었다.

선형가속기에 의한 방사선수술은 표적을 중심으로 5개 이상의 원호 치료 방식을 쓴다. 원호 치료의 회전 각도는 5개가 서로 비슷하다. 한 개의 원호에서 표적 체적에 선량이 집중되며 5방향의 원호가 한 종양 체적에 집중되어 선량이 5배로 축적되니 대량의 종양 선량이 조사 된다. 이것이 정위적 방사선수술이다. 보통 1회의 치료행위로 끝낸다.

이 방식의 장점을 극대화 한 것이 감마나이프 또는 사이버나이프 치료이다. 방사선치료를 할 때는 바늘 굵기의 연필심 방사선(pencil beam radiation)을 거리에 맞게 좌표에 맞추어 조준하여, 방사선이 타깃 볼륨에 집중되게 한다. 보통 150~300개의 연필심 방사선이 360도 각 방향에서 쏘면 타깃에 100% 조사될 때 정상 조직은 1/150-1/300개의 방사선만 들어가므로 안전하다.

감마나이프(gammaknife) 방사선수술

정위적 방사선수술을 하되 선원을 엑스선이 아닌 코발트의 감마선을 이용하고 두개강 내 질환 치료에 사용하도록 고안된 것이 감마나이프이다. 코발트-60 동위원소 201개를 일정한 거리로 나열한 헬멧 속에 머리를 넣으면 201개의 연필심 감마선이 한 점에 집중된다. 그 점을 종양이나 혈관 기형 등의 타깃에 맞추어 치료한다.

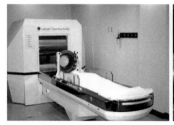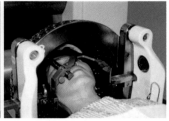

감마나이프 장비로 뇌종양을 치료하는 장면 (장비회사 자료)

단점은 머리 고정장치의 고정 침이 두개골 뼈에 박혀 고정되기 때문에 치료 시간 내내 환자가 불편함을 견뎌야 한다. 1박 2일로 치료하는 경우까지 있으므로 간단한 문제는 아니다. 게다가 방사능이 많은 동위원소를 쓰므로 반감기가 있어 시간이 감에 따라 방사능이 줄어들어 6~7년마다 한 번씩 교체해야 하고, 항상 방출되는 방사선에 대한 안전관리가 철저해야 한다.

사이버나이프(cyberknife) 방사선수술

감마나이프와 마찬가지로 상품명이기도 한 사이버나이프는 타깃이 머릿속뿐 아니라 몸의 어느 곳에 있어도 치료가 된다. 방사선수술의 원리는 같지만, 감마나이프는 미리 정해진 위치에 고정된 감마선을 사용하며, 환자의 머리를 갖다 넣어 맞추는 데 비해, 사이버나이프는 선형가속기에서 나오는 한 개의 연필심 방사선(pencil beam)을 250~300회 각각 다른 방향으로 쏘는 점이 다르다. 로봇 팔 끝에 장착된 선형가속기에서 연필심 엑스선이 나와서 각 방향으로 조사하며 그래서 치료 시간이 길다는 단점이 있다. 환자의 고정은 고정 침이 있는 틀을 쓰지 않고, 두경부 치료용 아쿠아플러스트 마스크나 진공 담요 정도로 충분하므로 환자는 편안하다. 방사선도 스위치를 끄면 전혀 나오지 않으므로 안전하다.

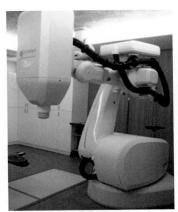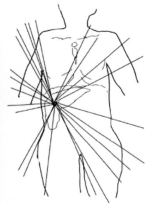

사이버나이프 장비와 치료 원리 (간암 예)

토모테라피(tomotherapy)

CT처럼 원통형 구조로 되어있지만, 선원 헤드에는 촬영용 엑스선관이 아니라 선형가속기를 설치하고 회전조사를 하면서 치료하는 구조이다. CT처럼 한 절편씩 회전조사 치료를 하며, 치료 방식은 다엽 콜리메이터를 사용한 세기조절 방사선치료(IMRT)이다. 암세포가 분포하는 해부학적 구조를 결정하고 그 구간에서 머리 쪽에서부터 다리 쪽으로 움직이는 동안 방사선치료가 된다. 복부 임파절 전이처럼 좀 복잡하고 넓은 부위에 암이 있을 때 훑어가며 치료하기에 좋다.

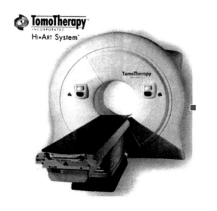

토모테라피는 선형가속기로 하는 회전조사 치료를 더 광범위하게, 그리고 그것을 한 번에 치료하는 이점이 있다. 전립선처럼 작고, 한 부위에 국한된 곳의 치료에서는 회전 횟수가 많을 필요가 없으므로 선형가속기로 하는 회전조사 치료보다 토모테라피가 더 좋다고 할 수는 없다. 종양이 몸속에서 광범위하게 있을수록, 울퉁불퉁하고 복잡한 구조를 가질수록 장점이 많다. 그러나 장비가 고가이며 한 번의 치료 시간이 좀 긴 것이 단점이다.

11. 물리적 최적합 선량 분포의 의미

방사선치료는 일일 치료량이 일반적으로 1.8 내지 2.0Gy이며 전체 총 선량은 육안적 종양에 최소 60Gy 이상이 필요하다. 그러나 만일 하루 2Gy 선량을 전신에 조사하면, 세 번으로 사람의 치사량이 되는 큰 선량이다. 방사선으로 암을 치료하는 원리는 세포 사멸인데, 세포가 방사선에 의해 손상을 받아 사멸 제거되어야 하므로 1회의 방사선치료 선량도 인체 전신조사가 되면 위험할 정도의 대량이다.

암 조직은 주위 정상세포와 확연히 구분되는 경우도 있지만, 대부분은 정상세포와 암세포가 혼재해 있다. 여기에 치료량인 방사선을 조사하면 정상세포도 같은 손상이 일어난다. 따라서 정상세포를 다치지 않고 암세포를 최대로 많이 제거하기 위해서 방사선의 양도 중요하지만, 몸속 조직 내에 어떻게 분포하는가가 매우 중요하다. 실제 임상에서 뜻하지 않게 정상 조직 손상에 따른 합병증으로 심각한 부작용이 온 사례가 가끔 일어나기도 한다.

가능한 한 암세포를 많이 사멸시키고 정상세포 손상은 적게 일어나게 하는 원리는, 방사선생물학적 특성을 이용하여 조절하는 법과, 물리적으로 정상세포에 방사선이 가지 않도록 하는 방법이 있다. 물리적 방법은 가능한 한 조사야를 작게 하고 조사문을 다문으로 많이 만드는 것을 기본으로 한다.

심부에 있는 암 조직에 많은 양의 방사선 조사를 하면 피부에서 타깃에 도달할 때까지 정상 조직에 가는 선량을 피할 수 없다. 이 정상 조직 선량은 조사문 수가 많을수록 줄어든다. 타깃 선량을 1로 할 때 정상 조직 선량은 1/n(조사문 수)이기 때문이다. 그림에서 타깃에 겹쳐서 집중되는 곳의 색농도(방사선 양)는 셋이 다 같은데 주위 방사선 효과는 조사문 수가 많아질수록 흐릿해지는 것을 보여주고 있다.

타깃 주위에 방사선 분포가 집중되었더라도 그곳의 선량 분포는 종양의 모양에 정확히 맞출 수 없다. 선량분포 속에 있는 암 조직의 모양은 직선이나 원형이 아니고 굴곡진 형태를 하고 있으므로 그 굴곡 사이의 정상 조직에도 방사선이 최대한 적게 들어가야 한다. 여기에서 다엽콜리메이터에 의한 3차원 치료가 중요한 역할을 한다.

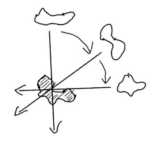

빔즈아이 뷰마다 다르게 보이는 종양

빔즈아이 뷰마다 다르게 보이는 종양의 모양에 맞춘 변형 조사야를 다엽콜리메이터로 만들어서 굴곡진 틈 사이의 선량을 줄인다. 나아가 각 변형 조사야에서 다엽콜리메이터 잎이 들고 나면서 각 조사문에서의 종양 두께의 다양성에 맞게 선량을 조절하는 세기조절 방사선치료를 선택하면 더욱 정밀한 선량 분포가 된다. 종양 윤곽의 복잡한 형태에 변형 조사야의 외곽이 최대한 접근하여 타이트하게 일치할수록 정상 조직을 가능한 한 많이 제외할 수 있다.

여기에서 주의할 것은, 조사야 외곽의 밖은 조사되는 방사선이 없어서 정상 조직 보호에는 좋으나 그곳에 암세포가 하나라도 있다면 치료가 안 된다는 점이다. 암 종류에 따라 육안적 종양 덩어리의 주위에 암세포가 안 보이게 번져 있는 암에서는 조사야가 심하게 타이트하면 위험하다. 즉 방사선수술 조사야를 쓸 때는 조사야 밖으로 주위에 암세포가 없는 것이 확인되어야 한다. 만일 암세포가 있을

확률이 있으면 3차원 입체조형 치료나 세기조절 방사선치료를 하여
야 한다.

 이차원

 삼차원 입체

 세기조절

 방사선 수술

정밀 방사선 치료기술의 발전

예를 들어 폐암 중 기관지에서 먼 폐속 깊이 주변부(peripheral
type)에 생긴 폐암이고 단 한 개의 종양 덩어리만 있는 1기 폐암은
방사선수술 치료 대상이 된다. 폐의 정상 조직 구조의 특성상 종양
조직 범위를 벗어난 곳에는 현미경적 암세포가 존재하지 않는다.

그러나 기관이나 기관지가 있는 종격동에 가까이 발생한 중심부
(central type) 폐암은 주위 조직에 세포가 번져 있을 확률이 높으며
종격동 임파절 전이가 쉽게 온다. 이때는 방사선수술의 타이트한 선
량분포를 사용하면 조사야 밖으로 현미경적 세포를 놓칠 수 있다.

폐 실질에 독립된 암
방사선 수술의 선량분포

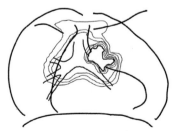

종격동에 가까운 암
삼차원 치료 선량분포

12. 미래형 방사선치료 장비

선형가속기가 나와서 방사선치료 기술이 현대화된 이래, 치료 장비의 끊임없는 기술 개발로 몇십 년간 기계적 디자인과 방사선 조사의 정밀성이 발전해 왔고, 그 최고 정점이 다엽콜리메이터이다. 21세기에 들어와서 치료기의 기계적 디자인의 개혁으로 처음 나온 것이 토모치료기이다. 최근에는 방사성동위원소 코발트-60을 장착하고 MRI로 영상유도를 하는 영상유도 코발트 치료기, 가속기 헤드를 토모테라피 치료기처럼 회전하도록 하여 C-자형 치료기 구조를 원형으로 바꾸고 4차원 영상유도 방사선치료를 더욱 편리하고 정밀하게 사용할 수 있게 개선한 장비, 치료 설계를 위한 시뮬레이션 촬영을 엑스선 CT로 하지 않고 MRI로 하여 CT 영상에서 부족한 정보를 사용하는 시스템 등, 미래형이라고 생각되는 장비들이 나타나고 있다. 초 대량 순간 치료라는 새로운 방식의 치료는 아직 연구 중이지만 초 대량의 방사선을 수 초간 순간 조사로 치료하는 방법도 있다. 방사선치료의 가장 큰 약점인 1개월 이상의 시간을 요하는 분할치료에서 치료 횟수를 줄이는 방법에 대한 연구도 많이 진행되고 있다.

바. 방사선치료 준비 과정의 문제들

1. 치료계획의 수립

방사선치료를 시작할 때 환자의 몸 내부에서 암의 위치를 찾아서 어떤 방사선을 어떤 방향으로 얼마의 넓이로 얼마의 선량을 조사하여 치료할 것인가를 결정하는 과정이 매우 중요하다. 이 과정을 치료계획(또는 설계, treatment planning)이라 한다. 먼저 환자 몸의 내부 구조를 파악하기 위해 엑스선 촬영 영상을 얻는다. 이를 시뮬레이션 또는 모의촬영(模擬撮影 simulation)이라 한다. 치료 부위가 정밀한 치료를 할 필요가 없고 치료 방법이 단순하면 시뮬레이터(simulator)라 하는 단순 엑스선 촬영과 같은 장치로 촬영한다. 이 시뮬레이터 촬영 장치에는 거리(cm)와 회전 각도(degree)가 각 방향으로 표시되어 있어 몸속 치료 표적을 찾아 좌표를 설정하기가 쉽다. 정밀성이 요구되는 치료계획을 할 때는 시뮬레이션 CT로 3차원 촬영을 한다. 몸속 치료 표적의 3차원 영상을 얻어 3차원 방사선치료를 설계하기 위한 것이다.

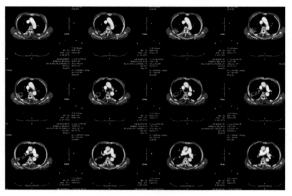

폐암의 시뮬레이션 CT

　방사선치료를 할 때 암 조직과 정상 조직을 구분하는 가장 중요한 요소는 조사야(照射野 treatment or radiation field)이다. 조사야는 치료기 선원(線原 source)에서 방사선이 나올 때 직사각형 또는 정사각형이므로 최소 크기의 사각형으로 처음 조사야를 결정한다. 일차 조사야는 차폐블록으로 종양 주변을 어느 정도 가릴 수 있으며 다엽콜리메이터는 종양 모양에 거의 근접하여 정상 조직과 구분 짓는다. 다엽콜리메이터를 사용하면서 치료기 헤드가 회전하여 빔즈아이 뷰를 이용한 조사야를 설정하면 조사문마다 종양 외곽에 더욱 접근한 변형 조사야가 만들어진다.

1. 최소 크기의 사각형

2. 차폐블록의 제작

3. 다엽콜리메이터

4. 빔즈아이 뷰

지금은 3차원 내지, 고난도의 정밀 치료를 하므로 치료의 설계는 컴퓨터 계산에 의한 전산화 치료계획(computerized treatment planning)을 한다. CT로 모의촬영(simulation CT)을 하여 종양의 크기나 위치 등을 3차원적으로 확인하고 그 입체적인 외곽 모양을 그려 컴퓨터에 입력한다. 이 작업을 윤곽그리기(contouring)라 한다. 윤곽그리기로 치료 표적체적의 크기와 모양을 입력한 후 주위 정상 장기를 다엽콜리메이터로 적절히 차폐하여 조사야를 완성한다. 이어서 조사야, 조사 각도, 조사문 수 등 모든 치료 정보를 컴퓨터 계산으로 결정짓는다.

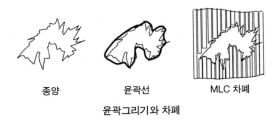

종양   윤곽선   MLC 차폐

윤곽그리기와 차폐

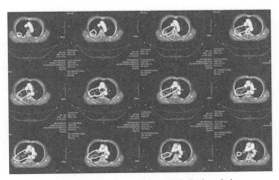

앞의 시뮬레이션 CT에서 시행한 윤곽그리기

윤곽그리기는 영상을 보고 종양의 윤곽을 컴퓨터에 그려 넣어서 종양의 형태를 인식시키는 과정이다. 이때 종양 조직의 주변부가 정상 조직과의 경계가 선명할 때는 문제가 없으나 불분명하면 윤곽을 결정하기가 어렵다. 보이는 종양 조직에 바짝 타이트하게 그리면 주위 암세포가 조사야에서 빠질 수가 있고 느슨하고 여유 있게 그리면 정상 조직이 필요 없이 많이 포함될 수 있다.

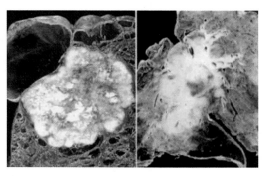

암조직 사진.
좌측암에 비해 우측은 경계가 불명확

치료를 시작할 때 선형가속기에 설치되어 있는 치료용 CT(cone beam CBCT)로 매일 치료하기 전에 실제 조사야를 촬영함으로써, CBCT 영상이 치료계획 CT 영상과 일치하는지 확인한 후 위치 수정을 하면서 치료한다. 이것이 영상유도 방사선치료이다. 이 모든 작업은 컴퓨터를 이용하므로 1mm의 오차도 없다.

조사야를 설정하기 위하여 의사는 우선 암 조직 주위의 넓은 범위를 내려다보고, 그중에서 눈에 보이는 암 조직의 표적체적과 그 주위의 안 보이는 암세포 침윤지역을 모두 파악한다. 이때 해부학적 지식, 이번 치료 대상인 이 암이 어떤 성질로 번져가는가 하는 종양학적 지식, 이 암세포와 주위 정상 장기 조직 세포의 방사선 민감도에 관한 생물학적 지식, 종양을 중심으로 하고 어느 방향으로 조사문을 정하는 것이 좋은가 하는 물리학적 지식 등 많은 정보를 창출해 내고 그에 대한 최종 조사야의 모양과 크기의 최대공약수를 만들어 내어야 한다.

암 조직이 있으면 주위 정상 조직으로 세포가 번져가는 양상이 암마다 다르다. 잘 안 퍼져나가는 것, 원발 종양의 크기보다 더 넓게 금방 퍼져나가는 것, 림프액의 흐름을 따라 멀리 번져가는 것, 혈관을 타고 흘러가는 것, 자신이 처음 발생한 장기 내에서는 주위로 잘 안 번지지만 옆의 정상 장기와 접촉하면 그곳을 뚫고 번져가는 것, 이루 다 표현이 안 될 정도로 다양하다. 일단 우리 몸속에 암세포가 생기면 우리 몸의 면역 방어 체계가 작동하여 림프액이 흐르고 그 흐름을 따라 암세포를 끌고 가까운 임파선으로 데리고 가서 암세포를 소멸시킨다. 이곳이 국소임파절(regional lymphnode)[79]이다. 예를 들어 폐의 국소임파절은 종격동 임파절이다.

국소임파절에 끌려간 암세포가 죽지 않고 그곳에서 다시 자랄 수도 있다. 이것이 국소임파절 전이이다. 이 경우를 전이라는 말도 쓰

---

79   몸속 모든 장기는 외침 세력으로부터 보호하기 위해 가까운 장소에 임파절을 두고 있다. 림프액이 말단 조직에서 균이나 세포를 포집하여 림프관을 따라 임파절로 가져가서 그곳의 킬러 세포나 다른 여러 면역 체계가 작동하여 처리한다. 이곳이 국소 임파절이다. 대부분 작은 콩알에서 잣 크기이다. 폐암의 경우는 종격동 임파절, 위장은 상복부 임파절, 인후두암은 경부 임파절 등이 이것이다. 국소임파절을 넘어가면 임파 조직 내부이건 다른 장기 조직이건 원격전이(distant metastasis)라 한다. 이 것이 보통 말하는 전이암이고 국소임파절 내에 있는 동안은 원발 종양과 동시에 치료하는 광범위한 의미의 국소 종양 체적(tumor volume)에 속한다.

지만 가까운 국소임파절은 암 치료가 시작될 때 원발부위 암 조직과 한 덩어리로 취급되어 치료 처리가 되므로 멀리 떨어진 곳에 생기는 전이암(轉移癌 metastatic cancer)과는 다르게 취급한다. 혈관을 따라 멀리 있는 다른 장기로 전이가 되는 것은 원격전이(distant metastasis)이다.

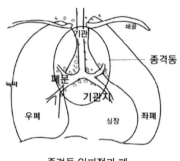

종격동 임파절과 폐

방사선치료를 할 때 원발암과 국소임파절까지를 한 조사야에 포함할 수 있다. 표적 체적(target volume) 또는 종양 체적(tumor volume)이라는 의미는 한 치료 행위에 포함되는 원발 종양과 동시에 포함하는 국소임파절 전체를 말한다. 조사문의 방향 때문에 어쩔 수 없이 방사선이 미치는 정상 조직은 표적 체적은 아니다. 그중 종양을 중심으로 하여 그 주위에 있는 눈으로 보이거나 손으로 만져지는 종양 덩어리를 거시적 종양 체적(gross tumor volume, GTV)이라 한다. 암에 따라, 그때의 상황에 따라 거시적 종양 체적이 치료 조사야의 전부일 수도 있다. 떨어져 있는 국소임파절에 가 있는 암세포가 육안적 크기이면 그것도 따로 거시적 종양 체적(GTV)이 되어 전체가 동시 치료 타깃이 된다.

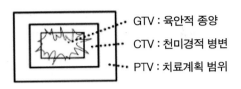

GTV : 육안적 종양
CTV : 천미경적 병변
PTV : 치료계획 범위

　많은 경우 종양의 주위 정상 조직에 암세포가 눈에 보이지 않게 침윤되어 있을 수 있으므로, 조사야가 거시적 종양 체적보다 더 넓게, 침윤이 의심되는 부위를 포함하여 포괄적으로 결정되는 경우가 많다. 이때는 임상 종양 체적(clinical tumor volume, CTV)이라 한다. 특히 경계가 불명확한 암에서 적용되어 조사야가 커진다. 암세포 종류에 따라 이런 성질의 차이가 있고 그러한 성향을 이미 알고 있어서 윤곽 그리기에 참고하기도 하고 조직검사로 확인하여 결정하기도 한다.

　원발 암 조직과 국소임파절을 모두 포함할 때는 임파절과 원발 암 조직과의 사이에 있는 정상 조직에 방사선이 얼마나 조사되느냐의 문제도 생긴다. 암세포는 발생한 곳에서 림프관을 타고 국소임파절로 간 것이기 때문에 그 사이에서 예를 들면 임파관 속에 머물고 있는 암세포가 있을 수 있다. 폐암의 경우 폐에 있는 원발 암과 전이가 있는 종격동의 국소임파절에 각각 거시적 종양 체적의 선량을 주지만, 그 사이의 구조에는 암세포가 있을 수도 있고 없을 수도 있다. 따라서 이 부위도 어느 정도의 방사선 조사를 해야 한다. 암 종류에 따라 국소임파절 전이를 잘하여 현재 있다는 증거는 없어도 암세포가 있을 확률이 있는 조직에 예방적으로 방사선 조사를 해 두는 것이 이익인 경우도 있다. 그래서 이 전부를 포함하는 조사야가 계획 종양 체적(planning tumor volume, PTV)이 된다. 치료 선량은 거시적 종양 체적과 임상적 종양 체적에 총 치료 선량을, 계획 종양 체적은 약 2/3 정도의 선량을 조사한다. 거시적 종양을 제외한 모든 안 보이는 암세포 조직을 준임상적 질환(sublinical disease)이라 한다.

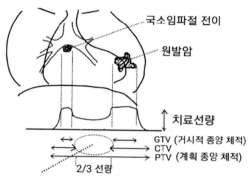

국소임파절 전이

원발암

치료선량

GTV (거시적 종양 체적)
CTV
PTV (계획 종양 체적)

2/3 선량

원발암과 국소임파절 사이의 정상 조직

눈에 보이는 거시적 종양과 주위의 보이지 않는 현미경적 세포를 포함한 임상 종양 체적도 치료가 어느 정도 진행되면 크기가 줄어들어서 그때까지 사용하던 조사야 내에서 암세포가 없는 빈 곳이 새로 생기게 된다. 이 조사야를 계속 쓰면 정상 조직의 조사량이 쓸데 없이 많아진다. 이 문제의 해결책이 조사야 줄이기 치료법(shrinking field technique)[80]이다.

---

[80]　눈에 보이지 않는 현미경적 암세포들이 보통은 45-50Gy에 거의 제거가 되므로 그 후의 조사야는 원래의 육안적 종양체적(GTV)의 크기로 줄인 후 나머지를 총처방 선량(65-70Gy)까지 치료한다. 보통은 두 단계로 조사야 줄이기를 하지만 때로 세 단계로 하는 수도 있다. 그렇게 하고도 부족한 느낌이 있으면 추가로 증가 선량(boost dose)을 더 줄 수도 있다.

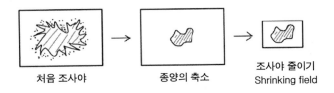

| 처음 조사야 | 종양의 축소 | 조사야 줄이기
Shrinking field |

　조사야 줄이기 치료법은 처음 치료를 시작할 때는 포괄적인 조사야를 사용하다가 일정한 조사량에 도달하면 치료 설계를 변경하여 조사야를 줄여서 치료하는 방법이다.

2. 특수 방사선치료

전자선 치료(electron therapy)

　전자선도 입자선이지만 전리방사선으로서의 기능은 엑스선과 비슷하고, 입자이기 때문에 심부에 깊이 들어가지 않으므로, 에너지가 높지 않아도 임상에서 사용하기에 적당하다. 심부 암 치료는 엑스선으로 가능하므로 저 에너지 전자선은 피부 부근의 표재성 암 치료에 주로 사용된다. 엑스선은 6 또는 10MV[81]의 에너지를 쓰지만, 전자선은 6MeV 이상은 많이 쓰이지 않는다. 유방암에서 수술후 방사선치료(post-operative radiotherapy)를 엑스선으로 전 유방에 시행하고, 수술 자국에만 추가로 증가선량(boost dose)을 더 조사할 때 전자선을 쓰는 경우가 많다.

81　에너지 단위는 엑스선은 KV, MV, 전자선이나 감마선은 입자와 관련된 에너지이므로 KeV, MeV로 쓴다.

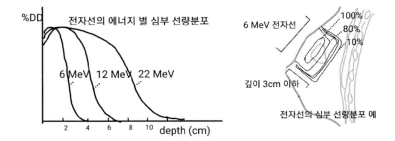

전자선의 심부 선량분포 예

중성자선 치료(neurton therapy)

중성자선은 그 물리적 특성으로 지나가는 길에 매우 조밀한 전리 작용(densely ionizind radiation)을 일으키는 고 LET 방사선이다. 따라서 고 LET 방사선의 생물학적 효과를 이용하여, 일반 엑스선 치료에서 치료 효과가 떨어지는 진행성 암이나 방사선 저항성인 암의 치료에 효과적이다. 1980-1990년대에 세계적으로 많이 이용되었고 우리나라는 한국원자력의학원에서 설치 사용하였다. 그러나 정상 조직 손상도 함께 많이 일어나는 것을 극복하기 힘들어 현재에는 사용하지 않고 있다.

보론-중성자포획치료(boron-neurton capture therapy)

보론(B-10; 붕소)을 인체에 주사하면 뇌종양에 많이 축적된다. 그 장소에 에너지가 매우 낮은 열중성자선(thermal neutron)[82]을 조사하면

---

[82] 열중성자는 원자로에서 발생 되는 매우 낮은 에너지의 중성자선의 다른 이름이다. 중성자는 전기적 중성이므로 몸속 원소들과 충돌하여도 전하가 없어 양성자나 전자보다 몸속 깊이까지 침투할 수 있다. 가속기에서 발생시킨 중성자선은 가속기의 특성상 원자로 중성자보다 에너지가 매우 높을 수밖에 없다. 에너지가 높으면 투과력이 세어져 중성자가 보론 핵붕괴에 역할을 많이 하지 못할 수 있다.

붕소가 중성자를 포획하여 핵붕괴가 일어나면서 알파입자 등 전리 방사선이 대량 발생하여 암세포를 죽이는 것이 원리이다. 열중성자 발생 장치로는 원자로를 주로 이용하는데, 중성자의 에너지도 낮고 환자에게 적용하는 데에 어려움이 많아 지금은 가속기에서 얻은 비교적 높은 에너지의 중성자선을 이용한 고에너지 중성자선 보론-중성자 포획치료에 대한 연구가 많이 진행되고 있다.

과거 유럽에서 개발되었고 1970년대 이후 일본에서 많이 연구하였으며, 우리나라는 원자력의학원에서 과거 중성자선 치료를 하던 싸이클로트론 가속기[83]를 이용하여 보론-중성자포획치료에 적합한 에너지의 중성자를 발생시켜 치료하는 연구를 진행 중이다. 악성 뇌종양에서 시도하여 종양의 소실을 보았다는 일본의 논문은 많으나 엑스선 치료보다 더 좋은 성적을 내는가에 대하여는 의문이다.

광역학치료(photodynamic therapy)

빛에 예민하게 반응하여 독성 이온기를 방출하는 물질을 광민감제라 하는데, 이것을 환자 몸에 주사하여 암 조직에 축적 시킨 후 그 조직을 빛에 노출시키면 광민감제(photosensitizer)가 빛과 반응하여 발생하는 독성 이온 때문에 암세포가 손상을 받는다. 비전리방사선인 가시광선을 이용하는 것으로 빛에 의해 광민감제에서 발생하는 독성 이온기는 매우 짧은 시간 동안 작용하며(10만분의 1초), 작용 거리도 짧아서 깊이 침투하지 못한다.

---

83   가속기에서 높은 에너지로 가속하여 발생한 중성자선은 원자로의 열중성자선과 대비하여 속(速 즉 빠른)중성자선이라고 부른다. 열중성자선의 평균 에너지는 1MeV 이하이다. 가속기 발생 속중성자선은 10MeV 이상을 사용한다. 원자로에서는 핵붕괴로 발생하므로 가속 에너지가 없다.

광역학치료는 빛이 도달하여 작용할 수 있는 두께의 피부암이나, 기관지나 식도 등 내부장기의 표면의 점막 조직에 발생한 표재성 암에만 시행된다. 피부는 햇빛을 이용해도 되지만 내부장기는 내시경을 통해 빛을 조사한다. 환자는 광민감제 투여 후 빛에 민감히 반응하여 눈부심 등의 불편을 호소하므로 치료 장소는 암막 커튼을 치고 깜깜한 방 속에서 시행된다. 이러한 여러 불편함에 비해 치료 효과가 크게 높지 않아 새로운 광민감제 개발 등 연구가 많이 필요하다.

수술중 방사선치료(intra-operative radiotherapy, IORT)

방사선치료의 최대 단점은 정상세포와 암세포를 근원적으로 구분을 하지 못하는 점이다, 특히 몸 밖에서 외부조사로 진행되니 표적 체적에 도달하는 방사선이 암세포를 정확히 구분한다는 것이 쉽지 않다.

암 치료를 수술로 할 때 피부를 절개해 놓으면 암 조직이 시야에 노출된다. 눈에 보이는 암 조직은 적출 수술로 제거하는데 안 보이는 세포들이 묻어 남아 있다가 나중에 재발의 원인이 된다. 때로는 손이 닿지 못하는 곳에 있든지 주위 혈관이나 중요 장기에 침범하여 제거할 수 없는 암 조직이 남아 있을 수 있다. 이 경우는 수술후 방사선치료를 시행한다. 그러나 추가 치료가 필요한 부분이 수술장에서 눈으로 확인이 되면 그 장소에 직접 컨택하여 방사선 조사를 할 수 있다. 외부조사 치료지만 주위 정상 조직을 눈으로 보고 직접 피할 수 있어서 근접조사 치료와 비슷한 효과를 낼 수 있다.

사용하는 방사선은 깊이 들어가지 않는 전자선이다. 전자선 콜리메이터를 종양 제거장소 부위에 접촉하여 조사한다. 눈으로 확인하면서 정상 조직은 피하고 타깃 조직에만 직접 조사하는 것이다.

이론적으로 적절하며 실제 치료성적 향상에도 기여한 바 있다. 가장 큰 문제점은 선형가속기가 수술대 위에 설치되어야 이상적으로 사용할 수 있는데, 그런 시설이 안 되면 수술실에서 방사선 치료실까지 마취한 상태로 수술대를 옮겨가서 치료해야 한다. 이 치료가 있는 날이면 온 병원이 떠들썩하다. 수술실에서 방사선 치료실까지의 동선을 전부 천막으로 가리고 소독을 하여 환자 감염을 예방해야 한다.

1980-1990년대 일본 교토의과대학을 중심으로 열심히 시도한 치료법이다. 최근 수술실에 설치하여 편리하게 사용되는 전자선 치료기가 개발되어 국내에서도 시도되고 있다.

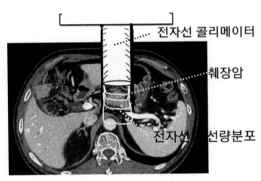

전자선 콜리메이터

췌장암

전자선   선량분포

췌장암 수술중 방사선치료 예

3. 치료효율 (therapeutic ratio)

방사선치료의 처방에는 조사야, 일일 조사선량, 조사야에 포함되
는 암세포와 정상 조직의 방사선 반응률 등 검토하여야 할 사항이
많다. 방사선치료에서 조사량은 치료 성공률에, 조사야는 부작용 발
생률에 직접 관계된다. 이 상관관계를 수학적으로 검토하여 어떤 치
료 처방을 할 것인가를 결정하는 것이 가장 합리적이다.

방사선에 대한 반응곡선은 정상 조직이나 암 조직 모두 패턴이 같
다. 그림은 x축을 방사선 선량(자극의 증가)으로 하고, y축에 손상의
강도를 백분율로 표시한 반응곡선이다. 저 선량으로는 선량을 늘려
도 암세포 치사율은 조금밖에 증가하지 않고, 90% 이상의 암세포
치사를 얻기 위한 고선량 부위에서는 선량이 조금만 증가해도 세포
치사율이 급히 증가한다. 그 상관관계는 직선이 아니고 이중 기울기
곡선 모양이다.

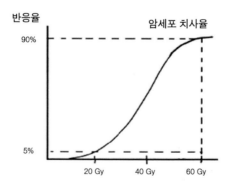

방사선 조사량이 많을수록 암세포의 소멸 확률이 높아지는 것을

종양소멸확률(tumor control probability, TCP)이라 한다. 그러나 정상 조직의 선량반응 곡선의 패턴도 같으므로 조사량이 많을수록 정상 조직 손상에 의한 부작용의 확률도 높아진다. 이것은 정상 조직 부작용률(normal tissue complication probability, NTCP)이라 한다. 그 두 가지 상관관계를 함수로 표시하면 그림과 같다.

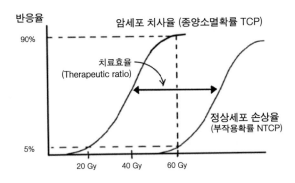

위의 그림처럼 60Gy로 치료할 때 종양소멸확률이 90% 이상이며 이 선량으로 주위 정상세포의 부작용률이 5% 이하라면 이 경우의 방사선치료 성공률은 매우 높다. 방사선치료 설계를 할 때 치료 성공률의 만족도를 비교 검토하게 되는데 이를 치료효율(therapeutic ratio, TR)이라 한다.

어떤 암을 치료할 때 그 상태에서 얻어진 NTCP와 TCP는 서로 멀리 위치할수록 치료효율(TR)이 크다. 만일 정상세포가 방사선민감성이면 NTCP 곡선이 TCP 곡선에 가까워진다. 이때의 치료효율(TR)은 작다. 자궁경부암에서, 자궁경부는 120Gy의 방사선에도 잘 견디므로 NTCP 곡선은 오른쪽으로 멀리 그려지며 그래서 부작용 없는 치료가 가능하다. 반대로 위암의 경우는 위 조직 세포가 방사선민감성이므로 NTCP가 위암 조직의 TCP 곡선과 매우 가깝거나 오히려 TCP 곡선보다 왼쪽에 위치할 수도 있으므로 방사선치료를 하지 않는다. 이것이 치료효율이다. 이 TR 수치가 클수록 방사선치료 성공률이 높다.

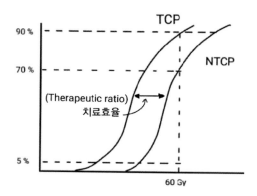

4. 분할조사(fractionation)

정상세포 손상을 줄이는 다른 방법으로 분할조사가 쓰인다. 총처방 선량을 여러 조각으로 나누어 조사함으로써 한 번의 조사량이 적어서 정상세포는 다치지 않고 암세포만 선택적으로 죽이는 원리이다.

하루에 한 번씩 24시간마다 분할조사를 하는데, 다음날 치료 전까지 정상세포는 준치사손상으로부터 회복(SLD repair)이 일어난다. 매번의 분할치료에서 정상세포가 준치사손상으로부터 회복이 일어나서 처방 선량의 전량을 조사해도 치료 종료까지 정상세포는 정상

상태를 유지한다.

암세포는 세포분열이 왕성히 일어나는 등 여러 조건이 방사선 민감도가 높게 되어있으므로 DNA 손상이 많이 일어나고 손상 회복이 안 된다. 그런 상태에서 그다음 분할조사가 되면 손상의 정도는 더욱 축적된다. 아울러 방사선 저항성인 저산소세포는 재산소화(reoxygenation)[84]를 통해 방사선 민감도는 더욱 상승한다. 한 조사야에 있는 각각의 정상세포와 암세포는 이처럼 같은 방사선 조사량에 각각 다르게 반응한다. 이것이 방사선 분할치료[85]의 핵심이다.

분할치료는 분할 크기 180-200cGy를 24시간마다 되풀이하여 주 5회 치료한다. 이것을 정상분할(conventional fractionation) 치료라 한다. 정상분할에 비해 1회 분할 선량을 더 적게 하고 분할 횟수를 늘이는 방법을 고분할 방사선치료(hyperfractionation), 분할 크기를 크게 하고 분할 횟수를 줄이며 총 치료 기간을 줄이는 방법을 저분할 방사선치료(hypofractionation)라 한다. 암세포의 방사선 민감도와 정상 조직 세포의 민감도, 암세포의 특성, 급성반응세포(acutely responding cell)와 만성반응세포(lately responding cell)에 따라 분할 방법을 다르게 결정한다. 이 모든 것은 부작용 없이 암세포를 완전히 제거하는 최선의 방법을 찾기 위함이다.

---

84 재산소화는 셋째 생물학 장에서 산소효과 부분 참고

85 방사선치료를 할 때 총 선량(total dose)을 정하고, 1회 치료 분할 선량(fractional dose), 총 분할 횟수(fraction number)와 총치료 기간(total time)을 정하여 분할치료 설계를 한다. 한 번에 치료하는 양을 분할조사량(fractional dose) 또는 분할 크기(fraction size)라 한다. 각종 암세포는 매일 치료하는 분할 조사 선량을 모두 합한 양을 총 선량으로 정한다. 치료되는 총 선량은 암세포마다 다르다.
분할 크기 180 내지 200cGy의 선량은 정상세포 손상을 최소화하고 암세포 치사를 유도할 수 있는 적정 조사량으로 밝혀져 있다. 총 분할 횟수와 총 치료 기간은 암 종류마다 다르고, 원발종양(GTV)은 수술하여 제거한 후인지, 손대지 않았는지 등 여러 상황에 따라 다르게 결정한다.

정상분할 치료는 분할 횟수가 보통 25회 이상, 많을 때는 45회까지도 갈 수 있다. 정상 조직 반응이 덜 민감할 경우 한 번의 조사량 즉 분할 크기를 크게 하고 분할 횟수를 줄이는 저분할치료를 사용하면, 총 치료 기간을 단축하는 효과가 있기 때문에, 전신 상태가 나쁘거나 장기간 매일의 치료를 받는 것이 어려운 환자에서 적절한 방법이다. 암세포가 정상세포와 섞여 있지 않고 크지 않은, 결절 상태의 암 조직 덩어리로만 되어있는 경우, 정위적 조사야 설정으로 정상 조직과 완벽한 경계를 이루는 선량 분포를 얻을 수 있으면 방사선수술(radiosurgery, SBRT or FSRT)을 하는데, 이때는 분할조사를 하지 않던지 분할 횟수가 매우 적은 저분할치료를 한다.

5. 치료 목표에 따른 치료 방법의 선택

외과의들은 끊임없이 암 수술 방식을 개선하고 전수해 왔다. 종양내과에서는 항암화학요법에 부작용이 매우 적고 치료 효과도 높은 새로운 약제들이 많이 개발되어 환자에게 부담을 적게 준다. 방사선 치료도 가속기 등 장비의 개선으로 부작용 없이 국소 암 치료성적을 높이고 있다. 이 세 가지 암 치료 기술을 병합하여 환자 개개인에 가장 적합한 맞춤치료 결합을 선택하여 치료하는 것이 현재의 최고의 암 치료법이다.

이 방법을 암의 통합치료라 하고 세 분야 전문의가 한 환자를 놓고 충분한 토의를 한 후 치료에 들어간다. 토의에서 어느 기술이 각각 몇

%씩 관계하는지가 결정된다. 때로는 수술만으로 끝날 수도 있고, 방사선치료만 하는 경우도 있으며, 항암제를 먼저 쓰고 그 후에 수술과 방사선치료를 하는 등, 여러 콤비네이션들이 만들어진다. 그 속에서 방사선치료를 결정하는 원칙이 네 가지가 있다.

근치적 방사선치료(definitive radiotherapy)

수술을 하지 않고 방사선치료만 하거나, 화학요법의 도움을 받으면서 방사선치료를 할 때를 말한다. 자궁경부암은 진행 정도가 초기에서부터 좀 진행된 경우까지 방사선치료만으로도 완치율이 높다. 비인두암, 후두암 중에서 성문암, 콧속암, 상악동암 등의 두경부암에서도 방사선 단독으로 치료를 해서 완치될 수 있다. 최근에는 폐암 초기에서 방사선만으로 치료하는 경우에 관한 좋은 성적 보고가 많다. 환자의 나이가 많든지 심장 질환 등 수술할 수 없는 상황이 있을 때는 방사선치료만 한다. 뇌암의 상당수는 조직검사로 확진만 하고 방사선치료만 하는 경우가 많다. 초기 전립선암은 수술보다 방사선으로 치료하는 경우가 점점 늘고 있다.

수술후 방사선치료(post-operative radiotherapy)

암 치료로 수술을 먼저 할 때, 눈에 보이고 만져지는 종양의 결절을 목표로 하여 제거를 하면, 그 주위에 침윤이 되어있는 세포가 숨어 있을 수 있다. 그래서 수술은 결절 주위의 의심스러운 조직을 모두 포함해서 총괄적 덩어리(En bloc)로 제거하여야 한다. 위암의 진단적 크기는 2-3cm라도 위를 80% 절제했다느니 하는 이유가 그것이다.

그리고 나서도 그 수술한 자리에 암세포가 묻어 있을 수도 있다. 종양 덩어리와 국소임파절(regional lymph node)은 제거했다 하더라도 원발암에서 임파절까지 흘러가는 길 어디에도 세포가 남아 있을 수 있다. 이런 모든 사항은 수술 후 암이 재발하는 원인이 된다.

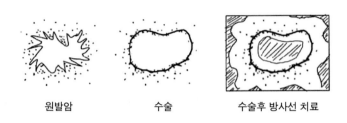

원발암   수술   수술후 방사선 치료

수술후 방사선치료는 이렇게 남아 있을 수 있는 세포를 제거하는 역할을 한다. 수술로 종양을 잘라 제거하는 데에는 한계가 있다. 수술 부위에 있는 장기를 너무 많이 제거하면 후유증이 심하여 환자가 고통을 받을 수 있다. 그러나 방사선치료는 조사야를 마음껏 넓힐 수 있다. 의심되는 부위는 모두 조사야에 포함할 수 있으며, 때로는 완벽한 결과를 위하여 실제 치료할 때는 처음 결정한 조사야에 더하여 안전범위(safety margin)를 더 넓혀서 할 수도 있다.

수술후 방사선치료는 육안적 종양(gross disease)이 아닌 현미경적 질환(microscopic disease)을 대상으로 하여 치료하므로, 조사량은 근치적 치료를 계획하는 때 보다 약 2/3 정도로 주기 때문에 정상 조직 손상은 거의 없다. 따라서 안전범위를 더 넓혀도 큰 문제가 생기지 않는다. 수술후 방사선치료의 도움을 예상하고 외과의는 절제 범위를 최소한으로 줄일 수 있어 환자의 수술 후 부담이 최소화된다.

수술전 방사선치료(pre-operative radiotherapy)

원발 종양의 크기가 작지 않고, 또한 국소임파절 전이까지 있을 때, 수술하기 전에 그 일대를 모두 포함한 조사야로 방사선치료를 하는 것을 수술전 방사선치료라 한다. 수술전 치료로 원발 종양은 크기가 줄고 주위 세포침윤이 의심되는 부분은 방사선으로 해결되었다고 판단하여 수술할 때 제거하는 범위를 많이 줄일 수 있다. 장기가 많이 제거되느냐 조금만 제거되느냐는 수술 후의 환자의 삶의 질에 중대한 영향을 미치기 때문이다.

직장암에서는 최근에 화학요법과 수술전 방사선치료를 같이하고 난 후 수술하는 순서가 거의 정례화되어있다. 유방암, 췌장암이나 기타 비교적 진행된 암에서 수술이 간단하지 않을 때 시도하여, 수술이 가능하게 되는 경우도 있다. 수술전 방사선치료에 의해 암의 병기가 처음 진단 때 보다 줄었으므로 이를 병기 하강(病期 下降 Down staging)이라 한다.

고식적 방사선치료(palliative radiotherapy)

암이 4기로 진행이 되어 근치적 치료가 불가능하여도 방사선치료는 환자의 삶을 편하게 해 주기 위해서 중요한 역할을 한다. 가장 흔한 경우는 골 전이이다. 골 전이가 되면 뼈의 통증이 극심히 일어난다. 대량의 마약성 진통제를 처방해도 효과가 없는 경우가 많다.

고식적 방사선치료는 뼈의 통증을 제거해 준다. 뇌 전이 때문에 두통 및 신경마비가 온 경우 이를 회복시켜 준다. 담도 또는 주위 암으로 담도폐쇄가 온 경우 황달이 심하고 간이 위험해지는데 이 폐쇄를 풀어주기도 한다. 출혈이 심하여 빈혈이 오는 암에서 지혈 효과도 있다.

6. 방사선민감성과 저항성

세포의 종류에 따라 방사선민감성(radiosensitive) 세포와 덜 민감한, 즉 저항성(radioresistant) 세포가 있고, 그러한 세포로 구성된 장기에 따라 방사선에 민감한 장기가 있고 방사선에 덜 민감한 장기가 있다. 하나의 세포에서도 세포분열을 왕성하게 하고 있으면 민감하고 DNA 합성기나 정지기에 있을 때는 덜 민감하다.

암세포는 세포 분열을 왕성하게 하므로 정상세포와 비교하면 더 민감한 편이다. 세포가 자주 세포분열을 일으켜 빨리 성장하는 성질이 있으면 급성증식세포(rapidly or acutely proliferating cell)라 한다. 대부분 암세포가 여기에 해당한다. 정상세포에서는 피부의 표피 세포, 소화기관의 점막 세포, 골수 세포, 수정체와 난자와 정자 등 생식세포 등이 여기에 속한다. 이 세포들은 수명이 수십 일일 정도로 세포분열이 자주 일어난다. 이들은 방사선에 민감하여 급성반응 세포(acutely responding cell)라 한다.

피부는 상피세포와 모공 세포가 매우 방사선민감 세포이다. 그래서 유방암처럼 피부 가까운 곳을 치료할 때 방사선치료 후의 방사선 피부염의 발생에 주의해야 한다. 머리에 방사선치료를 하면 치료 범위에 포함된 두피의 털이 빠진다. 보통은 6개월 정도 지나면 다시 돋아난다. 모공 세포는 항암 화학요법 약제에도 예민하므로 항암제 치료를 받는 사람 중에 머리가 빠지는 사람이 많다. 그러나 방사선에 의한 탈모는 머리에 치료할 때만 일어난다.

골수는 피의 혈구를 생산 공급해야 하는 곳이므로 평소에 세포 성장 순환이 빠르기 때문에 방사선민감 세포이다. 골수는 골 속에 있는 조직이다. 뼈는 단단한 외피(cortex)가 신체 골격의 힘을 받으면서 그 안의 골수를 보호하는 구조로 되어있다. 방사선치료 조사야에 뼈가 많이 포함될 때는 골수가 전신 골수의 몇 퍼센트가 포함되어 손상을 받을 수 있는지 확인이 필요하다. 조사야에 골수가 넓게 포함되어 손상을 받는 골수가 많으면 빈혈이 될 뿐 아니라 면역세포가 만들어지지 않아 감염에 노출된다.

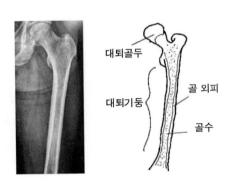

피부와 마찬가지로 내부장기도 가장 상부 조직은 외부에 노출되는 상태이므로 표피 세포이다. 위장관처럼 점액이나 소화액을 많이 분비하는 것이 외부 피부 조직과 다른 점이지만 외부의 공격으로부터 방어하는 기능은 피부의 표피 세포와 동일하다. 그래서 성장 순환이 빠르고 수명이 짧으며 이 세포들도 방사선 민감 세포이다. 그래서 방사선치료 도중에도 구토, 식욕부진, 소화불량, 복통 등의 증세가 나올 수 있다.

방사선민감성이 아니면 저항성이지만 보통의 인체 세포가 방사선 저항성은 많지 않고 방사선민감성이 아니라면 방사선 저민감성(less radiosensitive)이다. 그러나 골조직은 방사선 저항성이다. 거의 세포 분열을 하지 않으므로 반응이 없다. 그러나 치료 설계가 잘못되어 집중적으로 대량의 방사선 조사를 받으면 골 괴사가 생길 수 있다. 만성증식세포(lately or slowly proliferating cell)는 대부분 방사선 저민 감성이며 부작용 증세는 잘 안 생긴다. 신경세포나 근육세포도 방사선 민감도가 낮다. 그러나 중추신경에 방사선 조사가 과도하게 많이 되면 신경 마비가 올 수 있다. 근육에는 섬유석회화가 생겨 운동에 지장을 초래할 수 있다.

암세포도 종류에 따라 방사선민감도가 다르다. 보통은 발생한 장기에서 원래의 정상 모세포의 민감도에 따른다. 암세포 중에 만성증식세포이며 방사선 저민감성인 경우는 전립선암, 침샘암, 췌장암, 직장암 등이 있고 신경, 골, 근육에서 발생한 육종 등도 여기에 해당한다. 저민감성 또는 저항성인 암이라는 것은 치료 처방 선량이 많아야 한다는 말이다. 이 경우를 만성반응 세포(lately responding cell)라 한다.

암세포는 증식을 빨리하므로 대체로 방사선민감성으로 급성반응 세포(acutely responding cell)라 하고 치사율이 높다. 임파구가 방사선에 매우 민감한 정상세포이므로 임파암이 방사선에 매우 민감하여 적은 선량으로 완전히 제거할 수 있다. 생식세포 암인 정낭암(semi-noma)도 여기에 속한다. 피부암도 방사선으로 완치율이 높다. 그러나 임파선에 전이 된 암은 임파암과 달리 원발암의 민감도에 따른다.

위 점막에 생긴 위암은 위의 표피 세포가 방사선에 민감하다고 방사선민감성 암은 아니다. 위벽에서 발생하는 위암은 선암(腺癌 ade-nocarcinoma)이 많으며 이 암의 민감도는 중간이다. 그러나 위 벽의 정상 조직이 방사선에 매우 민감하여 적은 선량에도 심각한 손상을 잘 입으므로 위암은 원칙적으로 방사선치료 대상이 아니다. 그러나 폐의 정상 조직은 위보다는 방사선에 덜 민감하므로 폐의 선암은 강하게 방사선치료를 한다. 위암은 치료효율(TR)이 낮고 폐암은 치료효율이 높다.

방사선에 민감한(radiosensitive) 암세포라고 방사선치료 성공률이 높은(radiocurable) 것은 아니다. 임파암은 방사선으로 제거가 잘 되지만 치료 후 재발률이 높아서 완치율은 높지 않다. 자궁암은 비교적 방사선 저민감성이어서 조사량이 많이 필요한데, 자궁 조직은 방사선 저항성이 높아 방사선 손상이 잘 안 일어나므로 대량의 처방선량으로 적극적 치료를 하여 완치율이 매우 높다. 육종은 조사량이 많이 필요하고 완치율은 낮으나 치료 부위가 근육이며 뼈이기 때문에 부작용 증상은 적고 만성증식세포이므로 진행 속도도 느려서 치료 후 생존 기간이 길다.

방사선저항성인 상태의 암 조직에 방사선 민감촉진제(sensitizer)를 써서 치료 효과를 높일 수도 있다. 항암화학요법 약제는 방사선민감제로 작용하는 경우가 많다.

치료 효과는 방사선민감도만 관여하지 않는다. 암이 같은 종류라도 세포의 분화도(악성도)에 따라 치료 효과가 다르다. 그 외에도 암의 종류에 따라 발생 장소, 임파절 전이가 오는 시기, 종양의 크기 및 주위로의 침범도, 암 발생 장소 주위 정상세포의 방사선민감도 등 여러 가지 상황에 따라서 치료 효과가 다르다.

7. 방사선치료의 부작용 대책

방사선치료의 성공률을 높이는 근본적인 원리는 암세포를 죽이고 정상세포는 손상이 안 가게 하는 것이다. 암세포의 선량을 높임에 따라 정상 조직에 방사선 조사가 과도하게 되면 치료를 받은 후 방사선치료 후유증으로 정상 생활이 안 되고 정상 조직 손상의 상태에 따라 사망할 수도 있다. 암을 아무리 성공적으로 제거했다 하더라도 후유증이 남으면 성공이라 할 수 없다.

수술은 어차피 장기 조직을 제거하는 방법이므로 수술 후유증으로, 말을 못 하거나, 눈이 안 보이거나, 위장이 없어져서 소화를 못 시키거나, 숨을 잘 못 쉴 수가 있다. 근치적 절제술을 받으면 장기의 광범위한 소실로 인해 환자가 생활에 고통이 심하다. 유방암을 근치적 절제를 하면 그쪽 가슴은 늑골과 피부 표피조직만 있고 근육이나 피하지방이 완전히 제거된다. 환자는 대부분 그쪽 팔에 코끼리 피부 임파부종이 발생하여 통증이 심하다.

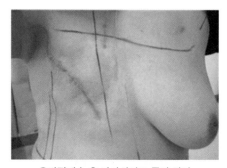

유방절제술 후 방사선치료 중인 환자

그러나 방사선치료는 환자에게 손을 안 대고 치료를 하므로 장기의 기능을 상실할 정도의 후유증이 남으면 안 된다. 과거 수십 년 전의 방사선치료는 정밀 조사가 안 되어 피부가 화상

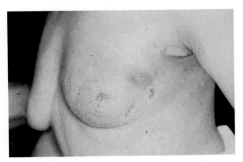

유방암 방사선치료 후 피부 손상

을 입는다거나, 위장관 섬유화에 의한 장폐색이 오거나, 방사선 폐렴으로 심한 호흡기 증상을 초래하는 경우가 많았다. 그러나 장기 자체의 손실은 없으므로 심각한 기능장애 등의 후유증은 생기지 않는다. 유방암을 방사선으로만 치료한 경우 피부의 경도의 화상은 있을 수 있지만 팔의 림프부종은 오지 않는다.

항암화학요법(抗癌化學療法 chemotherapy)은 화학반응에 의해 세포를 죽이는(cytotoxic) 약제를 써서 암을 치료하는 행위이다. 경구(經口 oral) 또는 주사(注射 injection)를 통해 인체에 주입하므로 약은 일단 혈액 속에서 전신을 돌아다닌다. 따라서 원발암 조직에서 떨어져 나와 혈액 속을 떠돌다가 아무 곳에서나 정착하여 전이암으로 발전하는 암세포를 찾아 죽인다. 이때 방사선 조사를 하면 암세포 치사 증강 효과를 얻는다. 암세포 치사율이 1+1=2이면 부가효과(additive effect)라 하고 결과가 2 보다 더 높으면 상승효과(synergistic effect)라 부른다. 그러나 항암화학요법 치료와 방사선치료를 동시에 함께 하는 동시화학 방사선 병합치료(concurrent chemoradiotherapy, CCRT)로

하는 경우, 항암제의 전신 효과의 부작용으로 방사선치료의 국소 부작용이 악화될 수도 있다.

　이러한 모든 부작용은 정상세포 손상을 완벽하게 피하지 못하였기 때문이다. 지금은 철저한 컴퓨터 계산으로 정상 조직을 최대한 제외하는 치료 설계를 하여 방사선 부작용을 최소화한다. 삼차원 치료 또는 세기조절 방사선치료 같은 첨단 기술을 사용할 때는, 어떤 정상 장기에 선량을 얼마 이상은 주지 말라고 제약조건(constraints) 명령을 입력한다. 몸 바깥 여러 방향에서 방사선 다문조사가 이루어질 때 제약을 준 장소는 피해 가면서 방사선이 조사 되도록 컴퓨터가 계산을 하여 치료 설계를 완성한다.

8. 재발의 방사선치료와 재방사선치료

　재발이라는 것은 치료 후 최소 3개월 이상 지난 후 같은 장소에 또 같은 암이 자라거나, 또는 전이암의 형태로 다른 곳에 발생했을 때를 말한다. 수술이나 항암제 치료 후에 재발한 경우는 이전에 방사선치료를 받지 않았기 때문에 근치적 방사선치료를 시행한다. 원발암이 치료된 후 다른 곳에 재발한 것도 방사선 조사의 경험이 없는 곳이면 근치적 방사선치료를 한다. 근치적 치료란 총 선량을 원발암과 같이 60Gy 이상 조사하는 것이다.

　방사선치료를 이미 받은 장소에서 재발했을 때 재방사선치료는 원칙적으로 하지 않는다. 방사선치료의 조사야에서 육안적 체적에 포함된 정상 조직은 치료 선량을 모두 다 피폭 받는다. 방사선 조사를 받은 정상세포가 준치사손상으로부터 회복이 되었다 하더라도 세포의 주위를 구성하는 조직, 즉 섬유조직, 간질조직, 혈관이나 신경 등 장기 기능을 하는 세포 또는 주위 조직은 방사선에 견딜 수 있는 선량 한계가 있다. 이 선량이 정상 조직의 내성 선량(tolerable dose)이며 내성 이하의 선량으로 얻어진 방사선 효과도 평생을 간다. 내성 선량 이상의 선량을 피폭 받으면 그 조직은 질병의 증상이 발현된다.

원폭 피해자에서 평생 여러 질병의 증상이 따라다니는 것이 바로 이 현상이다. 암세포 치사 선량이 정상 조직 내성 선량과 거의 비슷하므로 방사선치료를 받은 장소의 재방사선치료는 내성 선량을 넘어서기 때문에 방사선 병을 초래할 수 있다. 방사선 병의 대표적인 것은 조직의 괴사(壞死 Necrosis)이다. 두경부암에서 때로 재방사선치료를 하는 경우가 있는데 신중한 결정을 하여 꼭 필요한 경우에만 한다. 대부분 재발로 통증이 심하거나 출혈 등의 합병증에 대한 고식적 치료가 필요한 경우, 잔여 생존 기간이 짧은 경우에 시행한다.

9. 암과 관련한 추가적인 몇 가지 에세이

암의 세포병리학

병리학(pathology)이란 인체를 구성하는 세포를 관찰하여 어떠한 질병인가를 규정짓는 학문을 말한다. 구체적으로 조직병리학 또는 세포병리학으로도 불린다. 암의 진단에는 무슨 암세포인가라는 것뿐 아니라 얼마나 악성도가 있는가, 정상세포와 어떻게 어울려 있는가, 어느 조직 속에 자라고 있는가, 수술했는데 현미경적으로 남아 있는 세포는 없는가, 등등 현미경의 시야 속에서 수많은 정보를 얻어 내어 치료를 설계하고 치료 후의 예후를 판정하는 데 참고 자료로 제공된다.

정상세포로서 외부에 노출이 되어있는 장기 표면의 조직을 구성하는 세포는 상피세포(epidermis)라 한다. 상피세포는 피부의 편평상피(squamous epithelium) 조직이 있고, 구강에서 항문까지 관 모양의 위장관과 호흡에 관계하는 기관지 등에는 점막상피(mucosal epithelium) 조직이 있다. 이 상피조직 세포들은 노출된 표면을 외부의 자극으로부터 보호하는 기능이 있고 분비물을 만들어서 배출하는 분비샘이 있다. 샘은 선(腺 gland)이라 한다. 분비물은 피부에서는 땀샘(sweat gland)에서 땀의 형태로 노폐물을 배출하거나 피부 온도를 조절하며, 위장관에서는 소화액을 분비한다.

상피세포는 일정한 두께의 표피층이 있고 가장 깊은 아래쪽은 기저막(基底膜 basement membrane)인데 여기에서 상피세포를 생산해 내고 위로 점점 쌓여 올라가서 최상부는 수명을 다하고 떨어져 나간다. 상피세포는 수일에서 수십 일의 수명을 가지고 있고, 활발한 세포분열로 새로운 세포를 만들어 내므로 방사선에 민감성이다. 표피층(epithelium)의 아래는 간질층(mesenchyme)이라 하고 혈관과 신경 등이 지나간다. 그 아래는 근육 조직이 피하지방에 쌓여 있다.

편평상피조직의 대표격인 피부는 분비선(땀샘)과 모낭(hair follicle)을 이루는 세포들이 있다. 모낭 세포의 기저세포는 따로 있고 여기에서의 세포분열은 모낭을 유지하고 털을 만든다.

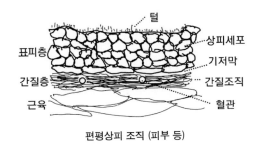

편평상피 조직 (피부 등)

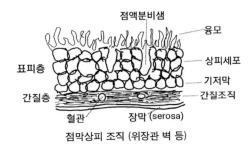

점막상피 조직 (위장관 벽 등)

　점막상피 조직으로 된 위장관이나 기관지 등은 터널 장기(hollow viscus)라 부르는데, 표피에는 점액분비샘과 융모(絨毛 villi) 또는 섬모(纖毛 cilia)라고 하는, 피부의 털보다 아주 가늘고 부드러운 털이 있다. 위장에서 점막 표면은 융모가 있어 음식을 아래로 잘 이동하도록 한다. 점액분비샘에서는 점액을 배출하여 소화액과 잘 섞이도록 하고 위장관 내의 모든 물질 이동에 윤활 역할을 한다. 위장관은 간질세포 층 다음에는 근육이나 뼈가 없고 장막(漿膜 serosa)이 있으며 장액을 분비하여 장과 장 사이 접촉면의 마찰을 줄인다.

　편평상피 세포층에서 암이 발생하면 주로 편평상피암(squamous cell carcinoma)이 되고, 점막상피 세포층에서 발생하면 선암(adeno-carcinoma)이 된다. 폐암은 세기관지에서 발생하므로 병리적으로는 통틀어 기관지성 암(bronchogenic carcinoma)이라 부르며 소세포암과 비소세포암으로 나누고 비소세포암에 편평상피암과 선암 등이 있다. 위나 장의 암은 대부분이 선암이다.

자궁암 중에서 자궁경부암(uterine cervix cancer)은 편평상피암이 많고, 자궁체부(내막)암(endometrial cancer)은 선암이 많다. 두경부 즉 인두 후두 등에 발생하는 암은 편평상피암이 대부분인데, 침샘(타액선암)이나 갑상선암 등은 각각의 고유의 암세포로 구성된다. 간질세포나 근육, 뼈 등에 발생하는 암은 주로 육종(肉腫 sarcoma)이다. 골육종, 평활근육육종, 횡문근육육종, 혈관육종, 신경섬유육종 등 세포의 종류에 따라 정해진다.

내부가 꽉 찬 장기는 실질장기(實質臟器 solid organ)라고 부르며, 상피가 없고 외피(capsule)에 쌓여 있으며 그 장기 특유의 세포로 구성되어 있다. 이들 장기의 암은 그 장기 세포에서 발생한다. 간세포암(hepatocellular carcinoma), 콩팥의 신세포암(renal cell carcinoma) 등이 여기에 속한다. 그러나 방광은 선암이 많다. 뇌는 암이 발생하는 신경세포의 종류가 너무 많고 각 신경세포에서 발생하는 암 종류가 많고 복잡하여 일단 모두 뇌암 또는 뇌종양(brain tumor)으로 대분류를 한다. 그 외에 임파암, 정세포암, 등 조직 고유의 세포 암들이 있다.

* 방사선 치료의 특징

1. 국소 치료이다.
2. 장기 보존 치료이다.
3. 분할조사로 치료 횟수가 많다.
4. 한 번 치료한 장소에는 재발이 되어도 대부분은 다시 치료하지

않는다.

5. 시작할 때 방사선치료의 목표를 근치적, 수술 후, 수술 전, 고식적 치료로 분류 설정한다.

6. 수술과 항암화학요법과 방사선치료의 병합 요법의 계획을 설정하여 치료한다.

7. 항암제와 병행하면 치료 효과가 상승하는데 부작용의 정도도 커질 수 있다.

8. 치료의 부작용은 치료 후 회복되고 생활에 큰 지장이 없도록 총처방 선량을 결정한다.

* 병기의 결정 (staging workup)

병기(病期 stage)는 암의 현재 상태를 표현하는 가장 정확한 암호이다. 초기이냐 말기이냐 분류하는 것은, 어떤 치료를 할 것인가를 결정하고, 치료하고 난 후의 결과를 예측할 수 있기 때문이다. 암은 조직검사로 암세포의 종류를 알 수 있고, 수술, CT, MRI, 초음파, PET 등의 영상으로 암세포의 증식 범위를 입체적으로 파악하여 진행 정도를 알 수 있다. 결과적으로 암 조직이 얼마나 증식하여 주위로 또는 멀리, 세포에 침투하였는지가 암의 진행을 표현해 주고, 치료의 완치율을 환산하게 해 준다.[86] 진행 정도는 그 환자에게 수술, 항암제,

---

86 조직검사는 암세포를 몸속에서 꺼내어 그 특성을 현미경으로 관찰하는 일련의 작업이다. 꺼내는 방법은 수술로 피부 절개 후 육안적 적출을 하거나, 세침흡입(fine needle aspiration) 검사를 사용해 세침 바늘을 조직에 찔러 넣어 조직 조각을 흡입 추출하는 방법 등을 한다. 추출한 조직은 현미경 관찰로 암 종류, 분화도(악성도), 장기 주위로의 침범 여부, 수술한 절제면에 암세포 침범의 양성 여부, 암의 육안적 크기, 국소임파절 침범 여부, 병기의 결정, 면역반응 등의 향후 치료 방법 결정과 예후 판정에 이용할 자료 수집 등 모든 병리학적 데이터를 얻는다. 절제면이 양성이면 절제하고 몸속에 남은 절제면에도 암세포가 있을 가능성이 높다.

방사선 3대 요법에서 어느 것을 얼마나 적용하여 치료할지 결정하게 하고 환자는 얼마의 생존이 가능한가를 판단하는 자료가 된다.

대표적인 병기 분류 방법 두 가지는 TNM 방식과 임상 병기(clinical stage) 방식이다. TNM에서 T는 원발종양(tumor), N은 국소임파절 상태(node, lymphnode), M은 원격전이 유무(metastasis)를 표시한다. T 병기는 0(거시적 크기의 종양이 없는 경우)에서 1, 2, 3, 4 등으로 진행 정도에 따라 숫자가 높아진다. 보통 상피내암으로 불리는 병기는 상피조직 내에서 표피층의 두께를 뚫고 나가지 않은 경우로서 T0 또는 Tis(in situ)라 한다. T4는 암이 발생한 장기의 바깥 경계를 뚫고 밖으로 나간 것이다. 그 사이에서 크기가 몇 cm인가, 얼마나 증식하였나에 따라 1, 2, 3기로 나뉜다. N는 국소임파절에 갔으면 N1, 안 갔으면 N0이며, 암에 따라 소수의 몇 개의 국소임파절에서 발견되면 N1, 여러 개가 발견되면 N2로 나누기도 한다. M 병기는 국소임파절보다 더 멀리 있는 임파절이나 다른 장기로 전이되지 않았으면 M0, 되었으면 M1이다.

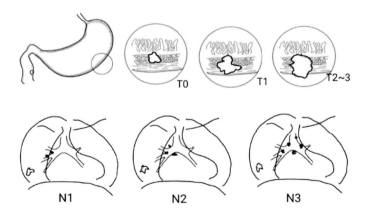

임상 병기(clinical stage)는 좀 단순화하여 제 I, II, III, IV기로 나누고 로마 숫자로 쓴다. 전문 의사가 아닌 일반인들이 흔히 말하는 병기이기도 하다. 임상 병기 1기(stage I, 보통 숫자를 로마자로 쓴다)는 T1N0 이다. 그다음 T1에서 4기, N0에서 2기, M0에서 1기를 여러 가지로 조합하여 II,III, IV기로 분류한다. 물론 이 분류는 오랜 임상 경험을 모아서 생존율과 연관하여 분류를 하였기 때문에 임상적으로 예후를 결정하는 데에 매우 효용성이 높다.

* 생존율

암은 사망에 이를 수 있는 질병인데 진단에서 사망까지 단계를 두고 일정 시간을 가지면서 진행되는 특징이 있다. 예로 심장 마비는 순식간에 결정되고 사망하지 않으면 정상으로 바로 돌아온다. 뇌경색은 바로 사망할 수도 있고 예측할 수 없는 오랜 기간 생존할 수도 있다. 그러나 암은 전문가가 정확한 판단을 하면 얼마 동안 생존할 수 있느냐 하는 것이 예측된다. 병기를 분류할 수 있고 그 결과를 환산하면 생존 기간이 답으로 나오기 때문이다. 이 생존 기간은 생존율과 연계시켜 분석한다. 암 종류에 따라 다른데 보통은 5년 생존율(5 year survival rate)을 적용한다. 비소세포성 폐암의 경우 임상 I기면 80%가 5년의 생존이 가능하고 III기를 재분류한 IIIA기면 30-40%로 떨어진다. IIIB기면 수술이 안 되므로 항암제와 방사선만으로 치료하며 2년 생존율이 30% 이하이고, 5년 생존율은 10% 이하로 떨어진다.

예후가 나빠 사망을 많이 하는 췌장암, 담도암 등은 비교적 초기라도 5년 생존율이 낮아서 때로는 2년 생존율을 쓰기도 한다. 마찬

가지로 III기 이상의 폐암은 2년 생존율로 표현해야 상호 비교를 할 수 있다. 유방암, 전립선암 또는 갑상선암은 진행된 병기인 경우에도 치료 효과가 높아 5년 생존율보다는 10년 생존율을 적용하기도 한다.

핵의학(Nuclear Medicine)의 방사선 이용

방사성동위원소에서 방출하는 감마선을 인체 내부 조직의 촬영에 이용하기도 한다. 몸속의 특정 장기 세포로 잘 가는 화학물질에 미량의 동위원소를 붙여서 인체에 주입하면 그 화학물질이 갑상선, 간, 뼈, 콩팥 등 특정된 장기의 세포에 가서 모인다. 이 동위원소와 화학물질 복합체를 방사성의약품(Radiopharmaceutical)이라 부른다. 이 방사성의약품이 특정 장기에 모여서 발생 되어 나오는 감마선을 탐지하여 영상화하면 그 장기의 영상을 볼 수 있고 질병의 진단에 사용된다. 이 전문 분야를 핵의학과라 하고 장기 스캔, SPECT 촬영 또는 PETCT 촬영이 대표적인 행위이다.

사용되는 동위원소는 반감기가 있어, 방사성 옥소(I-131)는 8일 정도, 방사성 테크네슘(T-99m)은 6시간 정도 된다. 방사능이 5 반감기면 거의 없어지므로 인체에 투여한 후 테크네슘은 약 하루, 옥소는 약 한 달간 검사자의 몸에서 방출되는 방사능에 대한 주의가 필요하다. 대량의 방사성 옥소를 투여하는 갑상선암 치료의 경우 투여 후 2-3일 동안 격리 입원 관리한다.

양전자방출 단층촬영(PET)의 이용; 암세포는 왕성한 대사 작용으로 당 소모율이 증가한다. 그러므로 방사성 불소(F-18)에 당 분자를 결합한 제산당불소 방사성의약품(Fluoro-Deoxy-Glucose, FDG), 즉

F-18 FDG를 주입하면 암세포가 당으로 인식하여 대사 과정을 거쳐, 세포 내에 F-18 동위원소가 축적된다. 방사성 불소는 붕괴하는 과정에 양전자(positron)를 방출한다. 이때 양전자[87]가 전자와 결합하여 감마선을 발생한다. 여기서 발생하는 감마선을 포착하여 영상화하면 양전자방출 단층촬영(PET scan)이 된다.

종양의 크기가 3mm 이상이면 PET 영상으로 관찰할 수 있다. 원발암뿐 아니라 전이된 암도 같이 촬영되므로 초기 진단 외에도, 치료 후 치료 효과 판정에, 그리고 추적 검사를 하면서 암 재발을 찾아내는 데에도 중요한 정보를 제공한다. 염증이 진행 중인 때에도 당 소모를 많이 하므로 감별 진단에 주의해야 한다.

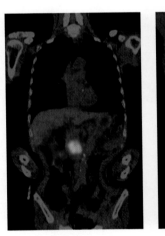
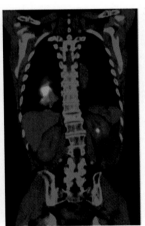

췌장암 PETCT   폐암 PETCT
각 장기 속의 (복부, 흉부) 밝고 둥근 것

---

87 양전자는 자연 속에 존재할 수 없으므로 주위의 전자(electron)와 재빨리 결합한다. 결합과 동시에 둘은 없어지고 이때 0.51MeV의 감마선 두 개가 양방향으로 방출된다. 이 현상은 엑스선 에너지가 1.25MeV일 때 산란 현상으로 전자와 양전자가 쌍생성(pair production)으로 발생 되는 원리의 반대 현상이다. 양전자와 음전자 입자가 합쳐서 없어지면서 감마선 에너지로 변신한 것이다.

촬영은 한 번에 전신을 촬영한다. 따라서 이것을 스캔이라 한다. 머리끝에서 발끝까지 한 번에 촬영하는 것을 전신촬영(whole body scan)이라 하지만 보통은 몸통만 촬영(torso scan)[88]한다. 촬영한 PET 영상은 동시에 촬영한 CT 영상과 영상 융합(Fusion)을 하여 해부학적 위치와 구조 파악에 정확성을 얻는다. 이것이 PETCT이다.

종양의 영상은 CT에서는 실제 크기와 모양을 그대로 나타내지만, PET에서는 종양의 대사활동의 강도에 따라 감마선 영상신호의 강도가 비례하여 커진다. 그래서 살아 있는 암세포에서 강한 신호를 보내면 CT의 실제 크기보다 PET에서 영상이 더 크게 나타날 수 있다[89].

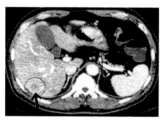

간암의 CT (좌) 와 PET (우) 영상 (같은 환자)

---

[88] 방사성 제산당불소(F-18 FDG)는 뇌종양에는 뇌혈관벽(BBB, blood brain barrier) 때문에 영상이 잡히지 않고, 무릎 이하에는 암의 발생이나 전이가 거의 없으므로 머리와 아래 다리를 제외한 몸통 촬영을 한다.

[89] PET의 영상은 CT나 MRI에 나타난 종양의 영상과 다를 수 있다. 종양의 모양을 나타내는 것이 아니고 당 대사의 강도에 비례하여 영상에서의 신호의 농도가 다르게 촬영이 된다. 종양의 유무는 알 수 있지만, 모양이나 크기와 주위 정상 조직과의 관계 등은 명확하지 않다. 치료된 후에는 세포가 죽어도 종양 덩어리가 없어지는 데에는 수개월이 걸리므로 CT 영상에서 종양은 보이지만, 당 대사 농도가 없어져서 PET 영상에서 생존 암세포가 없음을 알 수 있다.

상기 그림에서 간암의 예는 종양이 CT에서 실제 크기가 작게 보이는데 PET 영상에서는 크게 보인다. 이것은 암세포가 동위원소를 많이 머금고 있기 때문이다. 반대로 그 앞의 폐암 영상에서는 종양의 크기에 비해 PET 방사능 크기는 작다. 이것은 종양 덩어리 일부분에만 살아있는 암세포가 있다는 뜻이다. 이 문제는 진단 목적으로는 심각하지 않지만, 방사선치료 조사야를 설정할 때는 매우 주의해야 하는 사항이다.

즉 PET 영상의 암 조직 모양과 크기는 실제 모양과 크기가 일치하지 않는다.

동위원소 스캔(isotope scan)의 이용; 과거 CT, MRI, 초음파 등이 개발되기 전, 동위원소 스캔은 매우 중요한 영상 정보원(情報源)이었다. 그 시절 의료영상은 단순 엑스선 촬영, 조영제 사용 엑스선 촬영, 동위원소 스캔뿐이었다.[90] 동위원소 스캔은 검사하고자 하는 장기의 기능도 어느 정도 알 수 있는 장점이 있다.

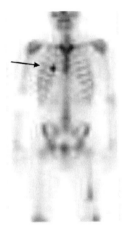

골 전이 전신 뼈 스캔

---

90 동위원소 스캔에서 사용하는 방사성의약품으로 뼈에는 테크네슘 인산염(Tc-99m MDP) 화합물, 간에는 테크네슘 황교질(Tc-99m sulfurcolloid), 콩팥 기능검사에는 테크네슘-DTPA 등이 사용된다. 갑상선 질환 스캔에 사용하는 동위원소인 방사성 옥소(Radioiodine, I-131)는 동위원소 그 자체만을 사용한다. 형태를 보는 영상 진단 외에 심장 기능검사, 폐 기능검사 등에도 이용된다.

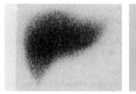

정상 간 스캔   정상 갑상선 스캔

또한, 인체 내의 특성 물질의 존재 여부나 함유량을 측정하는 데에도 동위원소를 사용한다. 이 검사는 피를 뽑아 실험실에서 시험관을 이용하여 수행하므로 시험관 검사(n vitro test)라 하고 인체를 직접 영상 촬영하는 것은 생체 검사(in vivo test)라 한다.

지금은 이보다 월등히 간단하고 정확한 방법들이 개발되어 있어서 이상의 검사들은 하지 않는다. 그중 과거부터 장비를 가지고 있었던 병원에서는 골 스캔과 갑상선 스캔은 하고 있다. 특히 갑상선은 수술 후 방사성 옥소 동위원소 치료를 위하여 스캔을 같이 시행한다.

사. 방사선으로 어떻게 암을 치료하는가

참고 1. 한국인 암 통계

우리나라 국립암센터는 설립 당시부터 30년 가까이 한국인의 암 등록 사업을 하여 매년 암 통계 데이터를 제공해 주고 있다. 가장 긍정적인 결과는 한국인 암의 5년 생존율이 70%를 넘었다는 것이다. 국립암센터에서 제공한 암 통계 자료표 몇 가지를 인용하였는데 그 내용은 다음과 같다.

모든 암의 5년 상대생존율: 1993~2015

성별	발생기간					증감
	'93~'95	'95~'00	'01~'05	'06~'10	'11~'15	
남녀 전체	41.2	44.0	54.0	65.2	70.7	29.5
남자	31.7	35.3	45.4	65.5	62.8	31.1
여자	53.4	55.3	64.2	74.2	78.4	25.0

암을 치료하여 성공할 확률을 생존율이라 한다. 2015년을 기점으로 전체 인구에서 암을 치료한 후의 생존율이 70.7%를 넘었다. 1993년의 41.2%에 비하면 엄청난 발전을 이루었다. 완치율이 70%라면 암으로 사망하는 예가 매우 적다는 말이다. 지난 20세기에는 간암, 췌장암은 진단 후 1-3개월, 폐암은 10개월 이상 생존이 힘들었다. 그리고 발견될 때 이미 진행된 예가 많았고, 아울러 열심히 치료해도 사망하였다. 화학요법 약제의 개발이 아직 초보 단계였고 방사선치료는 이용률이 낮았기 때문이다.

암 종류별로 보면 위, 대장, 간, 전립선 등의 암 생존율은 현저히 향상되었다. 유방암과 갑상선암은 원래 생존율이 높았고 현재에도

주요 암종 5년 상대생존율, 남녀 전체, 연도별

(단위: %)

발생 순위 Incidence rank	암종 Site	발생기간 Period of diagnosis					
		'93~'95	'95~'00	'01~'05	'06~'10	'11~'15	'12~'16
모든 암 All cancers		41.2	44.0	54.0	65.2	70.7	70.6
1	위 Stomach	42.8	46.6	57.8	68.1	75.7	76.0
2	대장 Colon and rectum	54.8	58.0	66.7	73.6	76.2	75.9
3	갑상선 Thyroid	94.2	94.9	98.3	99.9	100.2	100.2
4	폐 Lung	11.3	12.7	16.5	20.1	27.1	28.2
5	유방 Breast	77.9	83.2	88.6	91.1	92.5	92.7
6	간 Liver	10.7	13.2	20.4	28.1	34.0	34.6
7	전립선 Prostate	55.9	67.2	80.4	91.1	94.0	93.9
8	담낭 및 기타담도 Gallbladder etc.	17.3	19.7	23.0	26.7	28.8	29.0
9	췌장 Pancreas	9.4	7.6	8.4	8.4	10.7	11.4
10	신장 Kidney	62.0	66.1	73.5	78.3	82.3	82.7

높은 완치율을 가진다. 폐암과 담도췌장암은 생존율이 크게 향상되지 않았다. 거의 모든 암에서 과거 30년 동안 생존율, 특히 70% 넘는 종합 5년 생존율은 세계에서 최고이다.

암 발생 확률은 유병률 또는 발병률이라 한다. 2017년 국립암센터의 암 등록 통계에서 보면 우리나라 전체 암 발생인 수는 232,255명이고 10만 명당으로 환산하면 462.1명이다. 우리나라 국민의 기대수명 83.5세까지 생존하면 암에 걸릴 확률이 36.9%, 남자(80.5세)는 5명 중 2명(39.0%), 여자(86.5세)는 3명 중 1명(33.9%)에서 암이 발생할 것으로 추정된다.(국가암정보센터 자료)

주요 암 발생 현황(2017년)

(단위: 명/10만 명)

순위	남녀 전체		남자		여자	
	암종	발생자 수	암종	발생자 수	암종	발생자 수
	모든 암	232,255		122,292		109,963
1	위	29,685	위	19,916	유방	22,300
2	대장	28,111	폐	18,657	갑상선	20,135
3	폐	26,985	대장	16,653	대장	11,458
4	갑상선	26,170	전립선	12,797	위	9,769
5	유방	22,395	간	11,5900	폐	8,328
6	간	15,405	갑상선	6,035	간	3,905
7	전립선	12,797	췌장	3,733	자궁경부	3,469
8	췌장	7,032	신장	3,617	췌장	3,299
9	담낭, 담도	6,846	담낭, 담도	3,555	담낭, 담도	3,291
10	신장	5,299	방광	3,525	자궁체부	2,986

한국인 암 발생 빈도를 2017년 암 종류에 따라보면 위암, 대장암, 폐암, 갑상선암, 유방암, 간암 순이다. 이를 남녀 성별로 보면 남자는 위암, 폐암, 대장암, 전립선암의 순으로, 여자는 유방암, 갑상선암, 대장암, 위암의 순으로 많이 발생한다. 과거와의 변화를 보면 남녀 공히 대장암 발생이 증가하였고, 남자는 전립선암, 여자는 유방암과 갑상선암의 발생률 증가가 두드러졌다. 대신 위암은 점점 줄어드는 추세이고, 여성 자궁암은 20세기에는 상위권이었는데, 지금은 자궁암 예방 백신의 영향도 있지만, 발생률이 매우 낮아졌다.

암 발생률의 변화는 식생활 개선, 생활 위생의 개선, 경제적 발전에 의한 생활 양식의 선진국화 등에 의한 것으로 알려져 있다.

한편 발생률과 사망률은 다르다. 유방암처럼 발생률이 높아도 치료가 잘 되는 암은 사망률이 낮으므로 생존율이 높다. 2007년과 2017년 각각의 통계치 비교를 보면, 폐암은 발생률도 높지만 사망률이 1위이다. 폐암은 검진으로 발견율이 높지만, 치료 방법은 여전히 수술, 화학요법, 방사선치료가 그대로 적용되어서 생존율은 전과 비슷한 수준이다. 간암은 과거에 비해 사망률이 줄어 완치율이 향상하고 있다. 간암은 건강검진으로 조기 발견율이 높아진 데다가 고주파치료, 색전술, 수술과 화학요법 등 다양한 치료법이 뒷받침해 주고 있지만, 최근 방사선치료를 적용하는 경우가 많아지면서 생존율이 증가하는 추세이다. 위암은 건강검진에서 발견되는 조기위암이 많아져서 완치되는 환자가 많아지므로 전체 사망률이 많이 낮아졌다.

주요 암 사망률 추이(2007~2017)

암종	2007년	2017년	증감
폐암	29.2	35.1	20.2%
간암	22.8	20.9	-8.3%
대장암	13.6	17.1	25.7%
위암	21.6	15.7	-27.3%
췌장암	7.3	11.3	54.8%
유방암	3.4	4.9	44.1%
전립선암(男)	2.3	3.6	56.5%
자궁경부암(女)	2	1.7	-15.0%

대장암은 최근 발병률이 높아졌지만 사망률도 같이 증가하고 있고, 발생률이 높은 암은 아니지만, 췌장암과 담도암은 아직 사망률이 높다. 유방암과 전립선암은 완치되어서 장수하는 사람이 많으므로 사망률은 낮다. 인구 대비 전체 사망자 총수가 증가한 것은 암 전체 발생률이 증가했기 때문이기도 하다.

암 치료에서는 현재 항암화학요법에서 부작용이 적은 약재 개발, 수술의 최소침습 기술 발전, 방사선치료의 정밀화 등으로 부작용 없는 암 치료가 활발히 이루어진다. 치료 후의 삶의 질 향상에 관심도 높아져서 치료하는 과정에 완치뿐 아니라 부작용 발생을 줄이기 위한 치료 테크닉의 조절로 환자의 치료 후 삶의 질 향상에 도움을 준다.

한국인의 암 발생률을 보면 위암, 대장암, 폐암, 갑상선암, 유방암, 간암, 전립선암의 순이며 갑상선암과 전립선암은 예후가 좋아 제외한다면 5대 암이 된다. 사망률을 보면 폐암, 간암, 대장암, 위암, 췌장암, 유방암, 전립선암의 순이다. 따라서 발생률과 사망률을 통틀어, 폐, 간, 위, 대장, 유방암을 5대 암으로 구분하며, 최근 환자 수의 증가를 포함하면 췌장암까지 넣어 6대 암으로 분류하고 국가에서 집중하여 관리하고 있다.

참고 2. 임상 암 진료에 있어서 고려할 사항

진찰

과거에 비해 각종 의료 장비가 개발되어 이에 의존을 많이 하고 있다고는 하나, 암 전문의에 의한 직접 대면 진찰은 매우 중요하다. 진찰은 문진, 청진, 촉진 등이 있다. 환자의 전신 상태를 관찰하고, 증상이 있는 곳에의 청진, 촉진을 하며, 과거의 질병이나 증상의 상태까지 파악하면, 암 질환과 비 암 질환을 구분할 수 있다.

조직검사

암의 최종 진단은 조직검사에 의한다. 크게는 수술에서부터 작게는 피부 아래로 바늘을 찔러 뽑아내는 방법으로 암세포를 얻어 현미경 관찰을 통해 암세포의 종류이며, 분화도(세포의 악성도의 차이), 주위로의 침윤 상태, 조직 내 암세포 괴사 여부, 세포분열 여부 등 수많은 정보를 얻는 것이 조직검사이다. 이 결과를 모두 치료방침에 반영한다. 이 검사는 병리과 전문의가 한다.

단순 엑스레이 촬영

영상의학의 기본은 엑스레이 단순 촬영이다. 가슴 엑스레이, 복부 엑스레이, 뼈 엑스레이 등, 이 검사를 CT 등과 구분하여 단순 엑스레이 촬영이라 한다. CT, MRI, 초음파 등의 특수 영상 이전에 간단히 촬영하는 가슴 및 복부의 단순 엑스레이 영상에서 몸 상태에 대한 기본 데이터를 얻는다.

CT 촬영

엑스레이 단순 촬영과 의사의 진찰에서 의심 장소가 있으면 그 주위를 CT(computerized tomography) 촬영을 한다. CT는 전산화단층촬영이라 번역되어 있지만, 영어로는 Computer Assisted Tomography Scan(CAT scan)이라 하여 일정한 장소를 훑는다(scan)는 뜻이 들어 있다. 즉 한 방향으로 사진만 찍는 것이 아니고 몸 외곽을 회전하여 돌면서 샅샅이 훑어 찾아 내려가며 입체적 3차원 영상을 만든다는 뜻이다. 3차원은 x, y, z, 세 방향에서 보고 검토한다는 말이다.

MRI 촬영

자기공명영상(magnetic resonance image) 촬영은 독특하다. 강한 자력을 몸속으로 투사하면 몸속 세포에 있는 수소의 양성자가 자력에 의해 흔들린다. 이것이 공명이다. 그 흔들림의 에너지를 잡아서 영상을 만든다. 영상의 구조는 CT와 비슷하게 일정한 슬라이스로 몸을 쪼개어 스캔한다. 나타나는 영상은 CT에서 엑스선 투과력 차이로 만드는 것과 다르게 스캔 창을 조절함에 따라 뼈, 연부 조직, 공기, 물, 등 구조물이 조영제 없이도 뚜렷이 구별된다. 특히 엑스선은 물과 연부 조직의 구분이 잘되지 않는데, MRI는 물의 구분이 확연하다.

초음파 검사

음파는 매질을 지나가다가 다른 매질과의 경계에 부딪히면 반향(되돌아옴)을 일으키는 성질이 있으며, 얼마나 어떻게 돌아오는가를 잡아서 영상으로 만드는 것이 초음파 검사이다. 간으로 초음파를 통과시켜 간 혈관, 담도, 담낭 등에 부딪혀서 돌아오면 그 영상을 얻는다. 담낭 속에 담즙이 차 있어 그 경계가 뚜렷이 보이는데 그 속에 있는 담석(담즙에 의해 만들어진 돌)을 깨끗하게 볼 수 있다. 종양 조직은 정상 조직과 경계를 만들고 있으므로 초음파 영상에 잘 잡힌다. 그러나 공기가 음파를 잘 통과시키지 못하므로 폐와 장의 초음파 검사는 하지 않는다. 유방암과 갑상선암 검사에 탁월하다.

PET 촬영

PET 영상은 암세포의 활동성 신호를 찾는 데에는 우수하지만, 인체 몸 구조의 영상은 세밀하게 만들어 주지 않기 때문에 일반 엑스레이 CT를 동시에 촬영하여 두 영상을 결합(fusion)하여 해부학적 정보를 얻는다. 그래서 합쳤다는 의미로 PETCT라 한다. 암을 찾아내는데 탁월하다. 방사성동위원소를 체내에 주입하므로 인체의 피폭에 대한 세심한 주의가 필요하다.

종양표지자 검사

암세포는 몸속에서 살아 있는 동안 자기만의 독특한 물질을 분비하며 이를 종양표지자(腫瘍標識子 tumor marker)라 한다. 이 물질이 혈액 속에서 돌아다니고 있어 피검사를 통해 종양표지자를 찾아내면 그 암을 진단하는 데 큰 역할을 한다.

종양표지자는 종양이 발생하면 인체가 이에 반응하여 만들어지며, 한 종양에 특이한 표지자도 있고 여러 종류의 암에 공통으로 발생하는 것도 있다. 그 구성 물질은 호르몬, 항원, 유전자, 효소 등 다양하다.

알려진 표지자는 수십 가지인데 췌장암에서 잘 나타나는 CA19-9 등은 매우 진단 성공률이 높다. 전립선암에서 PSA는 전립선암 조기 검진과 치료 후 추적관찰에 매우 중요한 역할을 한다. 그 외에도 AFP, CA-125, CEA, estrogen receptor 등 여러 종류의 종양표지자 검사가 있다.

일반검사

병원에 가면 처음 만나는 의사는 거의 모든 환자에게 피검사와 엑스레이 촬영을 요구한다. 엑스선 촬영은 몸속 구조를 보고 진단에 도움을 주는 정보를 얻는 것이다. 피검사는 일차적으로 종합 피검사(Complete Blood Count, CBC)로 백혈구, 적혈구, 혈소판, 헤모글로빈 등을 확인한다. 염증의 유무는 백혈구 수, 빈혈은 헤모글로빈 수치이고, 기타 기본적인 신체 이상이 이 CBC에서 발견된다. 다음은 혈액화학검사(blood chemistry)인데, 간 기능, 당뇨, 신장 기능 등등의 소견을 얻을 수 있다. 암환자에게 이 검사들은 꼭 한다. 신체의 기본 건강 상태를 알 수 있기 때문이다. 소변검사도 기초 신진대사의 상태에 대한 정보를 얻는다. 그 외에도 혈압, 체중 등도 확인해 둔다. 객담이나 대변은 어떤 연관성이 있을 때 하며 기본적으로는 하지 않는다.

내시경의 중요성

소화기 계통에서 위장관(gastrointestinal tract)은 공동형내장(空洞形內臟 hollow viscus)이므로 해부학적 의미로 말하면 그 속은 인체 내부가 아니고 몸 바깥과 같다. 그래서 위쪽으로는 입을 통해서, 아래쪽으로는 항문을 통해서 내시경을 사용하여 쉽게 접근할 수 있으며 이상 소견을 발견하면 제거하여 조직검사를 할 수 있고 독립된 작은 병소(病巢)는 수술적 제거를 할 수도 있다.

암 수술을 한 후 환자는 잔존 후유증이 최소화되어야 한다. 최근 직경 1-2cm의 내시경을 2-3cm의 피부 절개를 통해 몸속에 삽입하여 몸속 구조를 관찰하는 동시에 내시경 관을 통해 삽입된 조직 제거용 칼로 조직을 제거하는 내시경 수술은, 광범위한 절개를 하지 않고 필요한 조직만 제거하므로 수술 후 환자에게 절개에 의한 부담을 주지 않으며 후유증을 최소화하고, 후유증이 적을수록 생존율에도 큰 영향을 미친다. 수 cm의 질병 조직 제거를 위해 수십 cm 피부와 피하의 여러 조직을 절개하여 속 장기를 공기에 노출시키는 개복, 개흉 수술은 수술 자체로 환자가 생물학적 충격을 받는다.

임파절 전이

암이 한 장기에서 발생하면 가까운 임파절 전이가 흔히 일어난다. 임파 시스템은 일종의 인체 자가방어기전(self defence mechanism)의 기능을 가진다. 선(腺)은 깨알 크기의 임파 세포 조직을 말하며 절(節)은 여러 개의 선 뭉치를 말한다. 원발 병소에 가까이 있고 첫 번째 이동해 가는 임파절을 특별히 국소임파절(regional lymph node)이라 한다. 국소임파절이 1차 방어선이 되며, 침입자가 소멸되지 않고 힘이 세어지면 다음 큰 임파절로 가거나 혈액을 통해 다른 장기로 가면서 몸속에 퍼진다. 수술 시 이 국소임파절을 점검하고 떼어내어 조직검사를 통해 침범이 있는지 확인이 꼭 필요하다. 원발 병소의 진행 정도(T1 병기)에 관계없이 국소임파절 전이는 없든지 많이 전이되든지 하기 때문이다. 방사선치료에서도 원발 병소와 국소임파절을 반드시 치료 범위에 포함한다.

병기의 개념

암의 예후를 결정하는 데에 병기가 최우선이다. 의사가 진료 후 암이 어느 정도 진행이 되었는가를 판단하는 데에서 치료 후의 결과가 좌우된다. 처음 환자를 진료하는 의사는 여러 가지 필요한 검사를 통해 그 환자 현재의 병기를 결정한다. 일반적으로 쉽게 임상 병기로서 초기, 중기, 말기로 표현하여 보편적으로 사용하고 있다. 암 종류에 따라 좀 진행된 초기 암이나, 중기에도 치료 성적이 좋은 것도 있고, 아주 초기인 경우에만 완치 확률이 높은 것도 있다. 세밀한 병기결정은 치료 성적에도 영향을 미친다.

호스피스의 활용

말기 암 환자가 모든 치료 과정이 끝난 후에도 암은 진행성인 상태로 있으면 그 후에는 보존적 치료(conservative therapy)를 한다. 이것은 질병을 없애는 데 목적을 둔 치료의 개념이 아니고, 질병 자체는 더 이상 방법이 없을 때 잔여 생존 기간에 발생하는 증상을 완화하고 삶의 질(Quality of life)을 좋은 쪽으로 유지하도록 약물이나 물리적 치료를 하는 것이다. 다른 말로 완화치료(緩和治療)라고도 한다. 이 환자 관리과정은 입원한 상태에서 프로그램된 스케줄을 가지고 환자를 관리하는 방법으로, 호스피스(hospice)라 한다.

이 과정은 사망할 때까지 지속된다. 환자는 편안한 상태로 임종을 맞도록 하며 생명 연장을 위한 행위는 적용하지 않는다. 병원에 입원한 상태에서 평화롭게 사망을 맞이하도록 한다는 뜻이며, 종교적 활동으로 불치병 환자의 돌봄(care)으로 시작되었으나, 보통 병원에서 관련 시설과 전문 인력을 가지고 운영되고 있다.

1. 폐암

폐암이라고 일반인들은 부르지만, 서로 다른 성질을 가진 여러 폐암들로 나뉜다. 대표적인 폐암은 비소세포성 폐암(non-small cell lung cancer)과 소세포성 폐암(small cell lung cancer)이다. 비소세포성 폐암은 그 이름이 세포의 이름은 아니고 소세포가 아닌 모든 폐암을 말한다. 주로 흔한 것이 선암, 편평상피암 및 대세포암이다. 소세포암은 암세포가 모양이 작고 동글동글하여서 붙여진 이름이다.

선암(腺癌, adenocarcinoma)은 기관지 표면의 공기와 맞닿는 곳에 있는 점액상피의 점액 분비 세포가 암세포로 변한 것이다. 점액상피(粘液上皮)란 피부의 땀샘처럼 기관지 표면의 습도를 유지하고 점액을 분비하여 균의 침범으로부터 폐를 보호하는 역할을 한다. 분비샘(腺)

에서 발생하였다고 선암이다. 여성에서 좀 더 많이 발생하고, 뇌 전이가 흔하다는 특징이 있다.

편평상피암(扁平上皮癌, squamous cell carcinoma)은 점액 분비와 관계없이 기관지 표면을 구성하는 편평상피세포에서 발생한 암이다. 흔히 결핵 등 과거의 염증성 질환 후유증으로 생긴 흉터에서 발생하기도 한다. 뇌 전이가 선암에 비해 흔하지는 않다. 선암과는 병기가 같으면 치료 성적은 거의 같다. 선암과 편평상피암은 가능하면 수술 치료를 한다는 점은 같으나 진행이 되어 화학요법이 시행될 때 약제의 선택이 다르다.

폐암의 원인으로 흡연은 확실히 밝혀져 있다. 그 외에도 공기오염, 독성 흡입, 방사선 등 원인으로 생각하는 인자는 많은데 아직 이론적인 정도이며 다른 암과 마찬가지로 대부분 원인은 모른다. 흡연하지 않고 간접흡연도 없는 사람에게서도 발병하기 때문이다.

초기에는 증상이 없다. 많은 환자가 건강검진에서 발견된다. 때로 다른 질환이나 상해 등으로 검사를 받다가 우연히 발견되는 경우도 많다. 암이 진행되면 기침, 각혈이 있고, 더 진행되면 호흡 곤란이나 흉통이 있고, 뇌 전이가 되면 두통과 신경 마비 증상이 온다. 초기에는 완치가 될 수 있고, 어느 정도 진행이 되어도 경험 많은 전문의가 철저히 다루면 장기 생존이 가능하다.

병기를 결정하는 데에 해부학적 구조가 중요한데, 폐는 폐문(肺門)과 종격동(縱隔洞)을 포함하는 중심부와 약간 떨어진 주변부로 나눈다. 종격동과 폐문(肺門)에는 기관(trachea), 기관지(bronchus), 폐동정맥 등 큼지막한 장기들이 얽혀 있다. 종격동과 폐의 경계를 폐문이라 한다. 폐문에는 정상 임파선이 국소임파절로 산재해 있다.

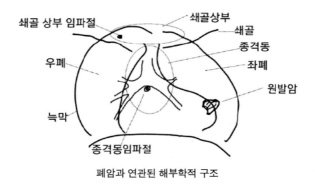

쇄골 상부 임파절
쇄골상부
쇄골
종격동
우폐
좌폐
원발암
늑막
종격동임파절

폐암과 연관된 해부학적 구조

　폐 조직에서 폐암이 발견될 때 폐문에서 2cm 이상 떨어져 있고 종양의 크기가 5cm 이하로 작으면 초기이며 임파선 전이가 없으면 수술로 완치가 가능하다. 보통은 환자에게 신체적 충격을 주지 않는 내시경 수술로 치료한다. 종양이 폐문에서 멀리 떨어져 있으면 수술이 매우 쉽고 부작용 발생률도 낮다. 그러나 폐문에 가까이 있는 기관지에서 발생하면 종양이 작아도 주위 구조물 때문에 수술로 제거하는 데에 어려움이 있다. 수술할 때 피부에서부터 너무 깊숙이 있고 폐에 덮여 있어서 접근하기가 힘들기도 하다. 폐문에서 멀리 있어도 더 멀리 주변부 늑막 가까이에 발생하여 늑막에 유착되어 있으면 재발이나 전이의 위험성이 높다.

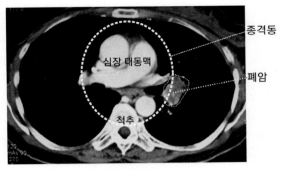

폐암의 CT 영상

　폐문에서부터 종격동으로, 반대편 폐문으로, 쇄골 위쪽의 목 임파절로, 이런 순서로 임파절 전이가 진행된다. 원발암과 같은 쪽 폐문의 임파선은 국소임파절이지만 반대편 종격동 임파절이나 경부 임파절까지 전이가 있으면 완치율이 급격히 떨어진다.

　임파절 전이가 없고 초기인 폐암은 수술로 완치되지만 때로 방사선치료만으로도 완치가 가능하다. 다른 만성병으로 마취가 어려운 환자, 고령인 환자나 수술을 거부하는 경우 등에서 방사선치료를 한다. 초기이지만 약간의 진행성이고 가까운 국소임파절 전이가 있는 경우 수술 후 방사선과 화학요법을 병행한다. 이때의 방사선치료는 수술후 방사선치료(post-operative radiotherapy)이다. 중기의 비소세포성 폐암은 절제가 가능하면(resectable) 수술을 하고, 절제가 불가능하면(unresectable) 방사선과 화학요법 병행치료를 한다.

　절제 가부와 수술 가부는 다르다. 이미 진행되어 수술로 치료가 불가능한 경우, 환자가 심장 또는 다른 질환으로 마취를 못 하는 경우, 고령으로 수술을 못 하는 경우 등은 수술이 불가능하다. 이와 달리 수술에 들어갔는데 제거가 안 되는 것이 절제 불가능이다. 수술에 들어가서 주위 조직과 유착이 심하여 종양이 크지 않아도 절제가 완전히 안 되는 경우가 있다. 수술 전 영상 촬영으로 면밀히 검토하지만, 수술실에서 직접 접촉해 보면 사정이 달라지는 것이다.

폐암은 수술 시도가 가능한 예가 전체의 50%, 수술이 가능한 예 중에서 50%가 절제 가능으로 보통 폐암 환자의 25%가 성공적인 수술을 한다고 알려져 있다.

비소세포성 폐암의 방사선치료

초기 암에서 환자가 폐 섬유화와 같은 심한 호흡 장애로, 심혈관 질환으로, 또는 환자의 거부에 의해 수술을 못 하는 경우가 있다. 이때에는 방사선치료가 수술을 대체해서 시행된다. 이 말은 방사선 만으로 치료하더라도 치료 후 재발 확률이 낮고, 또한 방사선으로 완전한 제거가 된다는 뜻이다. 대량의 방사선으로 암 조직을 괴사(壞死 necrosis)[91] 시켜버리는 방사선수술(radiosurgery)로 치료하는 경우가 많다. 때로 정상분할 방사선치료를 사용하는 경우도 있다.

---

[91] 폐암을 방사선으로 조직을 괴사시켜 완전히 제거하는 데에는 방사선수술의 일종인 정위적 체부 방사선치료(SBRT, Stereotactic Body Radiation Therapy)를 사용한다. 정상분할조사(normofractionation)와 비교할 때, 저분할조사(hypofractionation)로 1회 또는 분할 회수가 몇 안 되는 치료는, 삼차원 또는 세기조절 방사선치료를 정상분할조사로 하는 것보다 암세포는 손상으로부터의 회복이 전혀 일어나지 않고 모두 괴사 된다. 조직 세포를 괴사시키는 치료이므로 녹아서 증발해 버린다는 의미의 제거(ablation)라는 말을 써서 정위적 제거 체부 방사선치료(SABR, stereotactic ablative body radiotherapy)라고도 한다.

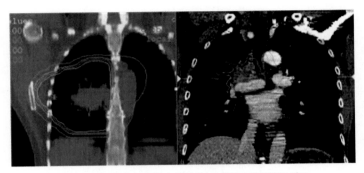

폐암에서 삼차원치료(좌)와 방사선수술(우)의 선량분포 비교

　방사선수술 치료에서 가장 중요한 것은 정상 조직이 조사야와는 물리적 경계가 확실해야 하는 점이다. 조직 괴사를 일으켜 제거하는 것이기 때문에 정상 조직 세포가 포함되어 있으면 정상 조직도 함께 괴사가 되기 때문이다. 그래서 치료는 정위적 방사선수술(stereotactic radiosurgery)[92] 치료 설계를 하고 환자의 움직임에 대한 대처도 최선을 다해야 한다. 또한 목표로 하는 거시적 종양(GTV)에만 선량 분포를 하므로 보이지 않는 현미경적 암세포가 조사야 밖에 있으면 치료 실패의 원인이 된다. 이러한 경우에는 방사선수술보다 조금 더 광범위하게 정상 조직을 포함하는 삼차원방사선치료를 시행하는 것이 덜 위험하다.

　폐암의 방사선수술은 최근 입자선 치료가 관심이 높아지고 있고

---

[92]　거시적 종양 체적(GTV)의 주위에 현미경적 암세포 침윤이 있을 가능성이 있는 경우에는 종양 주위의 정상 조직을 일부 포함해야하므로 삼차원치료를 하고 이때는 정상 조직에 치료 선량의 일부가 조사된다. 주위 정상 조직과 확연히 구별되는 원발암인 경우는 방사선수술로 다분할조사를 하지 않고 5회 미만의 대량조사로 조직을 괴사시키는 치료를 한다. 이때는 주위에 암세포가 없어야 한다.

양성자선 치료 장비가 있는 병원에서 좋은 성적 보고가 있다. 한편, 중입자선 치료는 여러 의견이 있지만 보고되는 성적은 향후 초기 폐암 치료에 좋은 결과를 얻을 것으로 기대된다. 대한민국에는 병원 두 곳에 양성자선 치료 시설이 있고 중입자선 치료 시설은 2023년에 개원한 병원 1곳과 시설 설치를 진행 중에 있는 병원 한 곳이 있다.

초기 폐암에서 수술하지 않은 경우나 중기에서 수술로 제거를 못했거나, 수술을 안 한 경우에는 근치적 방사선치료[93](curative radiotherapy)를 한다. 총선량은 65-70Gy를 준다. 분할 방법은 정상분할 방사선치료(conventional fractionation)로 하며 분할 크기를 1.8-2.0Gy로 한다. 조사선량은 원발 종양과 육안적 국소임파절 전이는 총선량을 주고 현미경적 세포가 있을 것으로 예상하는 종격동이나 쇄골 상부에는 45-50Gy(3분의 2)를 준다. 폐암의 방사선치료는 화학요법과 함께하는 것이 일반적이다. 이를 동시화학방사선치료(concurrent chemoradiotherapy, CCRT)라 한다.

수술로 제거했더라도 세포가 묻어 남아 있음이 의심되거나 불완전하게 제거가 된 경우 등에는 수술후 방사선치료(post-operative radiotherapy)를 한다. 수술로 거의 제거가 된 후의 수술후 방사선치료는 근치적 치료의 약 2/3, 즉 50Gy 전후를 25-28회 분할조사한다. 육안으로 암 조직이 남아 있는 경우는 근치적 방사선치료를 한다.

---

93 근치적 방사선치료는 방사선치료만으로 처음부터 계획하여 치료하는 방법이다. 수술하지 않고 근치적으로 하는 방사선치료를 결정적 방사선치료(definitive radiotherapy)라고도 한다.

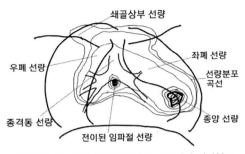

쇄골상부 임파절을 포함한 비소세포성 폐암 선량분포

    말기 폐암은 암을 제거하는 것보다는 남은 생존 기간 동안 삶의 질을 높이도록 도와주는 목적이 대부분이다. 수술이 안 되므로 방사선과 화학요법 병행 치료를 한다. 보통 통증의 제거, 호흡 곤란의 완화, 출혈의 지혈 등 증상의 완화를 목표로 한다.[94]

    폐암의 전이는 어디든 가능하지만 뼈, 뇌 등의 전이로 인해 통증이나 신경 마비 등의 증세로 고통받기 때문에 즉각 치료하여야 하며 방사선치료에 의한 증상 완화의 효과 만족도는 매우 높다.

소세포성 폐암의 방사선치료

    소세포성 폐암은 화학요법에 반응이 좋으나, 조금 진행되면 주위와 전신으로 쉽게 확산이 되는 특성이 있어 국소 암보다는 전신 암으로 다루어지기 때문에, 수술은 하지 않고 항암화학요법이 1차 치료가 된다. 방사선치료는 화학요법에 잘 조절이 안 되는 환자, 또는

---

94   흔히 오른쪽 폐의 최상부에 생긴 폐암은 주위의 상대정맥(上大靜脈)과 목으로 가는 신경과 혈관이 압박받아 얼굴이 붓고 목이 쉬며 통증도 심하게 온다. 이를 상부열구종양(superior sulcus tumor)이라 하며 응급 방사선치료를 해야 한다.

뇌 방사선치료가 필요한 경우 등 특별한 경우에 시행한다. 상당히 방사선 민감성인 암세포이므로 선량을 40Gy 이상 주지 않는다. 조사야의 선량 분포는 비소세포성 폐암 때와 원칙은 같다.

소세포성 폐암은 전체 폐암에서 빈도가 20% 정도밖에 안 된다. 다행히 금연 캠페인으로, 흡연과의 관계가 더 깊은 소세포성 폐암의 발생률이 줄어들고 있다. 항암제의 발달로 과거보다 효과적인 치료가 되고 있지만, 예후가 좋지 않아 2년 생존율이 5% 미만이다. 예후가 나쁜 가장 큰 원인은 진행이 된 후 발견되는 예가 많기 때문이다.

소세포성 폐암의 병기는 암이 침범한 부위의 크기에 따라 국소형(limited stage)과 확장형(extesive stage) 두 가지로 나뉜다. 국소형은 치료하면 2년 정도 생존이 가능하지만, 확장형은 1년 생존이 힘들다. 초기에 뇌로 전이가 쉽게 가므로 전이 증상이 출현하기 전이라도 예방적 뇌 방사선치료를 한다.

국소형 병기의 소세포암은 화학요법을 우선 선택하지만, 계획된 화학요법이 효과적으로 끝난 후 방사선치료를 추가함으로써 생존율 향상에 기여할 수 있다. 처음부터 계획적인 화학요법-방사선 병합 치료로 생존율 증가를 얻었다는 연구 보고도 많다. 확장형 병기의 소세포성 폐암은 화학요법으로 시행한다. 환자의 건강 상태가 좋고 화학요법에 견딜 수 있는 체력이면 적극적인 화학요법 치료를 한다. 그러나 결국 재발하여 생존율은 매우 낮은 편이다.

폐 전이암

폐가 아닌 다른 곳에 생긴 암이 폐로 전이가 되는 경우도 매우 흔하다. 이때는 폐암이라 부르지 않고 폐 전이암이라 한다. 병리 조직 소견이나 암의 여러 가지 성질이 폐암과는 다르고 원발암의 성질에 따른다. 만일 한두 개의 종양만 형성한 전이암인 경우 빙사선수술로 잘 제거가 된다. 다발성 폐 전이암은 방사선치료는 안 되고 항암화학요법 치료를 한다.

2. 유방암

유방암은 우리나라에서뿐 아니라 서양에서도 발생 빈도가 계속 높아지는 암이다. 유병률(발생률)이 높다고 사망률이 높은 것은 아니다. 해부학적 구조상 조기 진단이 잘 되고, 수술, 화학요법, 방사선치료 등 모든 치료에 효과적이기 때문에 치료 성적이 좋고 사망률이 높지 않다.

조기 진단에서 가장 중요한 것이 자가 진단으로, 항상 만져보고 감시하는 것이 유리하다. 정기 건강검진에서 유방 엑스레이 촬영(mammography)과 초음파 검사로 95% 이상 찾아낸다. 그러나 최종 진단은 조직검사이다. 맘모톰(mammotome)이라는 장비는 초음파로 직접 관찰하면서 이상 소견이 있는 부위를 바늘로 찔러 세포를 뽑아내는 장비이다. 여러 가지 영상 소견에서 암으로 판단이 되어도 세포의 종류에 따라 치료에서 참고할 사항이 다르기 때문에 세포 조직검사는 매우 중요하다.

조직 소견에서 일단 크게 나누어 분류하면 제자리 암종[95](in situ tumor)과 침윤성 암종(invasive tumor)으로 구분된다. 다른 암에서도 제자리 암종이 있을 수 있지만, 유방암에서는 매우 독특하고 또 흔하다. 제자리 암종은 병기로 말하면 0기에 해당되어 수술과 방사선 치료로 95% 완치된다.

유관이나 젖샘(유선)의 표피층을 넘어서 유방조직 내로 침투해 자라는 암은 침윤성 유관암(invasive ductal cancer)[96]으로 보통 말하는 유방암이 여기에 속한다. 제자리에서 벗어나 유방조직에서 자라는 침윤성 암은 일반적으로 부르는 유방암이고 진행된 병기에 따라 그 상황에 맞는 치료를 한다.

유방암 발생의 직접적 원인은 밝혀져 있지 않지만, 위험 요인으로 알려진 여러 가지 상황이 있다. 이를 위험인자(risk factor)라 한다. 나이는 50세 이상과 이하로 나누기도 하지만 폐경 후가 폐경 전보다 많이 발생한다. 조기 초경과 늦은 폐경, 늦은 초산과 다산, 무자녀인 경우 발생 위험도가 높지만 모유 수유를 하면 위험도가 낮아진다.

과거의 유방암 경험, 유방암 가족력, 과체중, 갱년기 증상의 치료

---

95 유방 세포는 젖을 만드는 유선조직(乳腺組織 mammary gland tissue; 젖샘)이 있고 그 사이사이에 지방 조직이 유방의 구조를 만든다. 만들어진 유즙은 모아서 유관(乳管 mammary duct)을 통해 유두로 배출된다. 유관은 가운데의 빈 공간을 통해 젖이 흐르는 관 형태이므로 관의 벽은 관표피세포(ductal epithelium)가 층을 이루며 자라고 있다.
유방암이 유관 벽의 표피층에서 발생하여 표피층 내에서만 자라고 있는 것을 제자리 암종이라 한다. 제자리 암종(in situ)은 원래 의학적 용어는 상피내암(intraepithelial cancer)에 속한다. 유방의 독특한 구조에 의해서 관상피암(ductal carcinoma in situ, DCIS)과 소엽상피내암(lobular carcinoma in situ, LCIS)이 있다. 상피세포가 암세포로 변하였지만, 아직 표피층에 머물러 있다는 뜻이다. 관상피내암이 90%를 차지한다.

96 표피층 속에만 있으면 상피내암 또는 제자리 암종인데 상피를 뚫고 나가면 이것이 침윤이다. 암세포가 표피층 맨 아래 조직인 기저막(basement membrane)을 넘어 침투한 것으로 주위 조직에만 침범한 것부터 원격전이까지 모두가 포함된다.

제 복용, 피임약 복용, 알코올 중독, 상류 사회적 지위(high society)일수록 유방암 위험도가 높다. BRCA1, BRCA2 유전자 돌연변이는 안젤리나 졸리가 예방적 유방 제거 수술을 받아서 유명해졌다. 유방 엑스선검사에서 치밀유방과 석회화는 유방암과 관계가 있다. 운동에 게으른 사람과 고지방식과 저섬유식 섭취를 주로 하는 사람도 위험도가 높다.

방사선 피폭이 유방암 발생과 관계있다고 알려져 있다. 과거 구형 엑스선관으로 유방 엑스선 촬영한 사람에게서 유방암이 많이 발생했다는 통계가 있다. 그때의 엑스선은 좋은 영상을 얻기 위하여 대량의 방사선을 방출시켜 촬영하였기 때문이며, 현재에는 고감도 장비로 촬영하므로 방사선 선량이 적어서 유방 엑스선 촬영으로 암이 발생할 확률은 다른 발생 원인과 비교하면 관계 확률 수치가 매우 낮다.

유방암은 유방에서 발생하여 액와임파절(겨드랑이, axillary lymph node)로 전이가 되고 더 진행되면 쇄골상부임파절(supraclavicular lymph node) 또는 내유임파절(internal mammary lymph node)로 전이된다. 이 임파절들이 국소임파절(regional lymphnode)이다. 원격전이(distant metastasis)는 뼈, 폐, 뇌 등으로 많이 간다. 따라서 진단 검사를 할 때 방사성동위원소 뼈 스캔을 반드시 추가하라고 되어있으나 PET 촬영을 하면 뼈 전이도 같이 발견되므로 중복 촬영을 할 필요가 없다.

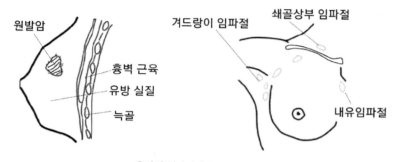

유방의 원발암과 국소 임파절

병기는 제자리 암종(tis; in situ)이 T0이고 종양의 크기에 따라 T0, 1, 2, 3, 4로 나눈다. 임파선 전이는 겨드랑이 임파절에서 발견되는 상태에 따라 N0, 1, 2, 3으로 분류하고 원격전이가 있으면 M1이 된다. 임상 병기(clinical stage)는 임상 Ⅰ, Ⅱ, Ⅲ, Ⅳ기가 있으며, 원격전이가 있으면 Ⅳ기이다.

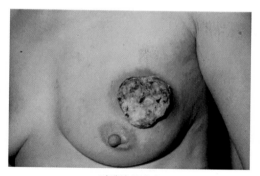

진행성 유방암

유방암은 치료 후의 예후 판정에 관계되는 요인이 여러 가지가 있다. 대표적인 것으로 암세포의 호르몬 수용체 양성은 음성에 비해 치료 성적이 양호하다. 수용체는 에스트로겐 수용체(ER), 프로게스테론 수용체(PR), HER-2 수용체가 있다. 특히 이 세 수용체가 모두 음성인 환자 또는 HER-2 유전자의 과발현이 있으면 허셉틴이라는 표적치료제로 치료한다. 수용체란 그 호르몬의 작용을 활성화하는 물질로서 유방암에서 독특하게 예후와 연관성을 가진다.

수술 조직에서 암세포의 임파, 혈관 및 신경 조직 침범의 흔적이 있으면 예후가 나쁘고, 조직검사에서 수술 절제 단면[97]의 정상세포와 암세포의 경계가 2mm 이하면 위험하다. 암의 위치가 유방에서 유두(젖꼭지)를 중심으로 바깥쪽에 있는 것이 안쪽에서 발생한 것보다 예후가 좋다. 당연히 임파절 전이가 있으면 없을 때보다 나쁘다.

유방암의 1차 치료는 수술이다. 초기에는 종양만 제거하고 추가 치료 없이 관찰한다. 조금 진행된 초기인데 수술 후 조직검사 소견이 고위험군으로 판독이 되면 수술후 방사선치료와 항암화학요법 치료를 추가한다.

수술에서 기본적으로 중요한 사항은 유방 미용이다. 수술 후 유방의 변형은 여성에게 중대한 일이기 때문이다. 과거에 모든 암은 광범위 절제술만이 치료라고 생각하여 유방 전체 조직을 완전히 제거하고 피부만 남겼다. 환자에게 발생하는 후유증이나 정신적인 충격 등은 묵살하고 암 재발이 없이 장기 생존하면 모두 용서가 되었다.

1980년대부터 미국에서는 유방암에서 비교적 초기에 광범위 절제

---

97   모든 암 수술에서 암 조직을 절제한 단면에서 암세포 경계면 넘어 같이 잘려 나온 정상 조직 세포의 두께가 2mm 이상 띄워져 있어야 암 조직이 완전한 제거가 된 것이고 그보다 좁으면 정상이라고 남겨 둔 조직에 암세포가 묻어 있을 가능성이 높다. 이것을 절제 단면(resection margin)이라 한다. 수술 후 조직 관찰에서 절제 단면은 반드시 확인한다.

술(radical mastectomy of modified radical mastectomy)을 시행하면 환자가 고소하는 일이 발생하였다. 그 후 외과의들이 초기에 국소 절제를 하고 유방의 원래 모습을 보존한 채 보조요법으로 방사선치료를 하여 거의 같은 치료성적을 얻음을 알게 되어 수술과 수술후 방사선치료 병행요법이 발전되었다. 종양 조직이 완전히 제거된 유방에 시행하는 방사선치료는 재발을 방지하기 위한 예방적 치료이다.

2000년대에 와서 항암화학요법 약제가 부작용이 적고 약효도 좋아서 수술, 방사선, 항암화학요법, 3자 병합 치료가 발전되었고 최근에는 화학요법 외에 호르몬 치료제, 표적치료제 또는 면역치료제 등이 개발되어 부작용이 적은 완벽한 치료가 일반화되었다.

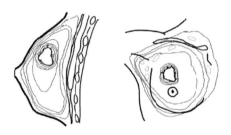

유방암 치료시의 선량분포

유방암의 예방 목적으로 연구 개발된 호르몬 억제제는 수술한 환자에게서 재발 효과가 높은 경우 처방을 한다. 타목시펜은 화학적 암예방제(chemoprevention)로서 에스트로젠/프로제스테론 수용체가 양성인 사람에게 사용하면 유방암 발생률 또는 유방암 치료 후 재발의 확률이 50% 줄어든다.

유방암의 수술후 방사선치료는 수술 후 종양이 제거된 뒤의 유방 전체에 방사선 조사를 하는 것을 원칙으로 한다. 때로 겨드랑이 임파선을 포함하기도 한다. 수술로 제거가 안 되거나 재발 또는 진행성 유방암에서 방사선 조사 선량을 최대한 높이기 위한 치료로, 근접조사 치료인 동위원소 조직내 자입치료나 방사선수술 등 일부 특수 방사선치료 기술들이 사용되기도 한다.

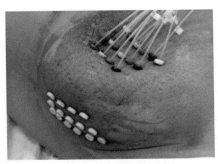

유방암의 이리듐 조직내 자입치료

외부조사 방사선치료의 부작용은 피부 화상이다. 방사선치료가 유방 조직에 조사되는 동안 피부 표피세포도 손상을 어느 정도 받을 수 있다. 대부분은 불그레한 발적 정도이며 세포 재생을 돕는 로션이나 연고를 사용하면 된다. 방사선치료 후에는 피부가 정상으로 돌아온다.

두 번째는 폐 손상이다. 지금은 대부분 컴퓨터에 의한 정밀 치료를 하므로 폐까지 방사선이 들어가지 않지만, 만일 폐 조직이 방사선치료 조사야에 어느 정도 포함되면 방사선 폐렴이 될 수 있다. 치료 종료 후 6개월 이상 지나야 나타날 수 있는 부작용으로 기침, 피가래, 숨 가쁨 등의 증상이 약 2년 정도 지속될 수 있다.

3. 전립선암

전립선은 남성에서 정충을 보호하고 운반하는 정액을 만들며, 사정을 하는 일종의 분비샘과 비슷하고, 소변을 참게 하는 근육을 포함하고 있는 기관이다. 위치는 방광 목 부위에 있고 요도를 통해 오줌길이 형성되어 있는 곳에 요도를 둘러싸고 있다. 바로 뒤에 직장과 붙어 있어 직장을 통해 만져진다. 밤알처럼 생겼으며 성인의 정상 전립선은 무게 약 20g에 직경이 4cm 정도 된다.

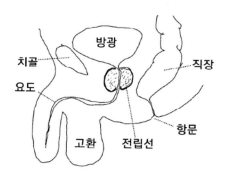

양성 질환인 전립선비대증은 한국 남성 노인층의 50%가 가지고 있으며 나이가 듦에 따라 발생하는 퇴행성 질환이다. 그러나 전립선 비대증이 전립선암으로 발전하는 것은 아니며 독립적으로 발생한다. 최근 우리나라 남성에 발생 빈도가 급격히 증가해서 남성 암 발생 순위 5위에 해당한다.

원인은 모르지만, 노년층에서 발생률이 높고, 성병과는 관련이 없으며, 지방질이 풍부한 음식을 젊었을 때 많이 섭취한 사람에 많고,

고엽제 환자에게서 발견율이 높다고 알려져 있다. 남성 호르몬과 관련성이 있으며 안드로겐 또는 테스토스테론 호르몬이 전립선암을 유발하는 데 관계가 있고 이 호르몬 발현을 억제시킨 사람에게서 전립선암 발생률이 낮았다는 연구가 있다.

식품 중에서 전립선암 발생을 억제시키는 것은 셀레늄(미량 무기질), 토마토, 카로틴, 비타민 E, D, 생선의 오메가-3 등이 있고, 전립선암 발생에 관계하는 것으로 육류, 칼슘 등이 지적되고 있다.

전립선 특이항원(prostate-specific antigen, PSA) 검사는 전립선암 조기 발견에 큰 역할을 한다. 이 항원은 정상적으로 전립선의 표피 세포에서 분비되며 피검사에서 측정된다. 전립선암은 이 수치가 올라가서 암 진단을 하고 치료 후의 결과 판정에도 이용된다.

전립선암도 전혀 증상이 없으므로 모르고 지내다가 뼈로 전이가 되어 발견되는 일이 가끔 있다. 이미 전이가 되면 완치가 힘들고, 조기에 치료해야 완치율이 높으므로 조기 발견은 매우 중요하다. 근래 PSA 검사가 약간의 피를 뽑아 시행이 가능하므로 전립선암 선별 검사(스크리닝 테스트; screening test)로서 그 효용성이 높다. 지금은 50세 이상에서 3년마다 PSA 검사를 권하고 있다.

정상 수치는 1나노그램(ng/ml) 이하이고 4.0 이상이면 암을 의심한다. 전립선염이나 기타 여러 가지 조건에서도 상승하므로 세밀한 감별 진단이 되어야 한다. 치료 후의 판정에서 수치가 정상범위에 있어도 정기 검사에서 상승 곡선을 그리면 암의 재발을 의심해야 한다. 4.0 이상이면 재치료를 시작한다.

피검사 외에 전통적인 진단으로 직장수지검사(digital rectal examination)라고 손가락으로 항문-직장을 통한 촉진을 하는데 조기 진단율이 50-60%로 반드시 시행하는 검사이다. 전립선암 조직의 영상이 가장 잘 보이는 검사는 전립선 MRI이다. 직장을 통한 장내 초음파 촬영은 암 조직의 영상을 얻기도 하고, 실시간으로 초음파 영상을 보면서 세침흡입에 의한 조직검사(fine needle aspiration biopsy)의 정확도를 높인다. 전립선암은 뼈로 전이가 조기에 오므로 동위원소 뼈 스캔 촬영 검사나 PET 촬영 검사가 추가로 필요하다.

전립선암은 전립선 내의 여러 곳에서 동시다발로 발생하는 경우가 많으므로 세침흡입검사는 전립선 여러 군데를 찔러 세포를 수집한다. PSA가 4나노그램 이상이면 조직 검사를 하는 것이 좋으며, 1~4 나노그램 사이에도 정기검사상 상승하는 소견이면 세침흡입검사를 하는 것이 좋다.

PSA 수치를 과신하여 조금 높다고 바로 암 치료를 하는 것이 과잉 진료가 아니냐는 논란이 되기도 한다. 갑상선암은 육안적 종양이 보이더라도 진행이 느리고 전이도 거의 하지 않아, 그 상태로 더 지켜보고 치료를 늦추어도 되지만, 전립선암은 PSA 4나노그램 이상이고 조직검사에서 암세포가 발견되면 언젠가는 치료해야 할 상태로 진행이 될 것이며 뼈로 전이가 조기에 올 수 있으므로 지켜보는 것보다 치료하는 것이 옳다.

조직검사 소견에 글리슨 점수(Gleason score)가 있다. 암세포의 악성도라 할 수 있는데, 6-7 이하이면 치료 성적이 좋고 그 이상이면 주위로의 침윤 확률이 높고 전이가 잘 되는 등 예후가 나쁘다.

영상 촬영과 조직검사로 진단이 되면 임상 병기를 정한다. 초기에는 전립선 속에만 암세포가 있으며 진행이 되면 바로 위에 있는 정낭(정충 수집 주머니)으로 침윤이 있거나 전립선 막(capsule)을 뚫고 나가기도 한다. 국소임파절인 골반 임파절 전이가 있으면 중기라 할 수 있고, 그 이상의 임파절 전이나 뼈 전이가 있으면 말기로 분류된다.

치료를 결정할 때 가장 중요한 것은 삶의 질이다. 발병률은 높으나, 조기 발견에 의한 완치율도 매우 높아서, 환자의 연령층은 높아도 치료 후 장기간 생존할 수 있으므로, 소변 조절 기능과 성 기능의 정상적인 유지가 매우 중요하고 치료 방법의 선택도 그 요소들을 바탕으로 결정한다.

아주 초기의 경우 종양의 크기가 매우 작고, PSA 수치가 많이 높지 않으며, 글리슨 점수가 6 이하인 경우, 치료하지 않고 정기적으로 철저한 감시를 하면서 지켜보는 것이 가능하다는 의견도 있다. 발병 연령이 높으면 암이 진행되어 그로 인해 사망할 확률이 자연사로 사망할 확률과 비슷하다는 의견이다. 문제는 위의 조건들이 모두 주관적이어서 어느 선에서 치료하고 안 하고를 결정하는 확실한 가이드라인이 없다는 점이다.

전립선암이 진행되고 심지어 전이되었더라도 여러 가지 보존적 치료를 하면 금방 사망하지 않는다. 여기에는 호르몬 치료, 뼈 전이에 의한 통증 조절 등의 치료가 매우 효과적이기 때문이다.

전립선암의 치료 원칙은 수술이지만 전립선 가까이 지나가는 혈관, 신경 및 요도에 영향을 주어 수술 후 소변 기능과 성 기능에 현저한 부작용이 있으므로, 비뇨 외과의는 로봇 수술 등 수술 기술 향상을 위해 많이 노력해 왔다. 초기에는 전립선만 제거하는 경뇨도 전립선제거술(transurethral resection of prostate, TURP)을 시행하지만, 주위 임파절 전이가 있으면 골반 임파절 절제를 포함한 근치적 전립선 적출술(radical prostatectomy and pelvic node dissection)을 시행한다.

전립선암의 방사선치료는 삼차원방사선치료, 세기조절 방사선치료, 방사선수술, 조직내 자입치료 등 정밀 기술들이 발달하여 부작용이 적은 치료가 가능하고 완치 성적도 수술과 동일하여, 최근에는 외과적 적출 수술보다 방사선치료를 선호하는 쪽으로 바뀌고 있다. 전립선암은 입자선치료가 엑스선보다 효과적이라는 연구 결과도 있다. 입자선이므로 방광과 직장 피폭이 현저히 적고, 특히 탄소 입자선치료는 생물학적 특성이 있어서 더 반응을 잘하는 것으로 알려져 있다.

방사선치료의 부작용은 방광, 요도와 직장의 후유증이다. 방광의 목 부위와 요도가 분할 방사선치료를 거듭하면 방사선에 의한 염증이 발생할 수 있고 소변을 못 참고 피오줌이 나올 수 있다. 이것을 방지하기 위해 매일 방사선치료를 시작하기 약 2-3시간 전부터 오줌을 참도록 한다. 그러면 방광벽이 늘어나 방사선 조사야에 포함되는 방광 벽 조직 면의 범위가 상대적으로 줄어들고, 방광 벽이 팽대하여 혈관이 압박받아 혈액 공급이 줄어들면 방광 벽이 저산소 상태가 되어 방사선 효과가 줄어든다. 즉 방사선 후유증을 줄이는 방법이다.

전립선암이 전립선을 넘어서 존재하면 진행성 암으로 분류된다. 수술 후 장기간 추적검사에서 PSA 수치가 지속적인 상승을 보이면 종양을 발견하지 못하더라도 호르몬과 방사선으로 치료를 한다. 이때는 전골반 방사선치료를 한다. 원격전이는 골 전이가 많다. 호르몬과 골 통증 약이 효과가 있으며 국소적으로 한 장소에서 통증이 심하면 방사선치료를 한다.

방사선치료 후에 성 기능은 전혀 영향을 받지 않는다. 수술의 부작용과 비교할 때 이 점에서 현격한 차이가 나므로 치료 방법의 선택에 있어서 이 차이를 크게 참고한다.

4. 간담췌 암

간(肝 liver), 담도(膽道 bile duct), 췌장(膵臟 pancreas)에서 발생한 암을 모아서 간편하게 간담췌 암이라 부른다. 간과 담도와 췌장은 서로 가까이 있고 십이지장으로 소화액을 분비하는 통로를 같이 쓰고 있어서 한 그룹으로 하였지만, 기능상으로는 다른 장기이다. 간은 우리 몸속에서 가장 큰 덩어리 장기(solid organ)이다. 덩어리라는 말은 공기가 차 있는 폐나, 길고 속이 빈 파이프 형태인 장(腸)과는 다르다는 뜻이다.

간은 그 기능이 엄청나게 많고 복잡하여 모두 나열할 수 없다. 크게 나누어 장에서 흡수한 영양분을 받아서 저장하고, 인체에 필요한 에너지를 만들고, 독성 물질을 제거하고, 피를 만든다. 소화액 중에서 지방질을 분해하여 장에서 흡수되도록 하는 담즙을 생산하여 담도를 통해 십이지장으로 보낸다.

간은 그 역할이 매우 중요하고 하나뿐이지만 간 조직에 어느 정도 손실이 오더라도 바로 재생할 수 있다. 즉, 상당 부분이 기능을 못 하여도 간의 본질적 기능이 유지가 되며, 전체가 손상되어 기능을 거의 못 할 때 인체는 사망한다. 간 내에는 신경 분포가 없으므로 종양이 자라도 증상이 없다.

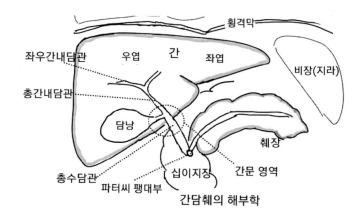

횡격막
좌우간내담관
우엽　간　좌엽
비장(지라)
총간내담관
담낭
췌장
총수담관
십이지장　간문 영역
파터씨 팽대부
간담췌의 해부학

　간은 크게 좌우 두 개 부분(엽, 葉 lobe)[98]으로 나누지만, 세분하여 총 8개의 구간으로 나누어 종양의 위치를 찾는다.

　췌장은 소화액인 췌액을 분비하여 췌장관을 통해 십이지장으로 내보낸다. 인슐린은 내분비액이므로 생산하는 대로 혈액으로 내보내며 따로 수송을 위한 관은 없다.

98　담즙은 좌우 양 간엽(肝葉)에서 좌우 간내담관(right and left hepatic duct)을 따라 흘러서 총간내담관 (common hepatic duct)으로 들어가며, 간내담관은 간 밖으로 나와 총수담관(總受膽管 common bile duct)이 된다. 간문(肝門 porta hepatis)은 담도 외에도 장에서 양분을 흡수한 피가 문정맥으로 모여 간 으로 들어가고, 간의 생명을 유지하는 동맥피를 보내는 간동맥이 간으로 들어가는 길이기도 하다.
　　총간내담관이 총수담관으로 될 때 담낭(膽囊 gall bladder)에서 나오는 담낭관(cystic duct)과 연결된 다. 담낭은 풍선 같은 주머니로 담즙을 모아두었다가, 지방질을 먹으면 수축하여 저장하고 있던 담 즙을 담낭관을 통해 총수담관으로 내보낸다.
　　총수담관은 약 5-6cm 길이로 십이지장과 만난다. 십이지장 벽에는 파터씨 팽대부(膨大部 ampula of Vater)가 있어 총수담관과 췌장관이 합쳐지는 곳이다. 파터씨 팽대부가 암이 생겨 막히면 담관과 췌 관이 함께 막힌다.

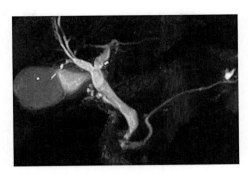

담도 췌관의 MRI 영상

　간에서 생산된 담즙은 노란색을 띤다. 구토를 심하게 하여 속에 있는 내용물이 모두 빠져나올 때 마지막으로는 노랗고 쓴 물이 나오는데 이것이 담즙이다. 대변 색깔이 노란 것도 담즙 때문이다. 신생아가 변이 하얗게 나오면 선천성 담도 기형에 의한 담도 폐색(閉塞)을 진단할 수 있다.

　췌장은 수세미 모양으로 약 10-12cm 크기의 길쭉한 장기이다. 가운데로 관이 형성되어 췌장 즙이 흘러 파터씨 팽대부에서 십이지장과 연결되어 있다. 소화액을 분비하지만, 혈액으로 인슐린을 내보내어 혈당을 조절하는 내분비(호르몬) 기관이기도 하다.

　이 장기들은 상복부에 위치하므로 복부 초음파로 질병을 진단하기가 용이하고, 필요에 따라서 CT나 MRI 촬영으로 세밀한 정보를 더 얻게 된다. 이 장기들에 생긴 암이 분비하는 종양표지자를 혈액, 소변 등에서 검출하여 진단에 중요한 정보를 얻는다.

　이 장기에서 발생한 암도 다른 암과 마찬가지로 조기 발견과 조기 수술이 완치율에 큰 영향을 미치므로 조기 발견을 위한 검진이 중요하다. 우리나라 간암 5년 생존율이 30%를 넘었지만, 건강검진을 자주 많이 하지 않는 서양의 경우 일반적 간암 평균 5년 생존율은 10%가 안 된다.

간암

간암은 B형간염과 C형간염 경험자[99], 그리고 간경화증에서 발생률이 높다. 음식이나 물에 함유된 발암 물질 또는 인체 해독(害毒) 물질을 장기간 섭취할 경우, 또는 알코올 중독에 의한 간경화증 등은 간암의 원인이 된다. 콩과 식물에 잘 기생하는 아플라톡신이라는 곰팡이가 중요한 원인으로 되어있으나, 메주 등 콩 발효식품의 재료에 많이 자라는 아플라톡신이 우리나라에서 간암 유병률을 특별히 높이는지는 확실치 않다.

간암은 주로 간 내에서 증식하므로 종양의 크기가 비교적 커도 적출이 가능하므로 수술이 가장 좋은 치료법이다. 간 조직은 재생력이 매우 강하므로 광범위 절제를 해도 남은 정상 간 조직이 재생하여 정상적인 간 기능이 유지되므로 절제 수술을 어려워할 필요 없다. 그 외에 항암화학요법, 방사선치료, 경동맥 색전술(經動脈 塞栓術 transarterial chemoembolization, TACE), 고주파 융제술(高周波融除術 radiofrequency ablation, RFA), 간 이식, 표적치료, 면역치료 등 치료를 위한 무기가 다양하여 치료 성공률을 높인다.

---

[99] B형간염은 백신 접종으로 예방이 가능하므로 국가적인 관리에 의한 예방 백신 접종은 매우 중요하다. 그러나 C형간염은 백신이 개발되어 있지 않다. 따라서 평소의 위생 관리 특히 주사 바늘 등 혈액에 의한 감염에 대한 적극적인 관리가 B형 C형 모두에서 필요하다. 간경화증이 있는 사람뿐 아니라 일반인도 정기 검사를 통해 조기 발견을 할 수 있도록 해야 한다.

간암의 방사선치료는 삼차원 또는 세기조절 방사선치료 방법으로 25-30회 분할조사, 또는 정위적 체부 방사선치료나 방사선수술로 1회 또는 5회 이내의 저분할조사 치료를 하는 방법이 있다. 직경 3cm 이내에는 99%, 5cm 이내에는 80% 제거할 수 있다. 진행된 예에서 조사야가 넓어질 때 조사야에 포함되는 간 조직이 너무 넓으면 방사선에 의해 간이 많이 손상되어 치료 후 심각한 합병증을 일으키므로 조사야 크기가 너무 크지 않아야 된다.

담도암

위치에 따라 간내담도암, 간문담도암, 총수담관암, 담낭암, 클랏스킨암(klatskin tumor), 파터씨 팽대부암 등으로 나누어 부르지만, 암세포의 종류(주로 선암)나 암세포의 성질(진행과 예후)은 같다. 모두 조기에 발견하여 수술함으로써 생존율을 높일 수 있다.

담도는 커다란 하나의 관 모양의 통로이므로 암이 발생하면 담즙배출이 안 되어 황달이 생기고, 장기간 막혀 있으면 간 기능이 황폐화가 된다. 신경 분포가 안 되어있으므로 통증은 거의 없다. 따라서 조기 발견이 어렵고 진행이 된 상태에서 발견되는 일이 많다. 황달을 감지함으로써 내원하여 진단되는 경우가 많으며 건강검진에서 초음파 검사로 조기 진단을 할 수 있다.

방사선치료는 수술한 후 제거는 했지만, 주위로 침윤이 있거나 임파선 전이가 있는 경우, 근치적 치료가 아닌 보조적 치료를 한다. 위험군에서 수술후 방사선치료를 하여 수술 후의 재발률을 반 이하로 줄일 수 있다. 수술이 어려울 정도로 진행된 담도암을 방사선으로 치료하는 경우도 있으나 완치율이 낮다.

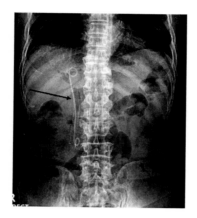

담도 스텐트(화살표)

　담관이 막혀 담즙 배출이 안 될 때 담도 스텐트를 삽입하지만 여의치 않을 때 방사선치료로 막힌 담도를 뚫어 준다. 이때 외부조사 방사선치료를 하는 경우도 있고, 담즙 배출을 위해 피부를 통해 고무관을 담도에 찔러 넣어 몸 밖으로 담즙 배출을 하고 있을 때, 그 고무관 속으로 방사성동위원소를 삽입하여 근접조사 관내치료를 하는 경우도 있다.[100]

췌장암

　췌장은 췌장 머리, 몸, 꼬리로 나누며 꼬리 부분에서 머리로 향해 흐르는 췌장관을 통해 소화액을 운반한다. 꼬리 부분은 가늘고 머리 쪽으로 갈수록 굵어지며, 파터씨 팽대부를 통해 십이지장에 연결

100　스텐트(stent)는 담관, 위장, 동맥 또는 정맥이 막히는 질병에서 몸 외부로부터 삽입하여 폐쇄 부위를 소통하게 해 주는 짧은 관으로, 금속이나 플라스틱 재질로 만들어져 있으며, 굵기와 길이는 장소에 맞게 선택한다.

된다. 췌장 머리에 생긴 췌장암은 췌액뿐 아니라 담즙 배출도 막아서 황달이 오는 경우가 많다. 그러나 혈당 조절 호르몬인 인슐린은 혈액으로 보내므로 암이 생겨도 당뇨와는 무관하다. 췌장암으로 췌장 전체를 제거하는 수술을 하면 혈당 조절 호르몬 생산을 못 하므로 남은 평생 당뇨약을 쓰면서 혈당을 조절해야 한다.

증상은 통증인데 복통 이외에도 췌장 신경의 특이한 분포로 배보다 등이 아프거나 왼쪽 어깨가 아픈 것이 췌장암의 특징이다. 황달과 통증 외에는 특이 증상이 없으므로 조기 발견이 어렵고 건강검진에서 상복부 초음파를 하는 것이 중요하다.

여러 가지 종양표지자 중 췌장암에는 CA19-9라는 것이 매우 연관성이 높아서 처음 진단할 때와 치료 후 재발 여부를 판정하는 데 꼭 필요한 검사이다. 초음파에서 의심이 가면 양전자방출단층촬영(PET scan)으로 암인 것을 확인하고, 췌장 MRI를 촬영하여 주위로의 침윤이나 혈관과 장과의 유착 등을 관찰하여 수술 계획을 세운다.

췌장암은 담관암이나 간암보다 장기의 위치가 깊숙하고 장과 혈관들이 엉켜 있어 수술이 여간 어려운 것이 아니다. 췌장암 수술은 '위플씨 수술'이라고 하는 수술법이 있는데 스킬이 좋은 외과의가 가능하다. 수술적 제거가 되었을 때는 수술후 방사선치료나 항암제 보조 치료를 하여 2년 이상 생존하는 경우가 많다.

췌장암은 그 해부학적 구조 때문에 수술이 어렵거나 주위 혈관을 침범하여 절제가 안 되는 경우가 많다. 그래서 암이 크지 않더라도 방사선만으로, 또는 항암화학치료와 방사선의 병행치료를 하는 경우도 흔하다. 수술후 방사선치료는 췌장 주위에 잔존하거나 임파선에 숨어 있는 암세포를 제거하기 위한 것인데 방사선을 추가하는 경우가 하지 않는 경우보다 생존율이 향상된다.

췌장암 암세포의 특성으로 탄소 입자선 치료가 특히 효과적이라는 연구 결과가 있다. 수술 후 부분적 잔존 또는 외과적 제거 불능인 경우가 치료 대상이다.

5. 두경부암

일반인들에게 두경부라는 말은 생소하다. 간단히 말해서 뇌를 제외하고 두개골 아래에서부터 쇄골까지 콧속을 포함한 목 전체를 말하며 여기에 발생한 암을 두경부암이라 한다. 눈의 암은 안구 암으로 따로 분류한다. 해부학적으로 코(비강)와 상악동, 입술과 구강, 인두, 그리고 후두 등으로 나눈다. 목구멍으로 표현되는 인두[101]는 비인두, 구인두, 하인두로 나눈다.

두경부는 외부 공기와 접하고 있고 분비물을 내는 상피세포로 덮여 있어 대부분의 암은 편평상피세포암이다. 원인으로 담배가 영향이 크다. 침샘(타액선), 갑상선 등은 고유의 다른 종류 세포의 암이

---

[101] 비인두(nasopharynx)는 콧구멍(비강) 안쪽 제일 윗부분이고, 구인두(ororpharynx)는 목젖(uvula)에서 후두개(epiglottis)까지, 그 아래 후두가 되기 전까지는 하인두(hyphopharynx)라 구분 짓는다. 후두는 태아 시절의 장기 발생과 관계되는 여러 다른 구조물로 되어있고 성대 상부, 성대, 성대 하부로 나뉜다. 각각의 해부학적 구조는 그 속에서 또 여러 부위로 나뉘고 각각의 암의 행동 습성(behavior)이 매우 큰 차이가 있어 부위에 따라 각각의 치료 원칙들도 다르고 예후도 다르다.

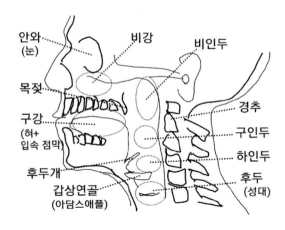

안와
(눈)

비강

비인두

목젖

경추

구강
(혀+
입속 점막)

구인두

하인두

후두개

후두
(성대)

갑상연골
(아담스애플)

발생한다. 입술, 코의 바깥 피부, 눈꺼풀 등의 피부에는 편평상피암과는 다른 기저세포암이라는 피부암이 편평상피암보다 더 많이 발생한다.

수술이 중요한 치료이고 방사선치료가 보조적으로 사용되는 암은 구순(입술)암, 상악동암, 설암(혀), 편도암, 후두암, 구인두암 등이다. 초기에 수술할수록 성공 확률이 높고, 진행되었을 때도 가능하면 수술을 하는 것이 좋다. 수술 후에 수술후 방사선치료를 보조하는 경우가 많다. 수술을 못 하는 진행성 암은 근치적 방사선치료를 시행한다. 항암화학요법은 대부분의 두경부암에서 적용된다.

초기라도 수술을 안 하고 방사선치료만 하는 것은 비인두암이다. 콧속 가장 뒤쪽 두개골 바로 밑에 있어서 수술로 접근이 안 되는 장소이기 때문이다. 후두암 수술은 발성을 잃기 때문에 환자가 거부하면 수술하지 않고 방사선치료를 한다. 후두암 중 성대암은 진행이 좀 되어도 전이를 잘 하지 않아서 방사선치료 효과가 높으며 수술을 하지 않고 방사선치료를 처음부터 시행할 수도 있다. 후두는 성대 상부, 성대, 성대 하부 3부분으로 나누는데 성대 상부와 성대 하부 암은 수술을 먼저 권한다.

두경부암의 특징은 국소임파절인 경부임파절로의 전이가 잦은 점이다. 두경부 영역은 임파절이 풍부하게 발달되어 있어 질환이 발생하면 임파선에서 잡아 가두어 이를 처리하려고 하므로 암세포도 임파선으로 잘 가는 것이다. 임파선 전이가 있으면 초기를 넘어서므로 두경부의 국소임파절은 병기를 결정하고 치료방침을 결정하는 데에 매우 중요하다. 보통 CT 촬영으로 잘 찾아내며 PET과 MRI 촬영의 도움을 받는다.

두경부종양 방사선치료의 부작용은 입술에서부터 식도 입구에 이르는 통로의 점막상피세포(mucous epithelium)가 방사선에 민감세포이므로 급성 방사선 부작용 증상이 나타난다. 방사선에 손상을 받은 점막 표피가 염증을 일으켜 심한 통증이 오고, 혀에서는 맛 구분을 못 하고, 침샘이 손상되어 침이 마르고 음식을 삼키지 못하는 등 증세가 나타난다. 이것을 방사선 점막염(radiation mucositis)이라 한다. 먹지 못하므로 환자가 쇠약해진다. 두경부의 피부도 방사선 피부염이 생겨 유방암에서의 피부 화상과 비슷한 증상이 나타난다. 이러한 증상이 발생하면 고단위의 진통제를 써야 하고, 구강은 진통 가글로 진통 효과를 얻으면서 동시에 감염을 예방한다. 피부는 세포 재생에 도움이 되는 연고를 발라 준다. 환자가 못 먹어서 영양 상태가 나쁘므로 영양 보조제를 적극적으로 사용해야 한다.

방사선치료는 세기조절 방사선치료 또는 정위적체부 방사선치료 등 정밀 치료 기술을 써서 정상 조직 손상을 최대한 피해야 한다.

침샘들과 눈의 수정체, 피부 등은 방사선 민감 조직이다. 혀암 등 구강암과 비인두암 등은 방사성동위원소 근접조사치료를 사용하여 정상 조직 선량을 줄이고 암 조직 선량을 극대화할 수 있다.

두경부암 치료를 위한 두경부 고정 아쿠아플라스터

근치적 방사선치료만 하는 종양은 조사량 70Gy를 7주 이상 분할 조사로 치료해야 하므로 2개월 가까이 치료 기간이 필요하다. 두경부는 잘 움직이지 않는 기관이지만 매일 치료 시 꼭 같은 환자 자세를 재현해야 하므로 고정장치로 아쿠아플라스터라는 플라스틱 그물판을 쓴다.

설암이나 혀 하부 구강암(口底암, cancer of mouth floor)은 유방암처럼 밖에서 접근이 용이하므로 동위원소 근접조사로 조직내 자입치료를 할 수 있다. 근접조사치료는 외부조사 치료에 비해 삽입한 동위원소 주위로만 방사선 선량분포가 되므로 방사선 민감세포 조직이 많은 두경부암 치료에서 효과적이다. 암 조직을 중심으로, 가느다란 플라스틱 튜브를 찔러 넣고 바깥 피부에 고정한 후 그 튜브 속으로 동위원소 이리듐 씨알(seed) 리본을 후적재하는 자입치료를 한다.

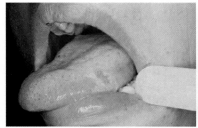

설암의 혀 조직 궤양

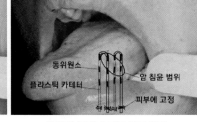

설암의 조직내 자입치료 원리

갑상선암은 갑상선 호르몬을 분비하는 갑상선(또는 갑상샘 thyroid gland)에 발생한 암이다. 갑상선은 성대 바로 아래 아담스 애플이라 부르는 앞으로 돌출된 뼈(갑상 연골)에 감싸여 있고, 양측으로 각각 약 2cm 크기의 좌우 두 개의 부분(엽)이 있어 갑상선 좌우엽이라 부른다.

갑상선 호르몬은 인체 대사를 조절하는 중요한 역할을 하며, 호르몬 분비 조절 기능을 황폐화시키는 기능성 결절(functioning adenoma)이 있을 때, 과다 분비에 의한 기능항진증(hyperthyroidism)이나 분비가 정상치보다 적은 기능저하증(hypothyroidism)에 의한 여러 임상 증상이 올 수 있지만, 암에서는 호르몬 분비 이상은 오지 않아서 증상이 없다. 대부분 검진에서 발견된다. 초음파 검사로 쉽게 찾아내고 피부 표면에 가까이 있어 세침흡입(fine needle aspiration) 검사로 비교적 진단은 쉬운 편이다. 그래서 조기 발견이 많고 서서히 증식하는 암이므로 예후도 좋다.

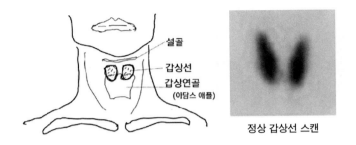

설골

갑상선

갑상연골
(아담스 애플)

정상 갑상선 스캔

치료는 수술인데, 어느 정도 진행된 암에서 방사성 옥소(radioac-tive iodine, I-131) 치료를 수술 후에 한다. 동위원소 치료는, 갑상선을 제거해도 갑상선 조직 세포가 몸의 다른 곳에 있고 그곳에서 재발하는 경우가 있어, 갑상선 내에 암세포가 남아있는 것보다는 타지역 갑상선 세포 제거를 위해서 하는 치료이다.

조기 갑상선암을 치료할 것인가에 대한 과잉 진료 여부는 어느 정도 논의의 대상이 된다. 의사는 암이 발견되었으니 치료하지 않고 두는 것이 부담되므로 치료를 권유하지만 결국 환자 본인의 결정에 따를 수밖에 없다. 고령인 환자에게서는 잔여 생존 기간을 고려할 때 치료하지 않고 관찰만 하여도 된다는 주장이 많다.

침샘(타액선 salivary gland)은 양측 귀 아래의 이하선(parotid gland), 턱 밑의 악하선(submandibular gland)과 혓바닥 밑의 설하선(sublin-gual gland)이 양측 대칭으로 있고 이들을 대타액선(major salivary gland)이라 부른다. 그 외에 구강 점막에 현미경적으로 작은 침샘이 골고루 분포해 있어서 이를 소타액선(minor salivary gland)이라 부른다. 침은 구강의 습도를 유지하고 소화액으로 작용한다.

타액선암은 악성도가 약하며 수술로 치료함을 원칙으로 하고 수술후 방사선치료를 한다. 항암화학치료는 잘 맞는 약제가 드물다. 적출 불능 타액선암은 방사선으로 치료하는데 비교적 방사선 저민 감성이다. 만성성장세포이기 때문에 고 LET 방사선인 탄소핵 중입자선 치료가 효과적이다.

두경부의 다른 암을 방사선치료 할 때 타액선이 손상되어 침이 마르면 치아 손상, 구강 점막염, 맛 구별 불능 등의 부작용으로 환자의 고통이 따른다. 방사선치료를 50Gy 이상 받으면 치주염이 심하게 진행되며 치아가 탈락이 되기도 한다.

6. 직장암과 대장암

대장은 복강 안에서 우측에서 좌측으로 상행결장(ascending colon), 간만곡(hepatic flexure), 횡행결장(trensverse colon), 비장만곡(splenic flexure), 하행결장(descending colon), S상결장(sigmoid colon), 직장(rectal colon, rectum)으로 나누고 항문(anus)을 거쳐 밖으로 통한다. 직장암이 가장 흔하고, 그다음이 S상결장, 상행결장 순이며 그 외의 장소는 암이 잘 안 생긴다.

대장암과 직장암은 건강검진에서 내시경을 통해 발견하는 경우가 많다. 용종[102] 형태의 조기암은 내시경으로 제거가 되고 완치도 된

---

102 흔히 말하는 용종의 조직검사에서 암세포가 발견될 수는 있지만, 용종이 암의 전 단계라고 할 수는 없다. 오히려 암 전 단계인 제자리암 상태가 용종처럼 보여서 조직검사로 암의 진단이 되는 것이라 할 수 있다. 그래서 용종의 크기보다는 아래쪽이 침윤성으로 넓은 모양을 한 결절로 보이면 암성 병변인지 주의 깊게 확인한다.

다. 어느 정도 진행된 암은 복부 수술로 제거하여야 한다. 복강경 수술은 배꼽 밑에 2-3cm 크기의 절개만 하여 복강경을 삽입하여 눈으로 확인하면서 제거하므로 수술 후의 후유증이 적어 환자에게 부담이 없다.

　직장암은 항문에서 충분한 거리를 두고 발생하여야 항문을 살릴 수 있다. 항문과 3-4cm 이내로 가까우면 항문까지 제거하고 대장은 장루(腸漏 colostomy)를 복벽에 만들어 인공 항문으로 변을 내보낸다. 최근 수술 기법이 발달 되어 장루를 만들지 않고 제거하는 수술의 빈도가 많아졌다.

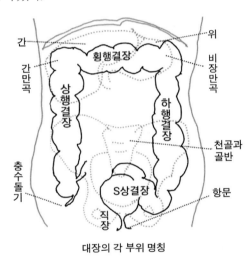

대장의 각 부위 명칭

대장암은 우리나라에서 발병률이 비교적 높은 암[103]이고 세월이

---

[103]　대장의 가족성 다발성용종(familial polyposis)의 가족력이 있으면 대장암 발생률이 높은 것은 오래전부터 알려져 있으나 그렇다고 일반 용종이 있는 사람에게서 암 발생률이 높다는 근거는 없다. 일종의 유전병인 가족성다발성용종증은 발생 빈도가 매우 낮다. 다시 말하면 대장 내시경에서 용종이 발견되었다고 대장암에 대한 공포를 가질 필요는 없다는 뜻이다.

가도 줄어들지 않고 있다. 사망률 또한 5위 이내에 든다. 평소에 육식을 많이 하는 사람, 고연령자, 성인 남성, 알코올 중독자 등이 관련이 높다.

식품 속에 있는 화학적 발암 물질과 대장암과의 연관성은 많이 연구되어 있다. 발암 물질이 대변을 형성해가면서 대장에서 항문 쪽으로 흘러갈 때 독성 물질로 변하거나 장내 세균과의 작용 등으로 흡수되어 암 억제유전자를 변형시켜 암이 발생한다. 장내 정상 세균(normal flora), 유산균 등은 장의 건강을 유지시켜 주고 암 발생 확률을 줄여준다. 되풀이되는 장염은 암 발생에 나쁜 영향을 미친다. 카로틴이 많은 식품(토마토, 당근 등)은 대장암 예방에 효과가 있다. 섬유질이 많은 음식이 대장암을 예방하는지는 확실히 밝혀져 있지 않다.

초기 대장암 치료는 수술이다. 상행, 횡행 및 하행 결장암은 국소 임파절 전이가 드물어서 수술만 하고 보조적 방사선치료는 원칙적으로 하지 않는다. 또한 수술 후 예후도 좋아서 5년 생존율도 높다. S상결장암도 수술만 하는 경우가 많으나 골반 벽의 임파절 전이가 있으면 방사선치료를 병행한다. 직장암은 방사선치료와 수술과 항암화학요법을 병행한다.

직장암도 제거가 되면 후유증이 적고 회복 시간도 짧아서 초기에는 가능하면 복강경 수술을 한다[104]. 장벽 전체 두께에 암세포가 침

---

[104] 직장암은 수술하면서 항문을 살리느냐 장루를 만드느냐의 문제만 있고 어느 부위의 직장에 발생한 암이라도 치료 원칙은 같다. 진행된 암은 개복 수술을 하더라도 눈에 보이지 않는 암세포가 남아 있을 수도 있고, 심지어는 손으로 만지는 수술적 조작과정에서 암세포가 떨어져 나와 복강 내 아무 곳에나 묻어 있다가 재발하는 경우도 있다. 이 경우에 방사선과 항암화학요법의 보조가 필요하다.

윤되었거나 그 바깥까지 침범한 경우는 국소임파절(regional lymph-node)에 전이가 되어있을 확률이 높으므로 개복 수술을 하면서 임파절 절제를 시행한다. 임파절은 눈으로 보아서는 판별할 수 없으므로 한 수술 시야에서 보이는 임파절은 다 제거하여 일일이 조직검사를 한다.

대장암의 방사선치료 방법에는 두 가지 원칙이 있다. 첫째는 개복 수술을 하기 전에 근치적 치료 양의 2/3의 선량으로 수술전 방사선치료를 하고 나서 수술을 하는 방법이다. 이렇게 하면 처음 진단 당시에 파악한 종양의 침범 범위가 줄어들어 수술할 때 제거해야 하는 조직의 양이 적어지고, 세포들이 방사선에 의해 생명력이 저하되어 있으므로 수술 후 세포가 떨어져 묻어 있을 확률을 줄일 수 있다. 상황에 따라 수술 후 다시 추가 방사선 조사가 필요한 경우도 있다.

둘째로 수술을 먼저 한 경우에는 수술후 방사선치료를 한다. 다른 부위의 암과 마찬가지로 수술 후 묻어 있을 암세포를 제거하는 역할을 한다. 수술전 방사선이나 수술후 방사선은 50Gy 이하를 5주 이내의 분할조사 치료로 한다. 수술후 방사선일 경우 수술 후 아직도 종양이 눈에 보이는 크기로 남았을 때는 60Gy 이상의 근치적 방사선치료를 할 수 있다.

항암화학요법은 수술전 방사선치료를 할 때나, 수술후 방사선치료를 할 때나 모두 동시 화학방사선 병행치료(concurrent chemoradio-therapy, CCRT)를 함으로써 전신에 숨어 있을 암세포를 처리한다.

7. 위암

위암(胃癌 gastric cancer)은 우리나라에서 가장 발생 빈도가 높고 사
망률도 상위 그룹에 속하는 암인데 방사선치료를 하지 않는 암이기
때문에 여기서 깊이 있게 다루지 않는다. 위의 점막은 다른 곳의 점
막과 같이 방사선에 민감하다. 또한 위와 장은 점막에서부터 반대쪽
장막(漿膜 serous membrane)까지 1-2cm 두께밖에 없어서 방사선 손
상은 장기 전체의 손상으로 나타나므로 방사선 치료의 부작용이 심
하게 일어난다.

위암의 치료는 수술이다. 초기에는 내시경적 적출을 하며 조금 진
행이 된 경우 복강경으로, 진행이 많이 되고 임파절 전이가 여러 개
있으면 개복하여 주변 임파선 적출을 함께 시행한다. 최근의 연구는
진행성 위암에서도 수술후 방사선치료가 재발률을 줄이는 효과가
있다는 연구도 있고, 수술로 제거가 안 되는 위암에서 방사선치료를
하여 생존 기간 연장을 획득할 수 있다는 연구 결과 보고도 있다.

위벽의 현미경 소견

8. 임파암

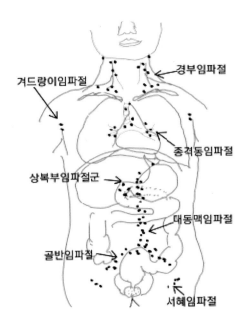

경부임파절

겨드랑이임파절

종격동임파절

상복부임파절군

대동맥임파절

골반임파절

서혜임파절

임파암 발생도 되고
일반 암의 국소임파절 역할도 하는
전신의 임파절 분포

　임파조직 세포는 방사선 민감도가 높아서 임파암은 적은 양의 선량으로 방사선치료 효과를 높일 수 있다. 임파선 내에서 직접 원발성으로 발생하는 임파암은 호지킨씨 림프종(Hodgkin's lymphoma)과 비호지킨씨 림프종(non-Hodgkin's lymphoma) 두 가지가 있다. 우리나라는 호지킨씨 림프종은 거의 없고 대부분이 비호지킨씨 림프종이다. 비호지킨씨 림프종은 호지킨씨 림프종보다 예후가 조금 나쁘다. 항암화학요법에 효과가 높아서 화학치료를 주 치료로 하고 덩어리를 크게 형성한 장소에는 방사선치료를 추가하여 성공률을 높인다.

임파선은 우리 몸속에 골고루 분포해 있다. 위치는 모든 장기와 연관되어 그 장기로부터 흘러나오는 임파관을 따라 중간중간 샘을 형성하여 존재한다. 임파관이 모여 샘을 형성한 모든 임파 결절들은 서로 임파관으로 연결되어 있고 최종 임파관은 심장을 향하여 올라가서, 대정맥이 우심방(右心房)으로 들어가는 곳에서 합쳐져 혈관과 연결된다. 목과 겨드랑이의 임파절에서 온 임파관도 같은 대정맥에서 끝난다. 우심방으로 들어간 임파액은 혈액 속에 섞여서 혈액 임파구로 존재한다.

임파암의 방사선치료는 40Gy를 4주 이내의 분할 치료로 종양을 없앨 수 있다. 방사선에 민감한 암세포라고 완치율이 높은 것은 아니다. 항암제와 방사선치료 후 눈에 보이는 종양이 완전히 제거되었더라도 6개월에서 2년 사이에 재발하는 경우가 많다.

9. 여성 생식기 암

과거에는 자궁암이 전체 여성 암 발병률의 2-3위를 차지하였으나 최근에는 발생률이 낮다. 문명이 발달하여 생활 패턴이 선진국화되고, 여성 보건위생이 좋아짐에 따라 자궁암 발생률이 줄어들었다. 자궁 경부암은 HB 바이러스 감염과 관계있고 따라서 바이러스 면역 항체를 주사하여 백신 효과에 의해 자궁경부암 발생을 억제할 수 있어 청소년기에 이 백신 주사를 맞도록 하여 더욱 발생률이 낮아졌다.

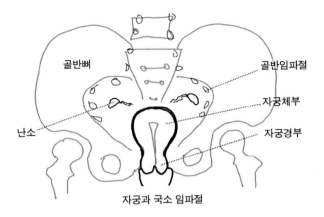

골반뼈　　　　　　　　　　　　골반임파절

　　　　　　　　　　　　　　　　자궁체부

난소　　　　　　　　　　　　　　자궁경부

자궁과 국소 임파절

　　자궁 경부암, 자궁 체부암, 난소암 등이 있는데 초기에는 수술을 하고 진행성인 경우 수술후 방사선치료나 방사선치료 단독 요법 등을 시행하고 항암화학요법을 병행한다.

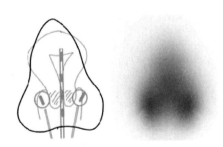

자궁경부암 강내치료의 선량분포
(우; 선량분포 방사선을 스캔함)

자궁 경부는 방사선에 손상을 잘 받지 않기 때문에 이곳의 암은 대량의 방사선으로 완치가 된다. 골반 임파절에 전이가 잦으므로 이곳을 포함하여 전 골반 방사선치료를 한 후 자궁에는 강내치료로 방사선 선량을 추가한다.

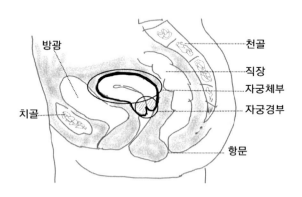

강내치료는 짧은 시간에 많은 양의 방사선을 조사할 수 있고 주위 정상 조직은 거의 방사선이 조사가 안 되므로 암 치료에 매우 효과적이다. 외부조사로 치료하면 아무리 세기조절 등의 방법을 써도 피부를 뚫고 자궁까지 도달하여야 하므로 정상 조직에 방사선이 많이 들어간다. 자궁 경부암은 방사선치료에 의해 완치가 가능하다.

자궁 체부암(또는 자궁 내막암)은 수술을 먼저 하고 수술후 방사선 치료를 하며 역시 성공률이 높다. 수술후 방사선치료는 보통 강내치료를 하며 자궁내막 깊숙이 방사성동위원소를 담은 삽입기구를 설치하여 방사선 조사를 한다. 골반 내 임파선 전이가 의심될 때는 외부 조사에 의한 전골반 수술후 방사선치료를 한다.

난소암은 국소에서 자라는 암을 조기에 발견하기가 쉽지 않고 쉽게 전 복부 전이가 잘 일어나므로 화학요법이 더 중요하고 국소형일 때는 수술 및 수술후 방사선치료가 효과적일 때도 있다. 난소암이 진행될 때는 복강 내로 세포들이 흩어진다. 따라서 국소적이 아니고 복강 전체에 퍼진다. 그 결과 종양 덩어리가 만들어지기 전에 복수가 차고 그 속에 난소암 세포가 녹아들어 있다. 이런 경우 전복강 방사선치료를 하기도 하고 복강 내에 화학요법 약제를 주입하여 치료하기도 한다.

10. 비뇨생식기암

콩팥(신장)암은 건강검진에서 초음파 검사로 발견된다. 증상은 피오줌이 주 증상이고 통증은 말기에 오거나 거의 발생하지 않는다. 따라서 조기 발견이 매우 어렵다. 발견되면 그쪽 신장을 적출하는 수술로 치료를 성공하는 경우가 많고 재발률도 30% 이하로 높지 않다. 수술 후 면역 요법이나 표적치료제를 사용하는 경우도 있으나 반드시 효과적이라고 할 수는 없다. 콩팥은 국소임파절이 없고 따라서 암이 발생하여도 임파절 전이가 드물어 수술후 방사선치료는 하지 않는다.

방광암도 수술을 원칙으로 한다. 육안적 혈뇨가 주 증상이므로 비교적 조기에 발견된다. 암이 발생했다고 방광을 무조건 통째로 제거할 수는 없으므로 요도를 통해 내시경을 삽입하여 내시경 수술로 종양을 적출 한다. 수술 후 후속 치료는 거의 없고 지켜보다가 재발하면 다시 수술한다. 재발률은 20% 이하이다.

진행성 방광암이면서 내시경으로 완전 제거가 어렵고 골반 임파절 전이가 의심될 때는 개복 수술을 하여 방광과 임파절을 적출하고 요관을 복벽에 설치하는 요루를 만든다. 이 경우 수술후 방사선 치료가 재발의 확률을 줄여줄 수도 있다.

남녀 외부 생식기 암으로 음경암이나 여음부암은 편평상피암이 많고 방사선치료에 비교적 성공률이 높다. 필요에 따라 조직내 삽입 근접조사치료를 병행한다.

소아 청소년기에 발생하는 정상피세포암(精上皮細胞癌 seminoma)은 원발부위가 고환의 정낭(불알)이다. 특히 어린 시절 정낭이 고환으로 내려오지 못하고 복강 내에 머물러 있었던 청소년에게서 많이 발생한다. 쉽게 골반 또는 복부 임파절로 전이가 오므로 진단을 할 때 전신의 전이 상태를 정확히 파악해야 한다.

정상피세포는 방사선에 매우 민감한 세포이므로 치료는 3-4주 이내로 완치가 가능하다. 이때 눈에 보이는 임파선 그룹은 물론이고, 영상 촬영에 나타나지 않은 그다음 단계의 임파선 그룹을 방사선치료 조사야에 반드시 포함한다. 현미경적 전이가 이미 되어있을 가능성이 높기 때문이다.

11. 뇌암

뇌는 대뇌, 소뇌, 척수(脊髓; 척추뇌)로 구분되지만, 뇌암은 발생하는 위치가 다르다고 임상적 의미가 크게 다르지 않다. 단지 어느 신경에서 발생했느냐에 따라 신경 손상 증상이 다를 뿐이다. 그러나 소아의 중추 신경 종양은 소뇌 쪽에 많고 성인 중추 신경 종양은 대뇌와 척수 쪽에 많다. 악성 종양과 양성 종양이 다양하게 발생한다.

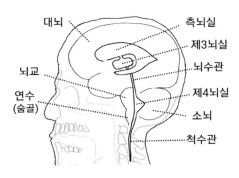

뇌실과 뇌척수액 흐름 구조

　양쪽으로 대뇌 반구가 대칭으로 있는 한 가운데에는 뇌의 모양과 비슷한 뇌실이 있고 그 속에 뇌척수액이 차 있어 충격을 완화하는 쿠션 역할을 한다. 뇌실은 좌, 우의 측뇌실과, 제3, 제4 뇌실이 차례대로 뇌수관으로 서로 연결되어 있고, 그 아래 척추 속을 내려가는 척수관이 되어 요추까지 이어진다. 그 속에 차 있는 뇌척수액을 따라 뇌암 세포가 흘러 내려가서 전이를 일으키기도 한다.

　뇌에서 발생하는 원발성 암은 매우 다양하다. 발생 연령도 소아에서 노년까지 모든 연령에서 발생한다. 뇌종양은 양성 종양도 있고 사망률이 높은 악성 종양까지 다양하게 발견된다. 가능하면 수술로 제거해야 하지만 뇌 조직을 같이 제거해야 하므로 적출에 한계가 있고 뇌의 구조상 깊은 곳에 발생한 암은 수술적 접근조차 할 수 없다. 그래서 뇌암에서는 방사선치료의 비중이 높다.

뇌암은 수술을 안 하더라도 정위적 조직검사(stereotactic biopsy)를 하여 무슨 세포 암인지 밝혀야 치료방침을 결정할 수 있다. 뇌-중추 신경계통에 생기는 암의 세포 종류가 다양하기 때문이다. 암의 병기나 진행 정도에 따라 예후가 다르지만, 암세포 종류에 따라서도 예후가 천차만별이다.

화학요법은 사용 범위가 폭넓지 않다. 약제를 쓸 때 뇌에는 차단막이 있다. 세포 조직적인 어떤 구조가 있는 것은 아니고 약물이 뇌혈관에서 뇌 조직으로 잘 스며들지를 않는다. 이 생리학적 현상을 혈관뇌장벽(blood brain barrier, BBB)이라 부른다. 이 장벽을 넘을 수 있는 항암화학요법 약제가 많지 않다.

방사선치료[105]는 수술 후에 남은 암 조직 또는 수술이 안 된 암 조직에서 그 조직을 모두 포함한 범위에서 5cm 이상 더 넓게 조사야를 만들어서 치료하며, 때로는 전뇌 방사선치료를 5주 정도 한 후에 종양 중심으로 줄여서 2주 치료를 추가한다.

악성 뇌종양은 신경교종(神經膠腫 glioma)이 가장 많다. 신경교종은 악성도를 4등급으로 나눈다. 악성도가 낮은 교종인 성상세포종(星狀細胞腫 astrocytoma)은 양성 종양과 같은 성격을 가진다. 악성 교종(malignant glioma)과 다발성 교아세포종(膠芽細胞腫 glioblastoma multi-

---

105 중추 신경 종양의 치료는 수술로 제거가 얼마나 되었느냐가 중요하고 치료 원칙은 다른 부위 암과 같다. 방사선치료 방법은 정상분할 외부조사치료 외에 변형분할조사(altered fractionation), 세기조절 방사선치료(intensity modulated radiotherapy, IMRT), 분할정위방사선치료(fractionated stereotactic radiotherapy, FSRT), 방사선수술(radiosurgery), 조직내자입치료(interstitial implant), 양성자선치료(proton therapy), 중입자선치료(heavy charged particle radiotherapy) 등 선택의 폭이 넓다.

forme GBM)은 악성도가 높아서 수술로 제거할 수 있는 만큼 제거한 후에 항암화학요법과 방사선 병행치료를 한다. 특히 다발성교아세포종(GBM)은 치료를 해도 1년 이상 생존이 힘들다. 성상세포는 5-6주, 교아세포종은 7주 이상 치료를 한다.

소아나 젊은 층에서 잘 발생하는 소뇌의 뇌종양은 수모세포종(髓母細胞腫 medulloblastoma), 뇌실막세포종(腦室膜細胞腫 epedymoma) 등이 있고 수술로 제거가 안 되면 5주 정도의 방사선치료를 한다. 종자세포종(種子細胞腫 germinoma)은 뇌에서 발생한 생식세포암으로 소아에게서 나타나고 방사선에 매우 민감한 세포이므로 3주 정도 치료에 완치가 된다.

소아에서, 뇌실이나 뇌실막에서 발생하여 뇌척수액의 흐름을 따라 전파되는 암의 경우 전중추신경 방사선치료(whole central nervous system radiotherapy)를 한다. 머리 전체와 꼬리뼈까지의 전 척수를 포함한 방사선치료를 한다. 이 경우 특히 척추뼈에 방사선이 조사되므로 뼈가 방사선 손상이 되면 성장에 영향을 줄 수 있으므로 주의를 요한다.

뇌하수체선종(pituitary adenoma)은 뇌하수체의 호르몬 분비 이상을 가져오므로 방사선치료를 하여 호르몬 조절을 한다. 콧구멍을 통해 뼈를 뚫고 들어가면 바로 뇌하수체에 도달하므로 수술을 하는 경우도 많으나 종양이 크고 뒤쪽으로 치우쳐 있으면 수술로 완전히 제거하기가 어려울 때도 있다.

뇌의 임파암은 몸의 체부의 비호지킨씨 임파암과 치료 원칙이 같다. 두개저부(頭蓋低部 skull base)나 꼬리뼈 부근에서 잘 발생하는 척색종(脊索腫 chordoma)이나 연골육종(軟骨肉腫 chondrosarcoma)은 특히 탄소 입자를 이용한 중입자선 치료에 효과가 높다.

　뇌의 전이암은 방사선치료가 우선이다. 몸의 각 장기에서 발생한 암세포가 정맥혈을 타고 심장의 우심방, 우심실(右心室), 폐동맥, 폐정맥, 좌심방, 좌심실, 대동맥을 거쳐 뇌로 가는 동맥으로 가면 뇌 전이가 일어난다. 폐암은 바로 폐정맥을 통해 대동맥으로 갈 수 있으므로 폐암의 뇌 전이가 많다. 심지어는 폐암 중에 가장 흔한 선암 또는 소세포성 폐암은 뇌 전이가 영상 촬영에 나타나지 않아도 전이를 예상하고 예방적 전뇌 방사선치료를 한다.

　뇌 전이암의 방사선치료는 장기간의 생존이 어려운 환자에서 전뇌 방사선치료를 2주 정도 하여 두통, 마비 등의 증상 완화만을 목표로 하는 경우도 있다. 다발성 뇌 전이암이라도 뇌에 전이된 종양의 수가 몇 개 이내인 뇌 전이암은 소수전이(小數轉移 oligometastasis)라고 분류하여, 생존 기간이 6개월 이상 예상될 때 종양을 완전히 제거할 목적으로 방사선수술을 한다.

　방사선수술 요법은 한 종양에 1회씩 치료를 한다. 감마나이프라는

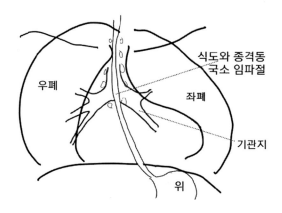

뇌 방사선수술 전문 치료기를 쓰거나, 선형가속기 중 방사선수술 기능이 있는 치료기를 쓴다. 감마나이프는 신경외과에서 운영하고 선형가속기는 방사선종양학과에서 운영한다. 사이버나이프는 선형가속기이면서 방사선수술만으로 특화된 장비이다.

방사선치료 후의 뇌 손상은 중요한 합병증 중의 하나이다. 수술은 어차피 제거하는 것이므로 상당한 뇌신경 손상 증상을 가진 채 살아가야 한다. 그러나 조직의 제거가 없는 방사선치료만 할 때 방사선에 의한 뇌 손상을 주의해야 한다. 50Gy 이상의 방사선은 뇌 조직에 심각한 손상을 줄 수 있으므로 조사야의 세밀한 조절이 필요하다. 전뇌 방사선치료를 한 경우 인지 장애가 올 수 있고 대화와 소통이 잘 안 되는 합병증이 올 수도 있다.

12. 식도암

식도(食道 esophagus)는 입에서 위까지 음식물을 운반하는 일 외에는 기능이 없다. 단순히 중력에 의해서 내려가는 것이 아니고 자체의 연동(蠕動 peristalsis) 운동을 하여 막히지 않고 수송이 되도록 한다. 식도의 시작은 후두개(喉頭蓋 epiglottis) 부근이다. (두경부암의 그림 참조) 앞의 기관(氣管 trachea)과 바로 접해 있으므로 음식이 넘어갈 때 후두개가 기관을 덮어 주어 음식이 기관으로 들어가지 않도록 한다. 이 기능이 안 되어 음식이 기관으로 들어가면 사레가 들린다.

식도는 기관이 양측 폐의 기관지로 갈라지는 곳을 지나서 심장 뒤를 따라 내려가서 횡격막을 뚫고 위의 분문(噴門 cardia)과 연결된다. 기관과 기관지 길이 전체에서 식도에 인접해 있어서 식도암이 침범을 하면 기관지에 구멍을 내는 수가 있다.

식도암은 음식물을 삼키는데 이상이 오므로 비교적 조기에 발견될 수도 있지만, 보통은 진행이 되어서 진단되는 예가 많다. 그래서 장년 이후 삼킴 이상이 오면 빨리 진단을 받아야 한다. 수술은 식도를 제거하기 때문에, 길게 제거하지 않으면 위를 끌어올려 흉곽 내에 위의 일부가 걸쳐있게 한다. 길게 제거가 되면 장을 잘라 인공 식도를 만들어 준다.

종격동 임파선 전이가 있던지 식도암이 흉곽 내에서 주위 장기로 침윤이 되어있는 경우는 위험군으로 분류하여 수술후 방사선치료를 한다. 때로 수술전 방사선치료를 하여 수술 과정이 용이하도록 하기도 한다. 5주 이내의 방사선 조사를 하며 심장과 폐 손상이 최소화되도록 한다. 수술을 못 하고 방사선치료만 하는 경우 완치를 기대하기는 힘들고 폐쇄된 식도에 내부 터널을 뚫을 목적으로 한다. 수술을 못 한 식도암은 식도 스텐트를 삽입하여 음식물이 내려가도록 해 준다.

13. 양성 질환의 방사선치료

피부가 켈로이드성 체질인 사람은 피부에 상처를 입거나 다른 질환으로 수술하여 피부를 절개한 경우에 상처가 아물면서 피부세포가 과잉으로 성장하여 켈로이드를 만든다. 특히 귀에 피어싱을 한 사람, 갑상선이나 유방 수술한 사람 등에서 많이 본다. 켈로이드가 보기 흉하므로 제거 수술을 해 주는데 이 수술에서 상처가 아물 때 또 켈로이드가 될 수 있다. 이때 수술 직후 (보통 수 시간 이내) 방사선을 조사하면 켈로이드로 과잉 성장하는 세포를 죽여서 상처가 정상으로 아물게 된다. 방사선은 표피층 두께까지만 들어가는 4-5MeV 전자선을 쓰고 켈로이드 제거 수술 자국 좌우 1cm 이상 포함하지 않도록 차폐하여 조사하며, 보통 12Gy를 3회 분할조사 하거나 그와 유사한 선량으로 치료한다.

족저근막염 또는 신체 각 부위의 근막(筋膜 fascia), 건(腱 tendon) 또는 인대(靭帶 ligament)의 염증으로 통증이 심한 경우 통증을 제거하기 위한 방사선치료를 하며, 골절 후 주위 근육이나 연부 조직에 화골성근염(化骨性筋炎 myositis ossificans)으로 근육의 골화가 일어나는 것을 막아주는 방사선치료를 한다.

뇌종양의 상당수는 양성 종양이지만 방사선으로 치료한다. 각 부위에 생긴 종양은 양성이라도 가까이에 있는 신경에 영향을 주어 신경마비, 통증, 기타 종양의 위치에 따른 뇌신경 증상이 발생하고 방치하면 심각한 상태가 될 수도 있으므로 치료해 주어야 한다. 선량분포에서 정상 뇌 조직이 상당히 포함되므로 일반적으로 정상분할 조사 치료로 50-60Gy를 5-6주에 걸쳐 조사하지만, 상황에 따라 방사선수술 또는 정위적 체부 방사선치료 기술을 이용하여 1회 또는 4회 이하의 분할조사로 치료를 끝낼 수 있다.

뇌막에 발생하는 뇌수막종(腦髓膜腫 meningioma)은 양성이지만 그냥 두면 자라서 뇌 기능 손상을 주기 때문에 조기에 방사선치료를 하여 성장을 막는다. 귀 안에 내이(內耳)의 속을 지나는 청신경에 발생하는 청신경초종(聽神經梢腫 acoustic neurinoma) 또한 양성 종양이지만 수술로 접근할 수 없는 곳이므로 방사선수술로 치료한다. 뇌종양은 아니지만 뇌혈관동정맥기형(arteriovenous malformation) 또는 혈관종 등은 쉽게 뇌출혈을 일으켜 급성 사망의 원인이 되는데 이 경우에 방사선수술을 하여 혈관을 막아버릴 수 있다.

눈 결막에 잘 생기는 익상편(翼狀片 pterygium)에서 베타선 방출 동위원소인 스트론튬(Sr-90)을 사용한 접촉 치료로서 근접조사 베타선 치료를 하여 제거하기도 한다.

아. 입자방사선은 꿈의 암 치료 기술인가?

1. 입자선 치료의 현황

암 치료에 있어서 수술, 항암화학요법, 방사선치료 중 어느 것이든 한 가지 방법으로 완벽한 결과를 얻지 못하기 때문에 세 가지 병행 치료로 암 치료 성적의 향상을 위한 수많은 연구와 노력을 해 왔다. 방사선치료에서 그러한 시도 중 매우 독특하고 중요한 업적 중 하나가 입자선 치료이다.

30년 전만 해도 방사선으로 암을 치료하고 나면 후유증이 심하여 일상생활에 어려움이 있을 정도였다. 방사선치료의 후유증은 암 조직 주위의 정상 조직에 방사선 손상이 만들어져서 발생한다. 그동안 방사선 발생장치 즉 방사선 치료기는 컴퓨터의 발전에 힘입어 고도로 기술적 발전을 해 왔다. 지금은 정밀 치료를 구현할 수 있는 치료기에다, 정상 조직과 암 조직과의 경계를 세밀하게 구분 짓는 컴퓨터 계산에 의한 치료 설계를 적용하여 치료함으로써, 정상 조직 손상의 최소화로 부작용의 발생이 많이 줄어들었다. 그 효과는 암 치료 후 5년 생존율 상승에도 기여하고 있다.

최근 20년간 집중적으로 발전해 온 입자 방사선치료(粒子 放射線治療 particle radiotherapy) 기술은 실제 이와 관련된 연구가 40년 이상 되었다. 입자선은 기존 엑스선이나 감마선과 같은 전형적인 방사선 치료와 여러 가지 면에서 다른 치료 방법으로서, 물리학적, 생물학적, 더 나아가서 정책적 개념까지 차이가 많은 특징이 있다.

과거 입자가속기를 개발한 핵물리학자들이 의료적으로 이용 범위를 확대하여 의사들과의 협의로 현대적 개념의 입자선에 의한 암 치료를 시도하였다. 그 대표적인 것이 1970년대 중반 미국 하버드 의대의 양성자선 방사선치료였다. 미국 보스턴의 하버드 대학교 구내의 연구실에 설치된 양성자선 가속기에 메서추세츠 종합병원 의사들이 방문하여 환자 치료를 수행하였다. 그 뒤 독일 하이델베르크 의대와 일본 방사선의학총합연구소가 중성자선 치료를 연구 개발하여 그

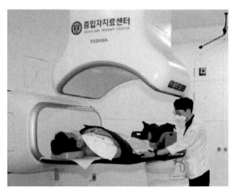

세브란스 병원의 중입자치료기 갠트리 (홍보자료에서)

효과에 대하여 많은 관심을 불러일으켰다.

　탄소핵 입자를 가속한 탄소 중입자선 치료는 미국 캘리포니아 대학교 로렌스 버클리 연구소가 1977년에 최초로 시행하였다. 최근에는 각 나라에서 양성자선 치료기를 가동하는 의료기관이 급증하였고 중입자선 가속기를 설치한 곳도 많아졌다.

	2006		2016		2023	
	양성자	탄소핵	양성자	탄소핵	양성자	탄소핵
일본	6	2	12(5)	5(2)	19(2)	7
유럽	10	2	6(6)	2(3)	36(7)	4(1)
미국	5		22(12)		44(5)	0(1)
한국	1		2	1(1)	2	1(1)
기타			4(6)	2	9(19)	3(1)
계	22	4	46(29)	10(6)	110(33)	15(4)

입자선 치료 의료기관 수(괄호 안은 설치 중)
(학술대회 자료, 2016, 2023, 서울)

　세계적으로 입자선 치료 장비 가동 현황을 보면 양성자선 치료기를 설치 또는 계획 중인 병원이 2006년부터 2016까지 10년 동안 늘어난 것보다, 그 후 2023년까지 7년 동안 더 급격히 늘어남을 보여주며, 탄소핵 중입자선 치료기도 많지는 않으나 계속 증가세에 있다. 탄소핵 중입자선 치료는 일본과 유럽에 중점적으로 설치되어 있고 양성자선 치료기는 세계 각국에 골고루 분포되어 있다.

　미국은 양성자선 치료에 집중적인 관심을 보이고 있다. 캘리포니아 샌 버나디노 카운티의 로마 린다 대학병원에서는 1980년대 중반,

상업적으로 방사선 치료실에 설치하여 지금까지 양성자선 치료로 가장 많은 환자를 다루었다. 양성자선 치료기는 최근 장비의 가격이 낮아져 세계적으로 선호도가 높아졌다. 우리나라는 양성자선 치료 센터를 국립암센터와 삼성의료원에서 가동 중이며, 중입자선 치료 센터는 연세대학교 세브란스 병원에 건립하여 2023년에 진료를 시작하였고, 서울대학교병원에서 주관하는 부산 동남권원자력의학원에서는 설치 중으로 2023년 현재 진료개시일은 정해진 바 없다.

방사선치료는 선형가속기를 전 세계의 모든 국가에서 기본 장비로 사용하고 있다. 국내에도 2023년 현재 245대의 선형가속기와 50대 이상의 특수목적 엑스선 또는 감마선 치료기가 가동 중일 정도로 보편적이고 한 대 가격이 수십억 원에 달한다. 그에 비해 입자선 치료기는 양성자선은 300억 원, 중입자선은 3,000억 원 전후의 예산이 필요한 거대 의료 산업이다. 장비의 가동을 위해서는 의사 외에도 의학물리학자, 고급 전자 장비 기술자 및 여러 분야 연구원들의 공동 작업으로 종합적인 기술 협력을 통하여 한 사람의 암 환자를 치료할 수 있는 복합적인 시설과 행위이다. 따라서 환자 한 사람 치료에 따르는 의료비 부담도 무시하지 못한다.

그러면 입자선 치료는 일반 엑스선 치료와 다른, 꿈의 치료 방법인가? 암 치료 능력이 탁월한 것인지, 또는 엑스선으로 치료가 안 되는 암을 치료할 수 있는 것인지, 그래서 우리나라에도 많이 설치되고 가동될 필요가 있는 것인지, 등의 검토가 필요하다.

2. 입자선 치료의 특징

방사선치료에는 방사선을 방출하는 치료 장비의 자동화 및 정밀성이 매우 중요한 역할을 하므로 장비의 개선 발전은, 방출되는 방사선을 어떻게 조절하여 암세포를 선택적으로 최대한 많이 치사시키며, 정상 조직 손상에 의한 부작용을 얼마나 덜 발생시키는 장비인가 하는 점에 중점을 두고 개발해 왔다. 선형가속기는 여러 부침을 거쳐 현재에는 글로벌 기업 두 곳에서 생산된다. 이 장비들은 현재 엑스선 치료 분야에서 매우 만족스러운 장비로 인정되며 사용 중이다. 아울러 전 세계의 방사선종양학과 의사와 의학물리학, 방사선생물학, 엔지니어링 등의 전문가들이 방사선치료 기술을 연구 개발하고, 결과를 발표하여 공유함으로써 방사선치료 관련 첨단 기술이 나날이 발달하고 있다.

현재까지 연구된 입자선의 특징은 물리적으로 세밀한 방사선 선량 분포를 얻을 수 있는 점이다. 방사선이 치료하고자 하는 부위 표적 체적에만 고루 분포하고 그 경계 밖의 정상 조직과는 경계가 선명할수록 정상 조직 부작용을 최소화하면서 종양에 더 많은 방사선 작용을 얻을 수 있어 치료 효과를 상승시킬 수 있는 것이다.

입자선

MLC 차폐

세로밴드 수제 차폐

종양 경계면 구분의 정밀도

방사선생물학적으로는 고 LET 방사선으로서 세포 치사율이 높고, 세포의 손상으로부터 회복, 저산소세포의 존재, 세포분열 주기 등 엑스선의 방사선생물학적 효과를 억제할 수 있는 조건에 무관하게 작용함으로써 암세포의 선택적 치사 효과가 높은 이점이 있다.

방사선치료의 성공률에 관계되는 요인들은 총선량(total dose), 선량분할 방법(dose fractionation), 생물학적효과비(Relative Biological Effectiveness, RBE), 효과변동인자(modifying factor), 그리고 선량분포 등 여러 가지 조건이 관계된다. 방사선치료의 성공을 예측하는 중요 지표인 치료효율(Therapeutic Ratio, TR) 그림에서 보면 정상 조직 부작용률(NTCP)이 낮을수록, 종양소멸확률(TCP)이 높을수록 치료효율(TR)이 커지고, 암세포 살상과 정상세포 보호의 치료 효과를 높이게 된다. 암세포를 90% 이상 제거하는 방사선량을 줄 때 정상세포 손상률이 5% 이하라면 부작용 없이 암이 치료된다. 입자선 치료가 이러한 효과를 극대화한다는 이론적 배경을 가지고 치료에 사용하는 것이다.

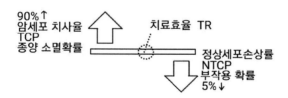

3. 입자선 선량분포의 이점

입자선은 현재 세계적으로 임상에 사용되는 것으로 양성자선과 탄소핵 중입자선이 있다. 핵물리학자들에 의한 오랜 연구로 그 외에도 알파입자(α), 아르곤(Ar), 파이 메존(π, 파이온), 실리콘(Si), 네온(Ne) 등의 입자를 빛의 속도에 가깝게 가속하여 암 치료 효과를 연구하여 양성자선과 탄소핵 중입자선이 가장 효과가 높다는 결론에 이르러 임상에 사용하고 있다. 양성자는 한 개의 입자이지만 탄소핵은 양성자 6개와 중성자 6가 총 12개로 훨씬 무거운 입자라고 중입자(重粒子 heavy particle)라 분류한다.

양성자선 및 중입자선은 전하를 띤 무거운 입자이므로 엑스선이나 전자선에 비해 물질에 투과해 들어갈 때 나타나는 반응 형태는 매우 특이하다. 입자가 무거우므로 인체 조직을 뚫고 들어가기 위해서 수백 MeV의 에너지가 필요하고, 그 높은 에너지 때문에 입자선이 피부에서 입사할 때는 미처 물질과 반응하지 못하고 그냥 뚫고 들어간다. 그래서 피부 표면 가까이에서는 방사선 작용이 많이 이루

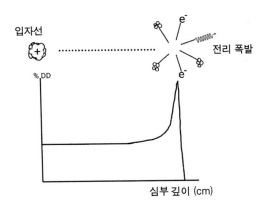

어지지 못한다. 그러나 전하를 띤 무거운 입자이므로 일정한 한도 깊이에 도달하면 인체 조직을 구성하는 분자들과 부딪치는 저항을 더 이기지 못해 급격히 운동에너지를 잃고 정지해 버린다. 그리고 정지할 때 그곳의 각종 원자핵들을 분쇄하여 여러 전리방사선이 발생하는 대량의 전리화 폭발이 일어난다. 세포내 전리화 폭발이 일어난 곳에서는 대량의 이차적 전리작용이 발생하여 고 LET 세포손상이 나타나게 된다.

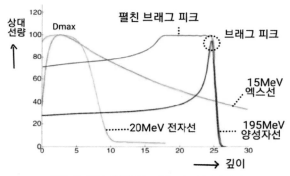

입자선 심부 선량분포 (엑스선, 전자선과 비교)

(입자선 치료 학술대회에서 2018)

심부선량곡선을 그려보면 처음 빌드업 위치에서는 낮은 선량 분포를 보이다가 에너지에 따라 일정한 깊이에서 높은 선량을 투여하고 정지해 버린다. 이 높은 선량 부위를 브래그 피크(bragg peak)라 한다. 브래그 피크의 위치는 입자 종류에 따라, 에너지에 따라 다르다. 그러나 브래그 피크는 충분한 두께를 가지지 못하므로 암 조직 덩어리를 모두 감쌀 수 없다. 그래서 입자선의 에너지를 조절하여 여러 개의 위치가 다른 브래그 피크를 만들어 이를 연결하면 브래그 피크가 넓어진다. 이것을 펼친 브래그 피크(spread out bragg peak, SOBP)라 한다. 펼치고 나면 대신 피부쪽 처음 선량은 많아진다.

심부선량곡선을 비교해 보면, 저 LET 방사선인 엑스선의 경우에는 고에너지라도 피부 표면 밑에서 빌드업이 있고 최대깊이선량(Dmax) 지점까지 도달한 후에 선량이 서서히 줄어든다. 그리고 방사선의 투과 특성에 따라 일정한 깊이에 있는 종양의 전에도 후에도 선량분포가 존재하게 된다.

그에 비해 입자선은 처음에는 선량이 적고 브래그 피크에서 최대선량이 분포하고 그 후는 선량이 갑자기 없어지기 때문에 종양 이후에 있는 정상 조직에 미치는 선량이 거의 없다.

전자선도 입자선이므로 정해진 깊이 이후는 선량이 없지만, 브래그 피크가 아니므로 선명하게 구분 짓지 못한다. 그리고 엑스선처럼 종양 이전의 처음 선량이 많고 빌드업이 있고 난 후에 깊어질수록 빠르게 줄어든다.

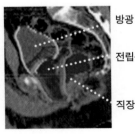

방광

전립선 암

직장

전립선 암의 양성자선
치료 선량분포; 방광,
직장과 뚜렷한 구분

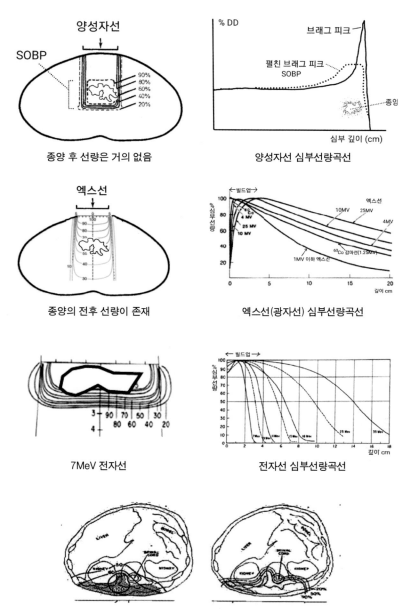

양성자선

SOBP

90%
80%
60%
40%
20%

종양 후 선량은 거의 없음

% DD

브래그 피크

펼친 브래그 피크
SOBP

종양

심부 깊이 (cm)

양성자선 심부선량곡선

엑스선

종양의 전후 선량이 존재

%심부선량

빌드업

엑스선

10MV   25MV

4 MV
25 MV
10 MV

4MV

60Co 감마선(1.25MV)

1MV 이하 엑스선

깊이 cm

엑스선(광자선) 심부선량곡선

3 90 70 50 30
4   80 60 40 20

7MeV 전자선

빌드업

%심부선량

깊이 cm

전자선 심부선량곡선

전자선과 양성자선 선량분포 비교
(좌 전자선은 경계가 느슨함, 우 양성자선은 명확한 경계)

4. 입자선의 생물학적 이점

방사선치료의 성공은 치료효율(TR)을 높이는 것이다. 이러한 노력에서 입자선은 선량분포의 정밀성으로 치료효율을 높이는 데 특별히 고안된 치료 방법이다. 이때 방사선이 고 LET 방사선이면 세포 치사율이 더 높아질 것이다. 선량분포의 이점에 세포치사 효과 이점이 더해진 것이다.

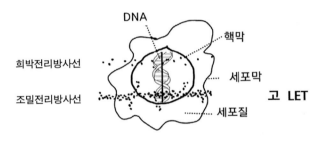

고 LET 방사선은 조밀전리방사선이므로 세포생존곡선에서 어깨가 없고 방사선생물학적효과비(RBE)가 높아 세포 치사율이 높다. 이 특성은 암세포와 정상세포에 동일하게 적용된다. 그러나 입자선이므로 브래그 피크에 의해 정밀한 선량분포를 얻어서 정상세포로 가는 방사선을 현저히 줄여서 부작용을 극복한다. 방사선생물학적효과비가 높다는 것은 같은 암치료 효과를 얻는데 적은 선량으로도 가능하다는 것이다.

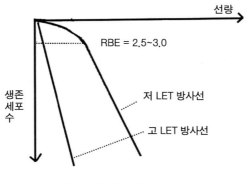

방사선생물학적효과비(RBE)의 개념
적은 선량으로 같은 효과를 냄

또한 고 LET 방사선은 산소증강율(OER)이 낮으므로 산수 유무에 구애받지 않고 세포 치사 효과가 있어, 저산소세포가 많은 종양에서 분할조사 치료를 할 필요 없이 세포 치사가 같이 일어난다. 저산소세포가 말기암에 많이 존재하고 정상 조직의 세포에는 존재하지 않으므로 이 특성은 암세포에만 적용된다. 말기암[106]은 종양의 조직 덩어리가 크므로 저산소세포 치사 효과뿐 아니라 RBE 효과도 같이 적용되어 고 LET 입자선 치료가 말기암에서 더 효과를 본다는 이론적 근거가 된다.

---

106 저산소세포가 많은 종양이라는 것은 일반적으로 진행성 말기암인데, 종양 자체가 큰 덩어리로 자라는 동안 혈관 증식 속도가 못 따라가서 산소 공급을 받지 못해 암세포들이 저산소 상태가 된 것이다. 저 LET 방사선은 산소 유무에 영향을 많이 받아서 분할조사로 저산소세포를 재산소화 시켜가면서 치료한다. 그러나 고 LET 방사선은 산소와 관계없이 세포손상을 일으키므로 큰 덩어리를 만든 말기암에서 치료 효과가 높다.

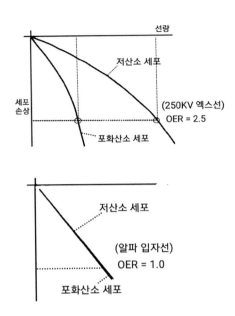

　산소증강률[107]을 측정한 실험 결과를 보면 15MeV 중성자선은 1.6, 알파 입자선(양성자 2개와 중성자 2개)은 1.0이었다. 엑스선에 비해 LET 값은 15 MeV 중성자선에서 더 높고 알파선은 중성자선보다 더 높다. 즉, 포화산소 상태와 저산소상태를 각각 만들어 방사선을 조사하면 LET 치의 증가에 따라 산소증강률이 감소한다. LET 치가 높을수록 저산소세포 치사율이 높아지기 때문이다. 산소증강률이 1이

107　OER과 RBE는 LET 값에 따라 변동한다. 2.5배 정도이던 OER은 LET 값이 높을수록 감소하다가 LET가 100KeV/㎛ 이상이 되면 1.0, 즉 산소가 있고 없음에 차이가 없게 된다. 한편 RBE는 LET 값의 증가에 따라 세포치사율이 점차로 증가하다가 100KeV/㎛ 이상이 되면 약 3배(RBE=3.0) 정도로 피크를 보이다가 그 이상에서는 떨어진다. 이 현상을 보면 LET 값이 100-200KeV/㎛ 부근인 방사선이 세포 손상률이 최고이고 산소 유무에 무관함을 보여주어 이 조건을 충족시키는 방사선이 암 치료 성적을 최고로 내는 꿈의 방사선이 아닐까 추측해 본다. 그러나 이론일 뿐 그러한 조건에 만족스러운 방법이라고 밝혀진 치료는 아직 없다.

라는 것은 방사선 효과가 산소가 있고 없고에 관계없이 같이 나타난다는 말이다.

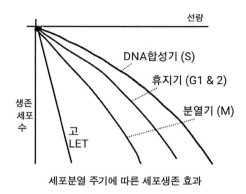

세포분열 주기에 따른 세포생존 효과

고 LET 방사선은 세포분열주기(cell division cycle)[108]의 시기에 따른 방사선 효과의 차이가 저 LET 방사선보다 적어서 천천히 자라는 저속성장 종양(slowly growing tumor)의 치료에 엑스선보다 더 효과적이다. 성장 속도가 빠른 세포는 DNA 합성이 왕성히 일어나며 증식을 빨리하면서 엑스선 또는 저 LET 방사선에 민감성이지만 성장속도가 느린 세포는 그 반대로 준치사손상으로부터의 회복이 많이

---

108 천천히 자라는 암세포에서는 세포분열 주기의 속도가 느리고 DNA 손상의 회복이 잘 일어나서 저 LET 방사선의 경우 세포분열 주기에 따른 방사선 반응에 차이가 크다. 세포분열주기에서 DNA 합성기 또는 세포분열기에서 다음 단계로 진행되지 않고 가만히 있는 시간을 휴지기(休止期 latend period)라 하고 Gap 1, 2기라 부른다. 이런 휴지기가 긴 세포가 저속성장세포이다.
고 LET 방사선으로 치료할 때는 직접작용으로 DNA 손상이 되므로 DNA 합성기와 분열기의 세포 손상 효과 차이가 적어서 저 LET 방사선에 저항성인 합성기에도 세포손상을 잘 받는다. 저속성장 종양세포를 만성반응 세포(lately responding cell)라고도 한다. 급속증식 종양(rapidly growing tumor)의 세포는 급성반응 세포(acutely responding cell)라고도 한다.

일어나는 등 방사선 손상이 적어 저 LET 방사선에 저항성이다. 그에 비해 고 LET 방사선은 DNA에 직접작용에 의한 두가닥 손상이 많아서 저속성장세포라도 손상 회복이 안 되고 치사가 잘 된다.

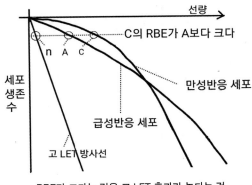

RBE가 크다는 것은 고 LET 효과가 높다는 것

　　세포생존곡선에서 RBE와의 관계를 보면 분할조사 치료의 1회 조사량 정도로 적은 선량 범위에서 만성반응 세포의 RBE가 급성반응 세포보다 크다. RBE가 크다는 것은 고 LET 방사선으로 더 잘 죽는다는 뜻이며 같은 세포 치사 효과를 얻는데 필요한 고 LET 방사선의 선량이 더 적은 양이라는 뜻이다. 다시 말하면 만성반응(저속성장) 세포의 암이 고 LET 방사선으로 치료가 더 잘 된다는 뜻이다.

　　고 LET 방사선은 두가닥 손상이 많이 일어나므로 세포분열 주기의 시기의 어디에 있느냐에 관계없이 손상을 일으킨다. 그래서 고 LET 방사선은 저속성장 암의 치료에 더 효과적이다.

만성반응세포의 종양은 췌장암, 전립선암, 직장암, 골 및 연골육종, 타액선(침샘)암 등이 이에 속하며 이들이 고 LET 방사선치료의 대상이 된다.

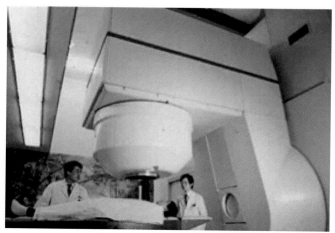

원자력병원 중성자선 치료 장비 (1984 - 1995)

고 LET 방사선의 대표적인 것이 중성자선인데, 과거 1980년대에서 2000년대 전반기 사이에 고 LET 방사선의 장점을 살려 중성자선 치료가 세계 각국에서 임상적 연구로 많이 시행되었다. 우리나라도 서울 원자력병원에서 1984-1995년 사이에 중성자선 치료기를 가동하여, 진행된 두경부암 또는 느린 성장을 하는 전립선암과 직장암 등 선별된 암을 대상으로 하여 치료한 경험이 있다.

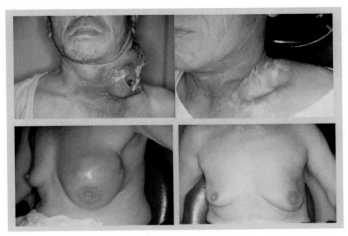

원자력병원 중성자선 말기암 치료 예
(좌; 치료 전, 우; 치료 후)

　　본 중성자선 치료를 할 때 중성자선 RBE를 측정한 결과 2.83 정
도로 나와서 RBE를 3.0으로 환산하여 치료하였다. 그러나 임상 적
용례의 통계를 보면 위의 생물학적 이점(고 RBE)에도 불구하고 중성
자선 치료의 가장 큰 단점은 방사선 심부선량 분포가 정밀하지 않
은 점이다. 암세포의 주위 정상세포에 가는 선량을 충분히 줄일 수
없어, 정상세포 손상이 심하게 나타나는 부작용을 극복하기가 힘들
었다.(중증 합병증 15~30%) 그래서 2000년대 이후 중성자선 치료는 세
계적으로 모두 중단되었다. 원자력병원은 1984년부터 시작하여
1995년까지 약 10년을 사용하고 종료하였다.

원자력 병원 중성자선 치료 성적(1984~1995)

	침샘암	전립선암	두경부암	직장암	골, 근육종
환자 수(명)	35	18	39	53	31
반응률(%)	89	83	77	76	65
국소제거율(%)	71	72	18	53	58
평균생존기간(월)	31.1	23.8	11.0	14.5	26.9
생존율(년)	45 (5)	35 (5)	18 (2)	30 (2)	33 (5)
합병증(%)*	17	33	15	13	10

* 일상생활에 지장이 있는 중증 합병증

입자선 치료도 고 LET 방사선이므로 RBE가 높아서 암세포가 잘 죽고, 산소 유무에 따른 치료 효과 차이(OER)가 적고, 세포분열주기에 따른 방사선 효과의 차이가 적어서, 이러한 생물학적 이점(利點)은 중성자선과 같다. 그리고 중성자선의 정상 조직 보호가 잘 안 되는 점에 비하여 입자선 선량분포의 특징인 브래그 피크에 의한 초정밀 선량 분포를 얻을 수 있어 정상 조직이 잘 보호된다.

그런데 양성자선 치료는 같은 입자선이지만 임상적으로 고 LET 방사선의 생물학적 이점을 많이 볼 수 없다. 아마 양성자선은 양성자 한 개이고 탄소핵의 입자는 12배로 크기 때문이 아닌가 한다. 그래서 LET 값이 중입자선만큼 높지 않기 때문이 아닌가 한다. 그러나 브래그 피크는 현저하게 나타나므로 물리적 선량분포의 이점이 있어서, 일반 엑스선으로 치료할 때 선량분포의 주의를 요하는 장소의 치료에 많이 사용되고 있다.

최근에 중입자를 방사선치료에 사용할 수 있을 정도의 에너지로 가속하는 가속기가 병원에서 설치할 정도의 크기로 축소 제작이 되어 입자선 치료가 다시 관심의 대상이 되었고, 앞으로 설치의료기관이 점점 더 늘 것으로 판단된다. 아울러 장비 제조회사에서 기술 개발 혁신으로 장비의 생산가격을 낮추어 가고 있어 더욱 고무적이다.

5. 발생장치

양성자선은 사이클로트론이라는 원형 가속기를 사용하여 250~350MeV의 에너지로 가속한다. 양성자선 치료는 양성자 입자의 질량이 탄소핵 입자의 1/12이기 때문에 사이클로트론 한 개의 가속기로 가능하다. 그래서 양성자선은 장비가 상대적으로 간편하고 물리적 방사선 관리가 덜 어렵다[109]. 최근에는 양성자선 치료에도 세기조절 기술을 적용하는 방법에 관한 연구도 진행되고 있다.

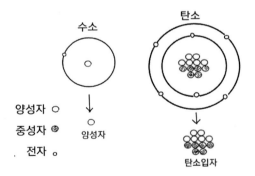

---

[109] 펼친 브래그 피크를 얻는 변조 기술의 원리도 간단한 플라스틱 장치로 가능하고 암 조직에 조사하는 방법을 스캔 형식으로 하여 종양 모양에 정확히 조준하는 기술 등 여러 가지 방법들이 개발되어 더욱 정밀한 치료가 가능하다.

중입자선으로서 탄소핵 입자선 치료기는 350~450MeV의 더 높은 에너지가 필요하므로 선형가속기, 사이클로트론 및 싱크로트론(synchrotron) 등의 초 가속 장비를 두 가지 또는 세 가지를 연결하여 더 높은 출력을 얻어서 사용하고 있다. 따라서 중입자선 치료 시설은 빌딩 건축비를 보태어 3,000억 원 이상이 필요하다. 참고로 엑스선 치료만 가능한 선형가속기는 30억 원에서 100억 원 정도로 여러 타입의 장비가 제작 판매되고 있다. 따라서 입자선 치료를 개개의 의료기관에서 도입 설치하느냐 하는 문제는 정책적 차원으로 결정되어야 한다. 거대한 예산의 뒷받침이 우선 되어야 하기 때문이다.

탄소핵 중입자선 치료는 일본과 독일에서 가장 오래되고 활발히 이용하고 있다. 일본은 지바의 국립방사선의학총합연구소(國立放射線醫學總合硏究所 National Institute of Radiological Sciences, NIRS, 병원 부서는 QST 병원, 지바시 소재)에서 1970년대부터 중성자선 치료를 연구하다가, 같은 고 LET 방사선에 속하는 중입자선 가속기를 개발하고 탄소핵 입자선 치료기를 임상 적용을 한 것이 2000년도에 들어와서이다. 그 이후 일본 각 지방의 대학병원에서도 설치하여 2023년 현재 총 7기의 탄소핵 입자 치료 시설이 있다.

독일은 하이델베르크 대학병원과 다름슈타트의 핵물리연구소에서 1980년대부터 공동으로 연구하여 임상적 적용을 하였고 연구소에서 치료하는 것이 문제가 많으므로 하이델베르크 대학병원에 신설 장비를 설치하여 가동 중이다. 그 외에 튀빙겐의 마르부르크 대학 메디컬센터에 하나 더 설치되어 있다.

싱크로트론

직선조사 치료실

회전조사 치료살

하이델베르크 대학병원 입자선 치료실 (부분)
- 홍보자료에서

6. 입자선 치료의 임상 응용

양성자선 치료는 설치 가동 예산이 과도하게 많지는 않기 때문에 세계적으로 많은(100개 이상) 의료기관에서 가동 중이다. 양성자선은 LET 값이 높지 않아서 중입자와 같은 생물학적 이점은 없지만 선량 분포의 이점인 브래그 피크가 나타나므로 정상 조직과의 경계를 뚜렷하게 얻을 수 있어서 매우 효과적이다.

예를 들어 전립선암이나 자궁 경부암은 바로 앞뒤에 방광과 직장이 근접해 있어 엑스선 치료 후 부작용이 어느 정도 발생하는데 입자선 치료를 하면 이 부작용을 현저히 줄일 수 있다. 안구의 뒤쪽 맥락막 흑색종 환자에서 양성자선 치료는 매우 획기적이다. 안구의 직경이 2cm밖에 안 되는데 암이 발생하면 종양과의 거리가 가까운 시신경이나 기타 약한 조직이 다치지 않아야 한다. 이때 양성자선의 정밀 선량 분포는 큰 이점이 된다. 머리뼈 아래쪽에 잘 생기는 암이나 척추뼈암은 중추신경을 다치게 하여 마비가 오거나 심각한 후유증이 발생할 수 있는데, 이를 피하는데 입자선은 매우 유효하다.

무엇보다도 임상적으로 입자선 치료의 고 LET 방사선의 생물학적 이점은 저산소세포, 저속성장세포, 세포분열 지연 세포 등에서 효과적일 뿐 아니라, 그 외 흔히 보는 암에서도 임상 적용 사례를 넓히는 연구가 많이 진행되고 있다. 폐암 같은 일반 암도 직경이 1cm 이상이 되면 그 속에 이미 많은 저산소세포가 있기 때문이다.

 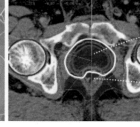

전립선암

직장

안구 흑색종 양성자선 치료

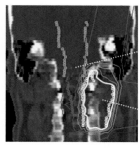

뇌척수 신경

목뼈 주위 암

각종 암에서 입자선 치료의 선량분포; 가까이 있는 중요 장기와 선량이 명확히 구분됨. (학술대회 자료에서 2023 서울)

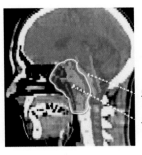

뇌간, 숨골, 소뇌 등

두개골 바닥 뼈암

　저산소 암세포를 처리하기 위해서 일반 엑스선 치료는 25회(1개월) 이상 분할조사 치료를 하여, 방사선 조사 사이 시간에 저산소세포의 재산소화를 유도하면서 치료한다. 그러나 고 LET 방사선은 세포의 산소 유무에 따른 방사선 효과의 차이가 적어서(Low OER) 저산소세포가 있어도 치료 결과에 영향을 받지 않는다. 따라서 분할조사 치료의 효과가 높지 않아서 입자선 치료에서는 분할 회수를 10회 이상 하지 않는다. 나아가서 엑스선 치료 대상이 안 되는 말기암에서도 종양의 소멸 효과를 얻을 수 있고 그로 인해 수명의 연장을 기대할 수 있다.

　입자선의 선량분포 이점과 고 LET 방사선의 생물학적 이점으로 주위의 정상 세포의 선량이 엑스선 치료의 선량분포에서보다 확연히 구별되어 보호가 되면, 정위적 방사선수술의 개념으로 볼 때 종양의 선량을 강하게 올릴 수 있어서, 10회 이하의 저 분할조사 치료를 한다든지, 최근에는 1회 치료로도 같은 치료 성적을 낼 수 있다는 가설도 있다. 따라서 암 환자의 총치료 시간을 줄여 환자의 삶의 질을 높일 수 있다.

　부작용의 확률도 중성자선 치료와 다르게 높지 않다. 브래그 피크에 의해 정상 조직과의 경계를 명확히 하여 정상 조직 손상을 최소화할 수 있기 때문이다. 예를 들어 소아 중추신경암에서 전뇌척수 방사선치료를 해야 할 경우, 뇌척수구조 밖의 몸통에 방사선이 안 들어가면 성장 후 방사선에 의한 백혈병 발생률도 낮출 수 있다.

현재까지 여러 종류의 입자들을 입자선 치료에 실험적으로 사용해 본 결과를 엑스선과 같은 일반 방사선치료와 비교해 볼 때, 선량분포 이점과 생물학적 이점을 상호 비교한 표에서 보면 중입자선 치료에서 탄소 입자가 현재 가장 많이 사용되고 있는 이유를 알 수 있다.

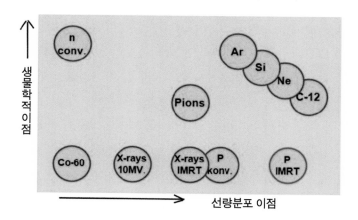

각종 방사선치료의 선량분포 이점과 생물학적 이점 비교
(n; 중성자선, P; 양성자선, C-12; 탄소핵 입자선)
중성자선은 생물학적 이점은 높으나 선량분포가 나쁘고 양성자선은 선량 분포는 좋으나 생물학적 이점이 없음. 그 외의 중입자선은 연구 중이거나 다른 이유로 사용하지 않고 있으며 최근에는 헬륨 입자에 대한 연구가 진행되고 있다.

그러나 중입자선은 일반 의료기관에서 쉽게 설치 가동하기는 어렵다. 양성자선 치료는 고도의 선량분포의 정밀성이 필요한 예에서 매우 효과적이므로 설치하는 의료기관이 증가하고 있다.

독일 하이델베르크 의대와 일본 방사선의학총합연구소의 현재까지의 경험을 토대로 한 중입자선 방사선치료의 효과가 좋은 암의 종류를 정리해 보면 다음과 같다.

기본 개념;

저속성장 암세포, 엑스선에 대한 방사선 저항성인 암, 저산소세포가 많은 암, 방사선에 민감한 중요 장기와 근접하여 세밀한 선량분포가 필요한 위치의 암. 그리고 거시적(현미경적이 아닌) 암.

- 두개골 저부 및 골반 천골 부위 척색종 및 연골육종
- 고위험 전립선암, 타액선암, 췌장암, 간암,
- 기타 부위 골 및 연골육종 및 골육종
- 임파절 전이가 없는 비소세포성 폐암
- 기타; 재발 암, 위치가 나쁜 암, 엑스선 치료와 병행 치료가 필요할 때 등.

쌍생성 산란

제동엑스선 (bremsstrahlung) 의 생성

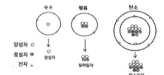

각종 입자선의 생성 (원자에서 외각전자의 탈락)

미주

1* 방사선(광자)의 충돌 방식

광전효과(光電效果 photoelectric effect)는 광자가 전자에 충돌한 후 입사된 광자는 그대로 에너지를 다 잃고 흡수되어버리는 현상이다. 이때 입사되는 광자선의 에너지에 의해 전자가 튕겨 나간다. 튕겨 나간 전자는 광전자(光電子 photoelectron; 광자 photon와 다름)라 한다.

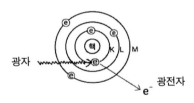

광전효과 (photoelectric effect)

콤프턴 산란(Compton scattering)은 광자가 매우 강한 힘으로 들어왔을 때 전자를 튕겨 내고 자신은 에너지 일부만 잃고 방향이 바뀌어 나가는 현상을 말한다. 이때 튕겨 나간 전자를 콤프턴 전자 (compton electron), 방향이 바뀐 광자를 산란 광자(scattered photon) 라 부르며 입사된 광자 에너지는 콤프턴 전자와 산란 광자의 에너지 의 합과 같다. 방사선치료를 할 때, 엑스선 또는 감마선이 입사되면 콤프턴 산란이 주로 일어나며, 콤프턴 전자가 쫓겨 나가기 때문에 강 제로 전리가 이루어지는 것이다.

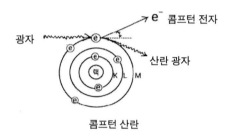

쌍생성(pair production)은 두 개의 입자가 생성되었다는 뜻이다. 이 현상은 입사 광자의 에너지가 1.02 MeV 이상일 때만 일어난다. 1.02 MeV 광자가 원자에 충돌하면 핵 주위에서 광자는 없어지고 그 대 신 두 개의 입자가 생성되는데 하나는 전자(electron)이고 또 하나는 양전자(position)이다. 즉 같은 전자인데 하나는 음전하 그대로이고, 또 하나 양전자는 전자인데 양전하를 띤다. 1.02 MeV가 둘로 쪼개 졌으니 두 전자의 에너지는 각각 0.51 MeV이다. 질량이 없는 광자가 들어가서, 질량이 있고 전하는 서로 반대인, 두 개의 입자를 만든 것 이다. 이 현상에 대해, 없던 질량이 어디에서 와서 두 개의 입자로 바뀌었는지 그 과정은 모른다. 댄 브라운 소설의 '천사와 악마'에 나 오는 반물질이 이것이다. 그러나 당연히 이 둘은 금방 서로 합쳐지

고 동시에 없어진다. 만들어진 양전자는 금방 주위의 전자와 결합하여 질량이 없어지고 두 개의 0.51 MeV 감마선 에너지가 되어 양방향으로 갈라진다.

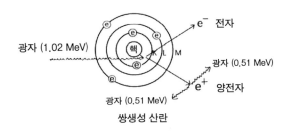

쌍생성 산란

2* 각 전리방사선의 생성

I. 엑스선(X-ray)의 발생

전자를 가속하여 타겟 물질에 강하게 충돌시키면 가속된 전자가 타깃 물질의 원자와 부딪치면서 자신의 운동에너지를 잃은 만큼 방향이 바뀌어 나가고, 전자의 운동에너지는 대부분이 열에너지가 되며 아주 일부분만 엑스선이 되어 나온다. 이것이 엑스선의 발생 원리이다. 이 엑스선은 운동에너지로 날아오던 전자가 에너지를 잃고 (제동) 발생 된 것이므로 제동엑스선(Bremsstrahlung)이라 한다. 제동엑스선은 입사된 전자의 운동에너지 크기에 따라 에너지 스펙트럼이 낮은 것부터 높은 것까지 넓은 범위에 걸쳐 있다. 그래서 그중 높은 에너지 부분을 골라내어 방사선치료에 사용한다. 치료에 사용하는 데에 적당한 높은 에너지의 제동엑스선은 보통 선형가속기라는 전자 가속기에서 발생한 것을 가장 많이 사용한다.

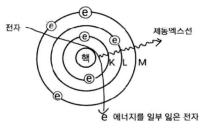

제동엑스선 (bremsstrahlung) 의 생성

　입사 전자가 타깃 물질 원자의 궤도전자와 부딪치고 이 궤도전자를 밖으로 쫓아내는 현상도 일어날 수 있다. 이때 입사한 전자는 운동에너지를 잃고 방향을 바꾸어 나가고 궤도전자도 다른 방향으로 튕겨 나간다. 그러면 그 궤도에 전자가 한 개 비게 되고 바깥의 궤도전자 한 개가 그 자리를 채워준다. 이때 높은 에너지의 바깥 궤도전자가 내려와서 빈자리를 채워주었으니 그만큼 에너지가 남게 되고 이것이 엑스선이 되어 방출된다. 이를 특성엑스선(characteristic X-ray)이라 한다. 원자 내에서 전자가 K-각의 전자와 부딪치어 그 궤도전자를 쫓아내면, L-각의 전자 한 개가 옮겨 와서 그 각에서의 전자수의 정원을 채워주어야 한다. 튕겨 나간 K-각 전자의 빈자리를 메워주는 전자는 L-각, M-각, N-각, 어디서든 올 수 있다. 그래서 L, M, N-각에서 K-각으로 이동하면서 내는 특성엑스선은 K-특성엑스선(K-characteristic x-ray), M, N 각에서 L 각으로 이동할 때는 L-특성엑스선(L-characteristic x-ray)이라 한다. 특성엑스선은 매우 낮은 에너지에도 발생 된다.

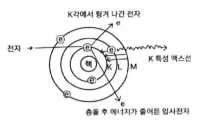

특성엑스선(characteristic x-ray)의 생성

II. 감마선(gamma-ray)의 생성

　방사성동위원소가 핵붕괴(decay or nuclear disintegration)를 하면 감마선이 발생한다. 핵붕괴를 할 때 알파 입자와 베타 입자도 같이 나온다. 그러나 동위원소에서 나오는 알파 및 베타 입자는 양이 적어 방사선 치료 임상에서 의미가 없다. 그리고 입자들은 투과력도 약하다. 감마선은 동위원소에 따라 높은 에너지의 감마선을 얻을 수 있고 엑스선과 물리적으로나 생물학적으로 효과가 같아서 암 치료에 많이 쓰인다.

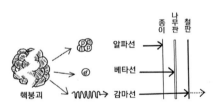

동위원소 핵붕괴로 발생하는 방사선의 투과력

III. 입자선(particle radiation)의 생성

　입자선의 입자는 원자에서 외각 전자를 제거한 것이다. 전자는 음

전기를 띤 작은 입자이고 양성자는 양전기를 띠며 전자의 2천 배나 되는 크기이다. 양성자는 수소, 알파입자는 헬륨, 중입자인 탄소 입자는 탄소에서 전자를 제거한 것이다. 중성자선은 보통 원자로에서 발생하고 때로 특별히 제작한 가속기에서도 발생한다. 알파입자(alpha particle)는 헬륨 핵이므로 질량(크기)이 양성자의 4배이고 양성자 2개와 중성자 2개로 구성된다. 탄소 입자(carbon particle)는 질량이 양성자의 12배이며 탄소 원자의 핵으로서 양성자 6개와 중성자 6개로 구성되어 있다. 이 중입자는 질량이 매우 크므로 다른 입자보다 훨씬 높은 에너지로 가속하여야 한다.

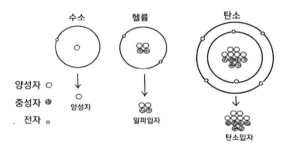

각종 입자선의 생성 (원자에서 외각전자의 탈락)

3* 핵붕괴의 원리

자연 상태에서 불안정한 동위원소가 원자핵에서 입자나 에너지를 내보내고 안정 상태로 가는 현상을 핵붕괴라 한다. 감마선을 이용한 암 치료에 가장 흔히 쓰이는 방사성동위원소 코발트-60(Co-60)은 베타붕괴 후 각각 에너지가 1.17MeV와 1.33MeV의 감마선을 방출한 후 니켈-60이 된다. 반감기가 5.26년이다. 방사성 코발트-60(코발트 60이라 읽는다)은 모핵종이고 니켈-60은 딸핵종이라 한다.

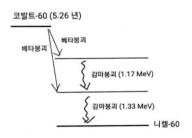

우라늄-238($_{92}U^{238}$)은 알파붕괴 후 토륨-234($_{90}Th^{234}$)가 된다. 알파입자는 양성자 2개와 중성자 2개이므로 질량은 4이다. 우라늄-238에서 양성자와 중성자 각각 2개가 없어지니 원자번호는 2가 빠진 90, 원자량은 4가 빠진 234로서 딸핵종 토륨이 된다. 이것이 핵붕괴의 예이다. 이런 현상을 보고 중세 유럽에서 연금술이 성행했는지도 모른다. 핵종(核種, nuclide)은 원자핵의 종류를 말하지만, 방사성동위원소의 핵을 우리나라에서는 방사성핵종(radionuclide)으로 부른다.

의료에 많이 사용하는 방사성동위원소(radioactive isotope)는 요드(I-131), 코발트(Co-60), 세슘(Cs-137), 불소(F-18), 이리듐(Ir-192) 등이 있다. 안정된 원소를 인공적 조작을 가하여 방사성동위원소로 만들 수도 있고, 원래 자연 속에 존재하는 방사성동위원소도 있다. 예를 들어서 코발트-60은 원자로에서 생산하는 방사성동위원소이며, 코발트-59는 안정된 자연 원소이다. 라듐-226 또는 라돈-222는 자연 속에 존재하는 방사성동위원소이다.

4* 개인용 방사선 측정기

열형광선량계 (Thermoluminescent Dosimeter, TLD) 어떤 크리스탈 물질은 방사선에 노출되면 그 에너지를 받아 잡고 있다가 나중에 열을 가하면 에너지를 내어놓는데 이 에너지가 가시광선으로 나타난다. 이 빛의 많고 적음으로 방사선 노출 양을 알게 된다. 불화 리튬을 열형광 물질로 많이 쓴다. 개인의 피폭량을 알기 위해 특히 병원의 의사나 방사선사를 중심으로 착용하는 개인 선량계의 대부분은 TLD 뱃지이다.

필름 측정기 (Film dosimeter)는 엑스선 촬영 필름을 사용한다. 이 필름에는 은 화합물이 발라져 있어 이 물질이 방사선에 반응하여 필름을 검게 만든다. 현상(現像 developing)이라는 과정을 통해 은 화합물을 제거하면 검은 상(像)이 맺힌 필름이 된다. 방사선 노출 양이 많고 적음에 따라 검은색의 흑화도(黑化度)가 다르므로 검은 정도의 광학적 농도를 분별 측정하면 노출된 방사선량을 알 수 있다.

반도체 측정기 (semiconductor diode dosimeter)는 실리콘 다이오드

가 방사선의 전리 작용에 민감하게 반응하므로 방사선 측정기로 사용한다. 다른 측정기보다 민감도나 변별력이 매우 높다.

5* 엑스선 발생장치 원리

엑스선 발생장치인 진공관의 음극 쪽에는 전자를 발생시키는 전자총이 있고 여기에서 만들어진 전자는 반대편의 양극(+)으로 끌려가서 부딪친다. 전자총은 전자를 생산하기 위하여 필라멘트가 있고 여기에 전압을 걸면 열이 발생한다. 열을 발생시키면 자유전자 또는 유리전자(free electron)가 많이 발생한다. 그래서 이 유리전자를 열전자(thermal electron)라고도 부른다. 음극(陰極 cathode)에서 발생한 열전자가 엄청난 속도로 날아와서 양극(陽極)에 있는 금속판(엑스선 타깃, 주로 텅스텐)에 충돌하면 엑스선이 발생한다. 이것이 엑스선 발생장치이다.

뢴트겐 박사가 처음 엑스선을 발견할 당시의 장치는 양극과 음극이 있는 단순한 진공관이었다. 진공관, 즉 공기가 없는 유리관 속에서 전자가 양극에 가서 충돌하여 엑스선이 발생한다. 진공이 필요한 이유는 공기가 있으면 가속하는 유리전자가 공기 입자와 부딪쳐서 양극으로 날아가는 데에 방해가 되기 때문이다. 현재 사용되고 있는 엑스선 발생장치 즉 엑스선 관(X-ray tube)의 구조는 그때와 크게 다르지 않다.

음극에서 자유전자를 많이 발생시키기 위해 음극에 열을 가한다. 모든 물질이 온도가 높아지는 현상은 그 물질이 가지고 있는 전자가

프라이팬에 콩을 볶듯이 불안정하게 흔들리고 있는 상태를 말한다. 음극을 가열하면 자유전자가 결속력을 잃고 흔들린다. 이것이 유리 전자, 나아가서 열전자가 된다. 이때 양극에 높은 전압을 걸어주면 양극(+)으로 당겨진다. 처음에는 끌려가다가 양극과의 거리가 가까 울수록 당기는 힘이 강하게 작용하니까 전자가 양극의 타깃에 충돌 할 때까지 점점 더 가속된다.

6* 싸이클로트론

싸이클로트론은 두 개의 D자 모양 진공 통으로 되어있고 D를 합 친 원판의 지름에 해당하는 부분에 고전압 전기장을, 원판의 아래위 덮개 쪽에 마그넷 자기장을 설치한다. 가운데에 입자가 들어가는 구 멍이 있고 이를 이온 소스라 한다. 일단 원자에서 외각 전자를 떼어 내고 양이온인 핵입자를 얻은 후 이온 소스를 통해 집어넣는다. 이 온 소스로 입자가 들어가면 전기장의 작용으로 끌려가는데 위에 자 기장이 걸려 있어 반원을 그리고 돌아온다. 그때 다시 전기장이 걸 리면 첫 반원의 반대 방향으로 가속되고 또 자기장에 의해 반 바퀴 돌아온다.

두 개의 디 사이 틈에서 반복하여 가속될 때마다 반원의 직경이 커진다. 반원씩 돌아오므로 이 장치를 두 개의 디(two Dee) 전극이 라 표현하기도 한다. 이온 소스와 두 개의 디와 큰 자기장이 싸이클 로트론 구조의 중요 포인트이다. 양이온 입자의 회전반경이 가속됨 에 따라 커지므로 일명 나선형 입자가속기라고도 부른다.

7* 싱크로트론

싱크로트론은 원통형 터널이 링처럼 한 바퀴 돌아오게 되어있고 가속 에너지가 높을수록 링 구조의 지름이 커진다. 유럽 입자물리학 연구소 (CERN; 프랑스어를 줄인 것으로 유럽 원자핵 공동연구소라는 뜻)는 스위스 제네바 외곽 프랑스 국경지대에 있는데, 이곳의 세계 최대 입자가속기 싱크로싸이클로트론 링의 지름은 수 킬로미터에 이른다고 한다. 여담이지만 이 연구소에서 인터넷 www(world wide web)과 HTML이 탄생했다고 하며, 댄 브라운 소설에서 반물질과 관련된 연구소로 등장한다.

8* 생물학적 선량측정법

방사선의 생물학적 선량측정법은 방사선 사고 또는 여러 가지 이유로 방사선 피폭이 우려될 때 혈액 임파구 검사라는 간단한 방법으로 염색체 손상을 현미경 시야에서 숫자를 세면 된다. 이 숫자를 염색체의 방사선 반응곡선에 대입하면 추정 선량이 얻어지며 측정기로 하는 물리적 선량과 거의 비슷하게 정확하다. 무엇보다도 피폭 현장에서 바로 측정할 수 있으면 측정기로 피폭 상황을 재현하여 측정할 수 있지만, 대부분은 현장에 있지 않고 과거의 일이기 때문에 생물학적 선량측정은 매우 중요하다. 고방사능 지역을 모르고 지나갔던지, 핵실험 장소에서 가까이 사는 주민들, 방사선 사고 현장 회복을 위해 투입된 근로자, 방사성동위원소 사용 연구실 오염에 의한 피폭, 우라늄 등 방사성 물질 채취 광산 근무자들 등 수많은 일어나는 일들이 가능하기 때문이다.

방사선의 생물학적 선량측정법에는, 세포의 방사선 손상을 확인하는 방법으로는 단순 염색체 손상(chromosomal aberration)의 관찰법 외에 핵소체 검사(micronucleus assay) 및 아포프토시스 검사(apoptosis assay) 등 여러 가지가 있다. 방사선에 의한 DNA 손상을 거시적으로 보면 세포핵의 이상으로 나타난다. 즉 세포핵이 손상을 받으면 핵물질이 빠져나가고 핵 성분이 응축되어, 현미경으로 보면 진하고 작은, 한 개 또는 여러 개의 덩어리(소체)들이 보인다. 이것을 핵소체(micronuclei)라 한다. 또 다른 세포 손상 형태는 아포프토시스라 하며 이는 핵 또는 세포가 스스로 수명을 잃고 세포사가 되는 과정이다. 이러한 현상의 빈도를 관찰하여 방사선 피폭량을 산출할 수 있다.

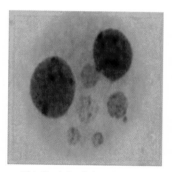
핵소체 검사; 핵이 조각나 있다

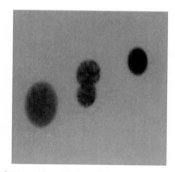
아포프토시스: 핵이 조각나고 쪼그라들었다

9* 저선량 방사선

1그레이(1,000밀리시버트) 이하를 저선량 방사선으로 정의하였지만 인체의 방사선장해에 대한 대책으로 방사선 작업종사자의 선량 제약치(선량한도)를 설정하는 데에 100밀리시버트 이하를 저선량 피폭의 범위로 산정한다. 일반인의 선량한도를 1밀리시버트로 하고 100밀리시버트 피폭을 중요 비상피폭으로 간주하여 일종의 문턱선량이 된다. 그래서 법정 전량 한도는, 5년간 100밀리시버트를 초과하지 않도록 하고, 1년 최대 허용 선량이 50밀리시버트가 되며, 작업종사자가 지속적 피폭이 예상될 때 연간 20밀리시버트를 초과하지 않아야 하며, 비상 피폭으로 허용할 최대치는 연간 50밀리시버트이고, 그러한 피폭이 되었다면 총 5년간 100밀리시버트가 초과되지 않도록 나머지 4년간 피폭 기회를 조절하도록 법으로 정해 놓았다. 이 범위 내에서는 방사선에 의한 암 발생 또는 암으로 사망할 확률이 거의 무시할 수 있다.

10* 삼차원 이상 정밀 방사선치료

삼차원 치료, 입체 정위적 치료, 세기조절 방사선치료 등의 치료 방식은 다엽콜리메이터와 컴퓨터에 의한 전 시스템의 조절이 가능함으로써 발달된 기술이다. 치료기 헤드에서 방사선의 방출 선량, 조사야의 크기, 다엽콜리메이터에 의한 변형 조사야 만들기, 치료 체적의 모양에 맞게 방사선이 분포하여 조사되는가 등 무수히 많은 데이터를 컴퓨터가 합산하여 치료할 조건이 최적으로 충족되는가를 주치 의사가 확인하고 치료를 시작한다. 이때 조사야와 선량분포에는 빔즈아이 뷰가 결정적 역할을 한다.

컴퓨터 치료계획에서 컴퓨터는 헤드에서 조사된 방사선이 치료 체적에서 어떻게 변동되어 정상 조직과 적절한 경계를 이루는가 계산을 하는데, 우선 처방에 나온 대로 치료기 헤드에서 방사선 방출이 어떤 조건으로 되는가를 정하고 그 방사선을 조사받는 표적 제적에 어떻게 분포하는가를 계산하는 방식이 삼차원 치료계획이다, 모든 정위적(three dimensional, stereotactic, conformal radiotherapy) 방사선 치료가 여기에 속한다.

세기조절 방사선치료의 컴퓨터 설계는 먼저 종양 체적의 모양, 두께, 크기 등 표적 체적의 구조의 다양성을 정확히 파악하고 여기에 맞게 헤드에서 방사선 방출 조건을 찾아라 하여 계산을 하는 방식이다. 이때 종양 체적은 소구역으로 나누고 각각의 각 조사 방향에서의 두께와 모양을 설정한 데이터를 미리 만든다. 방사선 조사를 받는 표적을 중심으로 하여 헤드에서 선량 계산이 되는 점이 삼차원 방식과 다르다.

• 부록 •

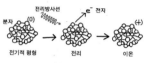

방사선의 전리 작용

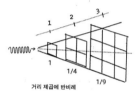

거리 제곱에 반비례

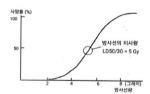

방사선치료와 관련하여
물어 오는 질문들

1. 방사선치료가 얼마나 힘드나요?

통상적인 방사선치료에서는 엑스선을 사용하는 경우가 90%입니다. CT나 흉부 엑스레이 촬영을 하는 바로 그 엑스선과 같습니다. 에너지가 매우 높은 대량의 엑스선을 쓴다는 점만 다릅니다. 엑스선 촬영을 할 때 그 순간 엑스선이 몸을 뚫고 지나가는데도 아무런 느낌이 없고 눈에 보이지도 않습니다. 그와 꼭 같은 엑스선이므로 치료실에 들어가서 보통 10분 정도의 방사선치료를 하는 순간 아무런 느낌도 없고 치료가 끝나면 벌떡 일어나서 걸어 나오며 아프거나 마취하거나 다른 괴로움을 잠시 참아야 하는 그러한 일은 없습니다.

2. 머리가 얼마나 빠지나요?

방사선치료는 국소 치료이기 때문에 방사선치료를 하는 그 장소에만 방사선 효과가 일어나며 그곳을 벗어나면 전혀 방사선 영향을 받지 않습니다. 피부는 방사선에 매우 민감하고 피부의 방사선 효과는 눈에 보이는 것이 탈모입니다. 뇌종양을 치료할 때는 머리에 방사선 치료를 하므로 치료를 하는 넓이만큼 부분적으로 머리털이 빠집니다. 그러나 6개월이 지나면 다시 자라납니다. 머리가 아닌 몸의 다른 부위에 치료하면 그곳의 솜털은 빠지겠지만 눈에 보이는 변화가 아니므로 아무런 보이는 흔적이 나타나지 않습니다. 가슴이나 복부를 치료하는데 머리가 빠지지는 않습니다. 보통의 방사선치료를 하는 암 환자가 항암화학요법을 겸하는 경우가 있는데 항암제는 약이고 전신 효과가 있으므로 가슴이나 뱃속의 암을 치료해도 머리가 빠집니다. 이 경우와 혼동하여 방사선치료에도 머리가 빠지는가 하고 걱정하실 필요가 없습니다.

3. 머리 염색을 해도 되나요?

방사선치료를 하는 동안에, 혹은 후에 머리 염색을 해도 되는지를 묻는 분이 많으신데, 아무런 문제가 없으니 해도 됩니다. 단, 머리를 치료하고 계신 분은 치료과정에 영향을 줄 수 있으니 머리 손질은 그때 당시 상황에 따라 물어보고 결정하십시오.

4. 고기를 먹으면 안 된다?

방사선치료를 받는 환자는 암 환자이기 때문에 영양 관리를 철저히 해야 합니다. 방사선치료 때문에 식욕이 떨어질 수 있으므로 영양 상태를 유지하기 위해 식생활에 대한 신경을 많이 써주어야 합니다. 원칙으로 영양의 삼대 요소인 단백질, 탄수화물, 지방질을 골고루 먹어야 합니다.

암 환자는 고기 먹으면 안 된다고 남들이 하는 잘못된 말들을 따라 하지 말고 육류도 먹어야 합니다. 또 기름이 나쁘다고 아예 고기를 안 먹는데 이것도 안 됩니다. 지방질도 섭취해야 하니 고기를 구울 때 보이는 지방질을 잘라 내버리려고 애쓸 필요가 없습니다. 단백질은 세 가지로 분류되는데, 두부와 같은 식물성 단백질, 생선의 해산물 단백질, 그리고 육류의 단백질 등이 있고, 그중에 육류 단백질이 제일 에너지 효율이 높고 또 면역 효과도 높으니 육류 섭취를 많이 해야 합니다.

5. 유방절제 환자의 고민

과거에는 유방암이 초기인데도 완전 적출 수술을 한 경우가 있었습니다. 지금도 진행된 유방암은 대부분 그러한 수술을 합니다. 이 수술을 받은 환자에게서 그쪽 팔이 붓는 후유증이 잘 발생합니다. 광범위한 제거로 림프액 흐름이 막히어 팔 쪽으로 들어가는 것만 있고, 빠져나오지 못하니 붓는 것입니다.

최근의 초기 유방암은 전부를 제거하지 않고 유방을 살리면서 종양만 도려낸 후 방사선치료와 항암제를 써서 치료해도 완치율이 높습니다. 따라서 광범위한 유방절제술을 했을 때 볼 수 있는 팔이 붓거나 아프거나 하는 합병증이 생기지 않습니다.

한 번 부기(浮氣)가 생기면 쉽게 빠지지 않고 물리치료를 해도 잘 가라앉지 않고 점점 통증이 심해집니다. 점점 더 부어오르면 팔의 살이 팽팽하게 부풀고 24시간 통증으로 몹시 괴롭습니다. 이런 환자는 부기를 가라앉히는 방법밖에 없으므로 팔을 짜내듯이 조이면서 주물러 줍니다. 압박붕대를 덮어씌워 바짝 조이기도 합니다. 그리고 팔은 심장보다 높은 위치로 높이 올린 상태를 유지하게 합니다.

6. 방사능 오염에 대한 잘못된 상식

선형가속기로 방사선치료를 받는 환자는 치료를 받는 순간에만 방사선 작용이 일어나서 암세포를 죽이는 것이며, 그날그날의 치료가 끝나고 장비의 전력을 끄는 순간 남아있는 방사선은 아무것도 없습니다.

방사능 오염이라는 것은 방사능을 가진 물질을, 직접 주입하거나, 우리 몸에 묻히거나, 흡입하는 현상을 말합니다. 이 물질을 방사성 동위원소 개봉선원이라 합니다. 방사선종양학과에서 방사선치료를 하는 것은 동위원소 개봉선원은 쓰지 않고 엑스선 발생장치만 쓰므로 장치의 작동을 멈추면 방사선 자체가 없어집니다.

갑상선암 환자가 방사성옥소를 먹고 치료를 받는 것은 핵의학과에서 행하는데, 이 동위원소의약품은 개봉선원이므로 포장이 되어 있지 않고 오염이 될 수 있습니다. 그리고 환자 몸속에 잔류하여 수일간 방사선이 나오므로 그동안 병원에 격리하며 제삼자 접촉을 금지합니다.

7. 목욕을 마음대로 못 한다?

선형가속기로 외부조사 방사선치료를 할 때는 분할조사 방법으로 하므로 수십 회씩을 매일 치료로 나누어 24시간마다 되풀이 치료를 합니다. 이때 어제의 치료 자세가 오늘도 꼭 같이 재현되어야 하는데 1mm 오차도 없이 같은 자세를 취하는 것이 매우 중요합니다. 처음 치료를 시작할 때 치료 계획용 CT를 촬영하고 그 CT 영상을 보면서 치료 설계를 하였기 때문에, CT를 촬영하고 나면 그 자세대로 환자 피부에 잉크로 금을 그어 둡니다. 치료실에 들어가서 장비 밑에 누웠을 때 이 금에다가 딱 맞추면 어제의 자세가 재현됩니다.

그래서 처음 금을 그어 놓은 것이 치료가 끝날 때까지 지워지지 않아야 합니다. 그 때문에 목욕을 마음대로 못 합니다. 다른 부위는 씻어도 되지만 금 그은 곳은 물이 안 가게 잘 보존해야 됩니다. 때로는 문신을 하는 방법을 써 보았으나 문신을 길게 선으로 하지 않는 이상 정확도가 떨어져서 사용하지 않습니다. 또 문신은 지워지지 않으므로 싫어하시는 환자가 많습니다.

8. 입맛이 없어지고 구토가 난다?

사람이 사고에 의하든 방사선치료에 의하든 방사선에 노출되면 처음 증세가 나른함, 오심(메스꺼움), 구토, 식욕감퇴 등의 증상이 올 수 있습니다. 혹은 복부에 방사선치료를 받는 환자는 위와 장이 방사선에 매우 민감한 조직이므로 자극을 받아서 그런 증세가 더 잘 나타날 수 있습니다. 그러나 방사선치료를 거듭할수록 적응이 되면 그러한 증세가 사라집니다. 시간이 지나도 계속 이러한 증상이 생기면 입맛을 돋우는 약이 있고 구토를 줄이는 처방을 하기도 합니다.

9. 대소변 이상은 어떻게 치료를 하나

하복부 방사선치료를 할 때 소변이 자주 마렵고, 소변보는 순간 통증을 느낄 수 있고, 대변은 설사와 변비가 반복되고 복통이 올 수 있습니다. 직장과 방광이 방사선에 자극을 받아서 그렇습니다. 우리말로 헐어서 그렇다 하죠. 이런 증상이 발생하면 어느 정도는 참는 수밖에 없습니다. 방사선치료를 중단할 수는 없기 때문이지요. 소염진통제 같은 약을 처방하기도 합니다. 대부분은 견뎌낼 수 있는 정도에서 그칩니다.

10. 치료 횟수와 치료중단에 대하여

방사선치료를 처음 시작할 때 방사선 처방에 대한 설명을 듣게 됩니다. 모든 방사선치료는 질병에 따라 방사선치료를 시작할 때 치료 횟수가 정해집니다. 그리고 정해 놓은 치료 횟수는 도중에 돌발상황이 생기지 않는 한, 더 추가하거나 줄어들거나 하는 일은 없습니다. 그리고 매번의 치료는 24시간마다 받는 것을 전제로 하므로 매일 같은 시간에 시행되어야 합니다. 토, 일요일 쉬는 이유는 전체 치료 횟수를 한 번도 쉬지 않고 계속하면 방사선 부담이 커서 부작용 우려가 있으므로, 주 5일제가 절묘하게 필요한 휴식을 주는 셈입니다.

11. 그 외의 부작용

방사선치료의 부작용은 치료 부위의 정상 장기의 방사선 민감도에 따라 발생합니다. 이 책의 본문에서 언급되었지만, 피부, 위와 장, 골수, 방광과 직장, 구강 점막, 폐 등이 매우 민감한 조직이므로 부작용의 원인이 됩니다. 요즈음은 컴퓨터로 정밀한 치료 설계를 하여 정상 조직을 최대한 배제하므로 고통스러운 부작용은 거의 없습니다.

피부에는 약한 정도의 화상과 비슷한 증상이 나타납니다. 유방암과 두경부암 치료에서 피부가 방사선에 노출되는 경우가 가끔 있어서 방사선피부염이 발생할 수 있습니다. 빨개지고 따갑다는 호소를 많이 하는데 알로에 같은 피부세포 재생 효과가 높은 크림 또는 연고를 발라주면 대부분은 정상으로 회복됩니다. 화상 증상이 심해지면 피부 재생 연고를 바르고 소염진통제를 쓰기도 합니다.

두경부암은 구강 점막이 손상되어 목구멍이 아프고 혀가 무감각해져서 맛 구분을 못 하고 침샘이 침을 만들어내지 못하는 등 먹는 행위의 제약을 많이 받을 수 있습니다. 가글을 자주 하고 가습기를 사용하는 것도 좋습니다. 약은 소염진통제를 쓰며, 침이 나오게 하는 약제도 있습니다. 방사선 폐렴이 되면 기침 가래가 나오고 가래에 피가 섞여 나올 수도 있습니다.

12. 회 같은 생식은 안 된다?

암 치료 환자가 치료 때문에 면역기능의 저하가 올 수 있습니다. 항암 약제는 전신 작용을 하므로 골수세포 손상이 올 수 있고, 방사선치료는 뼈가 많이 포함되면 골수세포 손상이 올 수 있습니다. 골수 손상이 오면 백혈구 중의 면역세포의 손상으로 면역기능이 감소합니다. 이때 생식을 하면 박테리아가 침범할 확률이 높아지므로 조심해야 합니다. 판단은 피검사를 하여 백혈구 수치로 합니다. 백혈구 수치가 3,500개 이하로 떨어지면 보통 생선회 등 생식을 주의하도록 합니다.

13. 건강 보조 식품 중 먹어도 되는 것은?

우리 주변에는 무수히 많은 식품, 약품, 면역증강제, 무슨 식물, 기타 여러 이름의 물질들이 암 환자들에게 권유되고 있어 환자를 헷갈리게 하고 있습니다. 기본적으로는 담당 전문의가 사용하는 정식 치료제 이외의 보조적인 약품이나 식품들에 대해서는 다음과 같은 원칙을 적용하면 됩니다. 즉 건강한 사람들이 일반적으로 먹고 있는 것은 모두 먹어도 됩니다. 밥과 반찬, 채소, 과일, 또는 비타민, 홍삼 등등. 그리고 건강할 때는 일부러 사다 먹지 않던 건강보조식품, 무슨 버섯, 민간요법 제품들 이런 것에는 일부러 돈 쓸 필요가 없습니다. 육류는 음식으로 만들면 무엇이든지 좋습니다. 단지 적절히 익혀서 멸균되어야 합니다. 개소주라든가 어떤 식으로든 가공을 한 것은 믿을 수 없으니 조심하여야 합니다. 이러한 원칙을 바탕으로 상식선에서 선택하면 됩니다.

환자들은 여기저기서 많이 들었던 무슨 버섯, 무슨 이파리, 무슨 껍질 등 일반 식품이 아닌 것을 많이 물어옵니다. 일반적으로 쓰는 식품이 아닌 민간요법으로 말하는 건강식품이 바로 약으로 작용하는 효과가 있지 않을까 상상하기 때문입니다. 그러나 그런 것은 도움이 안 됩니다. 인삼이 몸에 좋다고 인삼만 먹고 밥을 안 먹으면 살아갈 수 있겠습니까.

우리가 항상 접하는 평소에 먹는 식품류는 가장 역사가 깊고 우리 조상들이 수 천 년 동안의 경험으로 개발해 놓은 가장 좋은 영양공급원입니다. 서양인들이 최근 한국 식품이 몸에 좋으며 심지어는 질병 예방효과도 있다고 관심을 많이 가지는 것도 의미가 있습니다. 아마 다양한 채소와 여러 종류의 해산물을 많이 섭취하기 때문인가 합니다.

- 간접작용(間接作用, indirect effect): 전리방사선이 DNA를 손상하는 방식. 물분자를 전리한 후 발생한 독성유리기가 DNA를 손상시킴
- 간질(층)(間質, mesenchyme): 장기의 기본 골격을 이루며 표피와 근육 사이 공간의 연부조직으로 혈관, 임파관 및 신경이 지나감
- 강내치료(腔內治療, intracavitary radiotherapy, ICR): 자궁처럼 터널형의 구조에 동위원소를 삽입하여 치료하는 방법
- 개봉선원(開封線元, unsealed source): 기체, 액체, 분말 또는 과립형 방사성동위원소를 그 상태로 사용하는 것(오염이 가능)
- 거시적 종양 체적(巨視的 腫瘍 體積, gross tumor volume, GTV): 육안적으로 보이거나 만져지는 종양 체적
- 결정적 효과(決定的 效果, deterministic effect): 방사선에 의해 나타나는 신체의 장해 정도, 선량에 비례하여 증가하나 문턱이 있다
- 고 LET 방사선(高 LET 放射線, high LET radiation): LET 값이 높아

조밀전리가 일어남

- 고분할 방사선치료(高分割 放射線治療, hyperfractionation radiothera-py): 정상분할보다 더 많이 분할하고 쉬는 시간을 줄여서 하는 분할 치료 방법

- 고식적 방사선치료(姑息的 放射線治療, palliative radiotherapy): 완치는 할 수 없으나 암으로 인한 증상을 완화시켜 삶의 질을 높여주는 치료법

- 공기 선량(空氣 線量, air dose): 방사선 선원에서 처음 방출되어 공기 중으로 나올 때의 방사선

- 공동형 내장(空洞形 內臟, hollow viscus): 속이 터널형으로 된 내장 장기

- 광자선(光子線, photon): 전자파 방사선, 엑스선과 감마선이 해당

- 국소임파절(局所淋巴節, regional lymph node): 원발 암 가까이 있고 암세포가 맨 처음 가는 임파 조직 (치료에서 원발 암과 함께 제거된다)

- 궤도 전자(軌道 電子, orbital electron): 원자핵 주위에서 일정한 거리를 유지하여 움직이는 전자로 K, L, M 등의 고유 궤도를 가짐

- 근접조사치료(近接照射治療, brachytherapy): 방사성동위원소를 암 조직이 있는 몸속에 삽입하여 치료하는 방법

- 급(성)증식 세포(急(性)增殖 細胞, rapidly (acutely) proliferating cell) : 세포분열이 왕성하여 증식이 빠르게 진행되는 세포

- 급성반응 세포(急性反應 細胞, acutely responding cell): 방사선에 민감한 수명이 짧은 정상세포 (피부, 위장관 표면, 골수, 생식 세포 등) 또는 암세포

- 기둥 골격(back bone of DNA): DNA 이중나선 구조의 양측 기둥

(당과 인산으로 구성됨)

- 기저막(基底膜, basement membrane): 표피 조직세포의 가장 하층에서 세포가 자라나오는 부분의 조직 구조
- 깊이 선량(깊이 線量, depth dose): 방사선이 몸속 깊이에 어느 정도 작용하는가를 최대선량에 대한 백분율(%) 선량

ㄴ

- 내시경 수술(內視鏡 手術, endoscopic surgery): 간단한 피부 절개를 통해 내시경을 몸속에 삽입하여 관찰하면서 환부를 수술로 제거하는 방법
- 내재적 변동인자(內在的 變動因子, intrinsic modifyer): 몸속 장기나 암 조직세포가 처해 있는 상태에 기인하는 방사선 효과 변동 인자
- 눕힘판(couch): 방사선치료를 하기 위해 치료기 아래에 환자를 눕히는 판

ㄷ

- 다문조사(多門照射, multiportal radiation): 종양 중심을 축으로 하여 둘 이상의 방향으로 조사하여 치료하는 방법
- 다엽콜리메이터(多葉콜리메이터, multileaf collimator, MLC): 차폐블록을 얇은 절편으로 잘라 각 잎마다 독립적으로 움직여 변형 조사

야를 만드는 장치

- 단일가닥 손상(單—가닥 損傷, single strand break): DNA 두 기둥 골격 중 하나에만 손상이 온 것
- 독성유리기(毒性遊離基, toxic free radical): 방사선에 의해 강제로 전이가 일어나면 불안정한 전해물질이 나오고 이것이 독성 물질로 작용함
- 두가닥 손상(두가닥 損傷, double strand break): DNA 두 기둥 골격 중 같은 위치의 양측으로 손상이 온 것
- 등선량곡선(等線量曲線, isodose curve): 방사선 조사 부위와 그 주변에서 동일한 선량이 조사되는 점들을 연결한 선

ㅁ

- 만(성)증식세포(慢(性)增殖細胞, delayed proliferating cell): 세포분열기 중 휴지기가 길거나 세포분열을 거의 하지 않는 세포
- 만성반응세포(慢性反應 細胞, lately responding cell): 방사선에 저항성인 수명이 긴 정상세포 또는 암세포
- 모의촬영(模擬撮影, simulation): 방사선치료를 가상한 엑스선 단순 또는 CT 영상 촬영
- 밀봉선원(蜜蜂線元, sealed source): 기체나 분말 또는 과립형 방사성동위원소를 금속으로 포장 차폐하여 감마선만 사용할 수 있게 한 것

- 반감기(半減期, half life): 방사성동위원소가 가지고 있는 방사선 양이 반으로 줄어드는 데 걸리는 시간
- 반음영(半陰影, penumbra): 빛이 비치는 면적의 변두리 변연부 넓이, 개기월식 때의 바깥쪽 반그림자
- 발생장치(發生裝置, radiotherapy machine): 방사선을 원하는 방향과 넓이로 방출하게 제작된 장비
- 방사선 분포(放射線 分布, radiation distribution): 방사선이 미치는 모든 공간 (선량분포라고도 함)
- 방사선 손상(放射線 損傷, radiation damage): 세포의 방사선에 의한 손상, 주로 DNA의 손상에 기인한다
- 방사선 장해(放射線 障害, radiation hazard): 인체 방사선 피폭에 의해 질병의 상태가 나타난 것
- 방사선 장해방어(放射線 障害防禦, radiation protection): 방사선으로부터 인체를 안전하게 지키기 위한 모든 논의와 그에 대한 학문적 근거
- 방사선 피폭(放射線 被暴, radiation exposure): 건강한 사람이 사고 등에 의해 피동적으로 받는 방사선
- 방사선 호메시스(放射線 호메시스, radiation hormesis): 아주 적은 양의 방사선이 인체의 건강에 유리하게 작용한다는 이론
- 방사선 효과(放射線 效果, radiation effect): 방사선의 생물체에 대한 작용의 결과
- 방사선민감성(放射線敏感性, radiosensitivity): 방사선의 생물학적 작

용이 잘 일어나는 성질

- 방사선민감제(放射線敏感濟, radiosensitizer): 세포의 방사선 손상을 더 많이 일으키게 하는 약제, 예를 들어 저산소세포민감제 또는 항암화학요법 약제
- 방사선보호제(放射線保護濟, radioprotector): 방사선에 의한 물분자 전리로 발생하는 독성유리기를 청소하여 DNA 손상의 발생을 막아주는 약제
- 방사선생물학(放射線生物學, radiobiology): 방사선의 생물체에 대한 작용을 생물학의 한 분야로서 연구하는 학문
- 방사선수술(放射線手術, radiosurgery): 경계가 뚜렷한 종양에 주위 조직에 최소화 선량분포를 확보하고 대량의 방사선으로 치료
- 방사선저항성(放射線抵抗性, radioresistance): 방사선의 생물학적 작용이 덜 일어나는 성질
- 방사선치료(放射線治療, radiotherapy): 방사선으로 암을 치료하는 방법
- 방사성동위원소(放射性同位元素, radioisotope): 양성자 수는 같고 중성자 수가 다른 원소가 동위원소이고 그 중 방사선을 방출하는 것
- 변형 조사야(變形 照射野, field shaping or shaped field): 사각형의 일차 방사선 조사야를 차폐물로 모양을 깎아 불필요한 정상 조직을 제외한 조사야
- 병리 소견(病理 所見, pathologic finding): 채취한 세포를 현미경 관찰을 하여 진단을 한 의견
- 분할 조사량(分割 照射量, fractional dose): 분할 치료에서 한 번의 조사량

- 분할 치료(分割 治療, fractionation therapy): 방사선치료를 총 선량을 정한 후 여러 횟수로 나누어 치료하는 방법
- 분할 크기(分割 크기, fraction size): 분할조사량과 같음
- 분할조사 방사선치료(分割照射 放射線治療, fractionational radiotherapy): 정해진 총 방사선 선량을 한 번 이상으로 나누어서 치료하는 방법
- 비전리방사선(非電離放射線, nonionizing radiation): 가시광선보다 에너지가 약하여 전리작용이 일어나지 않는 전자파
- 빌드업(build up): 표면에서 처음 입사하여 작용하는 깊이선량이 최대치가 될 때까지 증가하는 현상
- 빔즈아이 뷰(beams eye view): 방사선이 발생한 선원의 위치에서 바라본 종양 등의 모양

ㅅ

- 4문조사(四門照射, 4 portal radiation): 방사선을 네 방향에서 조사하는 방사선치료법
- 산란(散亂, scatter): 투과하면서 입자와 부딪칠 때 에너지를 잃고 방향이 바뀌는 현상
- 산소 분자(酸素 分子, oxygen): 산소와 동의어, 산소 원자 두 개가 결합한 분자, 산소 기체
- 삼차원 방사선치료(三次元放射線治療, 3 dimensional radiotherapy, 3DRT): CT 영상을 이용한 입체적 선량분포를 얻어서 하는 방사

선치료

- 삼차원 입체조형치료(三次元 立體造形治療, 3 dimensional conformal radiotherapy): CT의 삼차원 표적 체적에 맞게 복잡한 형태의 표적에 균일한 선량을 투여하는 치료 방법
- 상피세포(上皮細胞, epithelial cell): 외부와 접하는 조직 표면의 가장 상층 조직세포
- 샘(선)(腺, gland): 해당 장기의 기능에 맞는 분비물을 만드는 조직
- 생물학적 선량측정(生物學的 線量測定, biological dosimetry): 인체의 방사선 피폭량을 염색체 손상 수를 관찰하여 측정하는 방법 (혈액 임파구를 사용 함)
- 생물학적 효과(生物學的 效果, biologic effect): 방사선 조사 후 이루어지는 생명체의 변화
- 선량계획(線量計劃, dose planning): 조사야 크기, 조사 방향, 조사 문수, 1회 분할 선량, 정상조직 차폐, 치료 방법 등을 결정하는 과정
- 선량률(線量率, dose rate): 치료기 선원에서 방출되는 방사선의 시간당 선량 cGy/sec 등
- 선량반응곡선(線量反應曲線, dose response curve): 방사선 선량의 증가에 따라 생물학적 결과의 변화를 방정식으로 표현한 좌표상의 곡선
- 선량분포(線量分布, dose distribution): 방사선을 조사할 때 조사 부위 및 주위의 각 지점에 전달되는 선량
- 선량체적그래프(線量體積그래프, dose volume histogram, DVH): 목표 구조 장기조직에 어느 선량이 어느 크기의 부피에 조사되는지를 표시하는 그래프

- 선량측정(線量測定, dosimetry): 발생장치에서 방출되는 방사선 선량을 여러 가지 측정기로 실계측을 하는 행위
- 선암(腺癌, adenocarcinoma): 점막상피 세포에서 발생한 암
- 선형가속기(線形加速機, linear accelerator, LINAC): 전자를 일직선으로 가속하여 고에너지 엑스선과 전자선을 발생하는 가속기
- 세기조절 방사선치료(세기調節 放射線治療, intensity modulation radiotherapy, IMRT): 방사선 조사야를 소구획으로 나누어 크기와 두께의 다름에 맞추어 구획별로 다른 선량을 조사하는 방법
- 세침흡입 검사(細針吸入檢查, fine needle aspiration): 가는 주사침으로 조직을 흡입하여 채취하는 방법
- 세포 치사(細胞 致死, cell death): 실험실에서 관찰하는 방사선에 의한 세포의 치사 효과
- 세포분열(細胞分裂, mitosis or cell division): 세포가 반으로 쪼개어져서 두 개의 딸세포가 되는 현상
- 세포분열 주기(細胞分裂 周期, mitotic cycle or cell division cycle): 세포분열의 각 순간, 분열기(M), 합성기(S), 제1 휴식기, 제2 휴식기 등으로 나눔
- 세포분열기(細胞分裂期, mitotic phase): 염색체가 둘로 갈라지면서 세포질, 핵질 들이 같이 두 개로 쪼개지는 시기
- 세포생존곡선(細布生存曲線, cell survival curve): 방사선 선량의 증가에 따른 세포 치사 후 생존한 세포 수를 함수로 표시한 그래프 곡선
- 수술전 방사선치료(手術前, pre-operative radiotherapy): 진행성 암에서 수술 전에 방사선치료를 하여 수술을 용이하게 하는 방법

- 수술중 방사선치료(手術中, intra-operative radiotherapy, IORT): 수술 중에 개복한 상태에서 치료 대상 조직을 눈으로 확인하고 전자선 치료를 하는 방법
- 수술후 방사선치료(手術後, post-operative radiotherapy): 외과적 수술 후 수술 자리의 현미경적 생존 세포에 대한 방사선치료
- 실질장기(實質臟器, solid organ): 속이 빈 곳 없이 차 있는 장기
- 심부선량곡선(深部線量曲線, depth dose curve or beam profile): 방사선 분포의 중심축에서 깊이에 따른 선량 변화를 옆에서 볼 때의 곡선
- 심부선량백분률(深部線量白分率, percent depth dose, %DD): 최대깊이선량(Dmax)에 대한 일정한 깊이에 작용하는 선량 백분율

○

- LQ혼합(관계)방정식(LQ混合(관계)方程式, linear-quadratic (relation) equation): 1차와 2차 방정식이 결합된 공식, 또는 관계
- 암조직(癌組織, cancer tissue): 암세포가 증식하여 일정한 크기의 세포 무리를 이룬 것
- 양전자단층촬영(陽電子斷層撮影, positron emission tomography, PET): 양전자를 발생하는 동위원소의 조직 내 분포를 이용한 단층 촬영
- 염색체 손상(染色體 損傷, chromosomal aberration): 염색체가 방사선 또는 기타 독성에 노출된 후 구조적 손상이 발생하는 현상
- 오염(방사선)(汚染, contamination(radioactive)): 방사성 물질이 용기

밖으로 나와 주위 환경 물질에 묻은 상태

- 완(만성)증식세포(緩(慢性)增殖細胞, lately(delayed) proliferating cell): 세포분열 기간이 길어 증식 속도가 느린 세포
- 외부적 변동인자(外部的 變動因子, extrinsic modifyer): 방사선의 종류 (LET), 화학적(약물) 또는 물리적(온열) 등의 방사선 효과 변동 인자
- 외부조사 치료(外部照査 治療, external beam radiotherapy): 피부에서 일정한 거리를 두고 방사선을 조사하는 방법
- 우주방사선(宇宙放射線, cosmic ray): 우주 공간에서 발생한 전리방사선
- 원격전이(遠隔轉移, distant metastasis): 국소임파절보다 더 멀리 있는 장기에 전이가 온 것
- 원격조사치료(遠隔照射治療, teletherapy): 피부에서 일정한 거리를 두고 방사선을 조사하는 방법
- 원발 부위(原發 部位, primary site): 암세포가 처음 발생하여 증식한 장소
- 원발 암(原發 癌, primary cancer): 암세포가 처음 발생하여 증식한 장소, 원발 종양
- 원발 종양(原發 腫瘍, primary tumor): 암세포가 처음 발생하여 증식한 장소, 원발 암
- 원자량(原子量, atomic mass): 원자핵의 양성자와 중성자 개수를 합한 것(원자 질량)
- 원자번호(原子番號, atomic number): 원소의 양성자 개수
- 원호형 치료(圓弧形 治療, arc therapy): 360도 미만의 각도에서 치료기 헤드가 회전하는 동안 방사선을 지속적으로 조사하는 방법

- 육종(肉腫, sarcoma): 골, 근육 또는 간질 세포에서 발생한 암
- 윤곽그리기(輪廓그리기, contouring): 모의촬영에서 얻어진 영상에 종양의 위치와 모양을 그려 넣는 작업
- 인조방사선(人造放射線, man made radiation): 방사성동위원소가 아닌 사람이 만든 장치에서 발생하는 방사선
- 인체장해(人體障害, human radiation hazard): 건강한 사람이 방사선에 피폭된 후 질병 상태가 된 현상
- 임파절(淋巴節, lymph node): 임파액이 임파관을 따라 흐른 후 모이는 조직
- 입자 방사선(粒子 放射線, particle beam radiation): 원자를 구성하는 입자 한 개 또는 여러 개의 뭉치가 빛의 속도에 가깝게 가속되어 나온 방사선
- 입자 방사선치료(粒子 放射線治療, particle beam radiotherapy): 입자 방사선으로 암을 치료하는 방법
- 입자선 치료(粒子線 治療, particle beam radiotherapy): 입자 방사선으로 암을 치료하는 방법

ㅈ

- 자연방사선(自然放射線, natural radiation): 자연 속에 존재하여 24시간 인체가 피폭되는 방사선
- 자연핵종(自然核種, natural radionuclide): 자연 속에 존재하는 방사성동위원소

- 장기(臟器, organ): 생명체의 여러가지 기능 중 하나의 기능을 가진 조직 세포로 이루어진 구조물
- 재산소화(再酸素化, reoxygenation): 저산소세포가 혈액순환의 도움으로 산소를 공급받는 현상
- 저분할 방사선치료(低分割 放射線治療, hypofractionation radiotherapy): 정상분할보다 더 적게 분할하고 일회 선량을 크게 하는 분할 치료 방법
- 저산소 세포(低酸素 細胞, hypoxic cell): 혈관과의 거리가 멀어서 산소가 부족한 세포
- 저선량 방사선(低線量 放射線, low dose radiation): 주로 1 그레이 이하의 낮은 양의 방사선
- 전리방사선(電離放射線, ionizing radiation): 가시광선보다 높은 에너지를 가진 방사선, 투과하는 길에 전리를 일으킴
- 전리작용(電離作用, ionization): 원자나 분자의 전자에 충돌하여 전자가 줄어들면 양전하, 더 붙으면 음전하가 되도록(전리화)하는 작용
- 전산화단층촬영(電算化斷層撮影, computerized (axial) tomography, CT or CAT): 인체를 회전하면서 얻어진 단면 영상을 연속 촬영하여 일정한 구역의 입체적 영상을 얻는 방법
- 전자(기)파(電磁(氣)波, electromagnetic wave): 에너지를 가지고 있고 파동으로 이동하는 모든 빛
- 전하(電荷, electric charge): 양극, 음극의 전기의 성질을 띠고 있다는 뜻이며 그 양을 전하량이라 한다. (단위는 쿨롱)
- 점막(粘膜, mucous membrane): 외부와 직접 맞닿아있는 내부 공동

형 장기 벽의 최상층 점액 분비막

- 점막상피 세포(粘膜上皮 細胞, mucinous epithelium): 내부 공동형 장기 점막의 상피를 이루는 세포
- 점막세포(粘膜細胞, mucosal cell): 점액을 분비하는 점막상피의 세포
- 점막세포암(粘膜細胞癌, adenocarcinoma or mucinous carcinoma): 점막세포에서 발생한 암
- 정상 조직(正常 組織, normal tissue): 같은 정상세포가 증식하여 이룬 조직
- 정상분할 방사선치료(正常分割 放射線治療, normofractionation radiotherapy): 180-200cGy를 일회 선량으로 하고 주 5회 치료하는 분할 방법
- 정상세포(正常細胞, normal cell): 방사선치료에서 치료목표 체적 주위의 정상세포에 가는 선량을 매우 주의해야 함
- 정위적 체부 방사선치료(正位的 體部 放射線治療, stereotactic body radiotherapy, SBRT): 체부에 있는 작은 표적체적에 고선량의 방사선을 한꺼번에 정확히 투여하는 방사선치료
- 제염(除染, decontamination): 개봉선원에 의한 방사선 오염 상태에서 방사성 물질을 제거하는 작업
- 조밀전리방사선(稠密電離放射線, densely ionizing radiation): 투과해 들어가는 길에 전리를 조밀하게 일으키는 방사선, 고LET방사선
- 조사(照射, irradiation): 방사선이 선원(발생장치)에서 목표 물질을 향해 방출되는 현상
- 조사 체적(照射 體積, irradiation volume): 방사선치료 표적을 이루는 조직 뭉치

- 조사문(照射門, (treatment) portal): 치료기 헤드의 고정 위치에서 방사선을 조사하는 방향
- 조사선량(照射線量, (radiation) dose): 계획된 방사선 조사를 할 때의 물질이 받는 흡수선량
- 조사야(照射野, (radiation) field): 한 방향으로 방사선을 조사할 때 그 비추는 넓이
- 조직(組織, tissue): 장기를 만드는 세포 집단으로 그 장기의 기능을 가진 세포들로 구성
- 조직검사(組織檢査, biopsy): 진단을 위하여 세포를 일정량 채취하는 행위
- 조직내 자입치료(刺入治療, interstitial implant): 방사성동위원소를 조직 내에 직접 찔러 넣어서 치료하는 방법
- 종양 조직(腫瘍 組織, tumor tissue): 종양은 모든 종류의 비정상 증식 세포 조직을 말하지만 이 책에서는 악성종양(암)을 통칭
- 종양 체적(腫瘍 體積, tumor volume): 치료할 종양 조직의 모양과 크기
- 종양세포(腫瘍細胞, tumor cell): 개개의 암세포
- 준임상 질환(準臨床 疾患, sublclinical disease): 거시적 종양을 제외한 그 주위의 모든 안 보이는 암세포 조직
- 준치사손상(準致死損傷, sublethal damage, SLD): 세포에 방사선 손상이 일어났으나 즉시 정상으로 회복하는 손상의 종류
- 중입자(重粒子, heavy (charged) particle): 양성자보다 큰, 양성자와 중성자의 합이 두개 이상으로 된 입자
- 중입자선 치료(重粒子線 治療, heavy (charged) particle therapy): 주로

탄소핵 입자를 가속하여 방사선치료에 사용하는 무거운 입자선 방사선치료

- 증가선량(增加線量, boost (dose)): 방사선치료의 일차 계획량을 조사한 후 의심스러운 부분을 추가 조사하는 선량
- 증강 자연방사선(增強 自然放射線, enhanced natural radiation): 사람의 생활 방식 때문에 보통의 경우보다 더 많이 피폭 받는 자연방사선
- 지각방사선(地殼放射線, terrestrial radiation): 지구가 가지고 있는 자연핵종에서 발생 되는 방사선
- 직선에너지전달(直線에너지傳達, linear energy transfer, LET): 전리방사선이 물질을 지나가는 경로에서 단위 거리당 물질에 전달하는 에너지 (kev/μ)
- 직접작용(直接作用, direct effect): 물 분자 전리를 거치지 않고 방사선이 직접 DNA를 손상시키는 현상

ㅊ

- 차폐블록(遮蔽블록, shielding block): 방사선 조사야의 일부를 차단하기 위한 기구, 세로밴드 합금으로 제작
- 처방 선량(處方 線量, prescribed dose): 종양을 제거하는 데 필요하다고 판단되는 선량
- 최대깊이선량(最大깊이線量, maximum depth dose, Dmax): 표면에서 처음 입사하여 작용하는 깊이선량이 빌드업 이후 최대치가 된

위치

- 최대허용선량(最大許容線量, maximum permissible dose, MPD): 인체 장해가 발생하지 않는 방사선 선량의 허용 한도, 1년간 또는 5년간 허용치를 법으로 정해 놓음
- 치료 설계(治療 設計, radiotherapy plan(ning)): 방사선치료를 하기 위한 선량계획을 컴퓨터를 이용하여 수행
- 치료 체적(治療 體積, treatment volume): 종양 체적과 동일
- 치료 효율(治療 效率, therapeutic ratio, TR): 암세포 치사율의 정상세포 손상률에 대한 상대 수치
- 치료계획(治療計劃, treatment planning): 방사선치료를 하기 위한 선량계획을 컴퓨터를 이용하여 수행
- 치사선량(致死線量, lethal dose, LD50): 방사선을 전신에 일회 피폭 받음으로써 50%의 사망 확률을 가지는 선량
- 치사손상(致死損傷, lethal damage): 세포에 치사효과를 일으키는 손상
- 치사효과(致死效果, lethal effect): 세포 치사효과

ㅍ

- 파동(波動, wave): 진동이 전달되는 현상으로 파장과 진동수를 가지며 파동에 의해 진동 에너지가 이동함
- 퍼센트깊이선량(퍼센트깊이線量, percent depth dose, %DD): 최대깊이선량(Dmax)에 대한 일정한 깊이에 작용하는 선량 백분율

- 편평상피 세포(扁平上皮 細胞, squamous epithelium): 피부나 호흡기 계통 장기의 표면 조직세포에 많음
- 편평상피암(扁平上皮癌, squamous cell carcinoma): 편평상피 세포에 서 발생한 암
- 포화산소 세포(飽和酸素 細胞, oxygenated (aerated) cell): 산소화 세포 또는 포화산소세포, 정상세포
- 표적 체적(標的 體積, target volume): 종양 체적과 동일
- 표피(층)(表皮, epithelium): 외부와 접하는 조직 표면의 가장 상층 조직
- 피폭 선량(被曝 線量, exposed dose): 임의로 방사선 피폭을 받을 때 자연방사선과 의료목적 방사선을 제외한 총 선량

ㅎ

- 함수(函數, function): 방정식. 2차함수는 1, 10, 100, 1,000으로 증 가하는 세미로그 방정식 $y = \beta D^2$
- 항암화학요법(抗癌化學療法, chemotherapy): 항암 약제를 사용한 내 과적 암치료 방법
- 핵붕괴(核崩壞, (radioactive) decay): 불안정한 동위원소가 입자나 방사선을 방출하면서 안정된 상태로 가는 현상
- 현미경적 질환(顯微鏡的 疾患, microscopic disease): 암조직 덩어리 를 만들기 전 또는 수술 후 세포 단위로 암이 존재하는 상태
- 형광도료(螢光塗料, fluorescent paint): 전리방사선에 의해 전리가

된 후 안정화 단계에서 가시광선(빛)을 발생하는 물질로 만든 도료(페인트)

- 확률적 효과(確率的 效果, stochastic effect): 방사선에 의해 나타나는 신체의 장해가 확률에 기반하여 발생 가능한 효과, 단순 비례가 아니며 문턱이 없다

- 회전반경(回轉半徑, radius (of rotation)): 방사선치료에서는 치료기 헤드의 회전 반지름 크기, 보통 100cm

- 회전조사 치료(回轉照射, rotation therapy): 종양 중심을 축으로 하여 치료기 헤드가 회전하면서 각 방향으로 조사하여 치료하는 방법

- 효과변동 인자(效果變動 因子, modifying factor): 방사선 효과를 증가 또는 감소시키는 내재적 및 외부적 인자들

- 후적재(後積載, afterloading): 근접조사 치료를 할 때 삽입기구를 먼저 설치한 후 그 속으로 방사성동위원소를 삽입

- 흑화도(黑化度, blackness): 엑스선 촬영에서 엑스선의 투과력 차이로 영상이 회색이나 흑색으로 변한 정도

- 흡수(吸收, absorption): 방사선이 투과하는 물질과 충돌하며 에너지를 부분적으로 잃는 현상

- 흡수 선량(吸收 線量, absorbed dose): 공기 중 선량에 비해 몸속 일정한 깊이에서 작용하는 선량, 단위 질량당 흡수된 에너지

- 희박전리방사선(稀薄電離放射線, sparsely ionizing radiation): 투과해 들어가는 길에 전리를 드물게 일으키는 방사선, 저LET방사선

참고서적

1. Laramore George E. Radiation Therapy of Head and Neck Cancer. Springer-Verlag Berlin 1989.

2. Scherer E, Streffer C, Trott K, Radiation Exposure and Occupational Risks. Springer-Verlag Berlin 1990

3. Sauer R. Interventional Radiation Therapy-Techniques of Brachytherapy. Springer-Verlag Berlin 1991

4. Scherer E, Streffer C, Trott K, Radiopathology of Organs and Tissues. Springer-Verlag Berlin 1991

5. DeVita Jr, Vincent T, Hellman Samuel, Rosenberg S.A. Cancer, Principles and Practice of Oncology. 5th Ed. Lippincott-Raven Publishers Philadelphia 1997

6. Joslin C.A.F, Flyn A, Hall E.J. Principles and Practice of Brachytherapy - using Afterloading Systems. Arnold, London 2001

7. Khan Faiz M, The Physics of Radiation Therapy, 3rd Ed. Lippincott, Williams & Wilkins Philadelphia 2003

8. 박재갑, 박찬일, 김노경. 종양학. 일조각 서울 2003

9. Mould R.E, Schulz R.A, Robotic Radiosurgery. Vol. 1. Cyberknife Society Press Sunnyvale California 2005

10. Bortfeld T, Schimidt-Urllrich R, DeNeve W, Wazer D.E. Image-Guided IMRT Springer Heidelberg 2006

11. Levitt S.M, Purdy J.A, Perez Vijayakumar C.A.S. Technical Bases of Radiation

Therapy - Practical Clinical Application 4th Ed. Springer Heidelberg 2006

12. 제임스 왓슨 (최돈찬 역). 이중나선. 궁리출판사 서울 2006 (James D. Watson. The Double Hellix. Orion Publishing group Ltd. London 1968)

13. 리처드 도킨스 (홍영남 역). 이기적 유전자. 을유문화사 서울 2006 (Richard Dawkins. The Selfish Gene. 30th ed. Oxford University Press 2006 (original 1976)

14. McDermott M. W. Radiosurgery. Karger Basel Switzland 2007

15. 정준기, 이명철. 고창순. 핵의학. 제3판. 고려의학 서울 2008

16. Gerszten P.C, Ryu Smuel. Spine Radiosurgery. Thime New York 2008

17. 귀니스 크레이븐스 (노태완 역). 세상을 구하는 힘 - 원자력의 진실. 따뜻한 손 서울 2008 (Gwyneth Cravens, Power to Save the World. Mary Evans Inc. 2007)

18. Mettler FA. Medical Effect of Ionizing Radiation, 3rd ed. Saunders 2008

19. Allen Li X. Adaptive Radiation Therapy (Imaging in Medical Diagnosis and Therapy). CRC Press Cleveland 2011

20. 제롤드 부쉬버그 등 (대표 역자 강위생) 의료영상물리학. 제3판. 바이오메디북 경기도 2014 (Jerrold T Bushberg, J Anthony Seibert, Edwin M Leidholdt, Jr., John M Boons. The Essential Physics of Medical Imaging. Wolters Kluwer Health Inc, USA 2012

21. Martin Allan. An Introduction to Radiation Protection. 6th ed. CRC Cleveland 2012

22. Tsujii Hirohiko, Kamada Tadashi. Carbon-Ion Radiotherapy, Principle, Practice and Treatment Planning. Springer Heidelberg 2014

23. Chapman J Donald. Radiotherapy Treatment Planning; Linear-Quadratic Radiobiology. CRC press Cleveland 2015

24. 옥치일. 방사선 물리학의 세계. 북스힐 서울 2017

25. 한국유방암학회 편. 유방학 제4판. 도서출판 페이지원-바이오메디북 서울 2017

26. Dosanjh Manjit, Bernier Jacques. Advances in Particle Therapy; A Multidisciplinary Approach. CRC Cleveland 2018

27. Netter Frank H. Atlas of Human Anatomy. 7th ed. Elsevier Philadelphia 2019

28. Hall Eric J, Giaccia A.J, Radiobiology for the Radiologist. 8th Ed. Wolters Kluwer Philadelphia 2019

29. Trifiletti D.M, Chao S.T, Sahgal A. Sheehan J.P. Stereotactic Radiosurgery and Stereotactic body Radiation Therapy. Springer Cham Switzland 2019

30. Halperin E.C, Wazer D. E, Perez C.A, Brady L.W. Perez & Brady's Principles

and Practice of Radiation Oncology, 7th Ed. Wolters Kluwer Philadelphia 2019

31. 원자력안전재단. 방사선 작업종사자를 위한 방사선 안전 기본교육 교재. 원자력안전 재단 경기도 2019 (비매품)

32. 권중호. 알기 쉬운 방사능, 방사선 & 식품 안전. 도서출판 식안연 서울 2020

33. 고다마 가즈야 (김정환 역). 방사선 노트, 머릿속에 쏙쏙. 시그마 북스 서울 2021

34. Khan, F.M, Khan's Treatment Planning in Radiation Oncology. 5th ed. Wolters Kluwer Philadelphia 2021

35. 한국방사선진흥협회. 방사선 장해방어. 피앤디 솔루션 서울 2021

36. Seong Jinsil. Radiotherapy of Liver Cancer. Springer Singapore 2021

37. Kim E Edmund, Murad Vanessa, Paeng Jin-Chul, Cheon Gi-Jeong. Atlas and Anatomy of PET-MRI, PET-CT and SPECT-CT. 2nd ed. Springer Switzland 2022

38. Malouff T.D. Principles and Practice of Particle Therapy. Wiley-Blackwell Oxford, UK 2022